中 等 职 业 学 校 规 划 教 材

工业水处理技术

第二版

余经海　主编

U0366578

化学工业出版社

·北京·

本书结合工业企业的特点，讲述了工业用水处理、工业污水处理和循环冷却水处理的基本原理及基本过程。全书共六章，包括绪论、工业用水的预处理、水的离子交换软化处理、水的除盐处理、循环冷却水处理和工业污水的一般处理方法。本书对工业水处理技术做了较系统全面的概述，并介绍了近年来水处理技术的新进展。

　　本书可作为中等职业学校环境类、化工类专业的教材使用，也可作为工厂企业从事水处理工作的技术人员和工人的参考书。

图书在版编目（CIP）数据

工业水处理技术/余经海主编．—2版．—北京：化学工业出版社，2009.12（2023.9重印）
中等职业学校规划教材
ISBN 978-7-122-05001-4

Ⅰ．工… Ⅱ．余… Ⅲ．工业用水-水处理-专业学校-教材 Ⅳ．TQ085

中国版本图书馆 CIP 数据核字（2009）第 034334 号

责任编辑：王文峡　　　　　　　文字编辑：刘莉珺
责任校对：陈　静　　　　　　　装帧设计：尹琳琳

出版发行：化学工业出版社（北京市东城区青年湖南街 13 号　邮政编码 100011）
印　　装：北京虎彩文化传播有限公司
850mm×1168mm　1/32　印张 10¾　字数 242 千字
2023 年 9 月北京第 2 版第 5 次印刷

购书咨询：010-64518888　　　　　售后服务：010-64518899
网　　址：http://www.cip.com.cn
凡购买本书，如有缺损质量问题，本社销售中心负责调换。

定　　价：28.00 元

第二版前言

《工业水处理技术》于1998年10月由化学工业出版社作为中等专业技术学校教材出版，在许多中等职业学校中得到广泛使用。

教材第一版出版到现在已十年。十年来，随着国民经济和工业生产技术的发展，各行各业对用水水质的要求越来越高，天然水体的污染日益加剧，淡水资源的供需矛盾越来越突出，对循环中排入水体的废水处理的质量提出了更高的要求，从而促进水处理技术取得了长足的进展，出现了新的理论、新的水处理工艺和设备。因此，需要对《工业水处理技术》旧版教材陈旧的内容更新；补充一些新知识、新工艺、新技术；同时，种种原因造成一版教材中存在的错漏会给读者带来不便。为了适应我国工业水处理技术和中等专业技术教育发展的需要，决定对《工业水处理技术》作出修订后再版。

《工业水处理技术》第二版基本上保持了第一版总体框架和结构，保留和发扬了一版教材中淡化理论注重实践的特点和长处，对书中陈旧内容进行了更新，订正原版教材中的错漏，着重补充水污染控制工程方面的新知识、新技术，力求使新版教材能反映工业水处理技术的现状。

本书编写过程中参考了相关教材、专著和其他文献（见主要参考书目），在此，对其作者和编著者表示由衷敬谢！

本书由余经海执笔修订，编写和修订过程中得到了王燕飞、薛叙明、王金梅、陈泽堂、卜秋平、陆少鸣、余萍、张薇娜和湖北师范学院相关同志的支持和帮助，在此一并表示衷心的感谢。

限于编者水平，遗漏和不足在所难免，恳请读者批评指正。

余经海

2009 年 3 月于湖北师范学院

第一版前言

工业水处理是一门界于应用化学、能源利用、水资源利用和环境保护之间的边缘学科。它研究的是工业用水的预处理，用水的深层次净化（软化或除盐）处理，循环冷却水处理和工业生产污水的处理技术。工业水处理对于确保工业生产的安全经济运行，防止事故发生，节能降耗，保证产品质量，改善工业生产和周围居民生产生活环境等，有着十分明显的作用和贡献。

工业生产离不开水，水既可以作为溶剂或原料直接或间接地参与工业生产的化学反应，也可以作为能量交换的热、冷载体来满足、维护工业生产的正常进行。水在工业生产中的用途不同，其质量标准也不相同。通常，需要对天然水体的取水进行安全、经济而又有效的处理，才能满足生产的需要。工业生产用水中，冷却水几乎占总用水量的 $80\% \sim 90\%$。随着水资源的日益紧张，冷却水必须循环使用，并对循环冷却水进行水质稳定处理。另一方面，工业生产用水过程中会使水受到不同程度的污染而成为工业污水，为改善生产环境和周围的生态环境，必须对工业污水进行相应的处理，以便进行污水的回收利用，或者使其达到排放标准。由此可见，工业水处理直接关系到产品的质量和成本，以及生产过程的安全经济运行，对工业生产有着特殊的重要性，是工艺技术人员应该了解和掌握的专业基础知识。

本书依据指导性教学计划和教学大纲的要求，在《化工厂水处理》讲义的基础上编写而成。全书由余经海主编，卢莲英参与第三章、杨林参与第六章的编写和全书的成稿校核工作，并由陈泓主审。本书介绍了工业水处理技术的概况、基本概念、原理和方法，内容全面，简明扼要。力求深入浅出，注重理论联系实际，阐明相关知识。

在编写过程中，湖北省化学工业学校的领导及有关同志给予了热情的支持和帮助，为本书的编写和出版提供了许多方便。本书请郑州工业大学何争光副教授进行审核，他提出了许多宝贵意见，在此一并表示敬谢。

本书参考了一些图书，在此对其作者和编者表示敬谢！

本书的教学内容可根据教学对象、学时及教学要求适当取舍。全书分为六章，每章后附有习题供教学过程中选用和参考。本书也可供从事水处理工作的技术人员和操作人员参考。

由于理论水平和实践经验所限，书中存在错误或不妥之处在所难免，恳请读者批评指正。

余经海

1998 年 5 月 18 日于湖北省化学工业学校

目　　录

第一章　绪　　论

一、水的循环

水是地球上分布最广的自然资源，也是人类生活生产的重要组成部分。地球上的总水量约为 $1.36 \times 10^9 \text{km}^3$，将其平铺于地球表面，水层厚度可达 3km。海洋中的水占总水量 97.2%，它覆盖 70% 地球表面。陆地上的江河湖沼构成的地面水总量约为 $2.3 \times 10^5 \text{km}^3$，其中淡水只有一半左右，为地球总水量的万分之一。地下水总水量约为 $8.4 \times 10^5 \text{km}^3$，在高山上和南北极区，积存着巨量的冰雪和冰川，它们占地面水总量的 3/4。水还以蒸汽和云的形式分布在大气中，在动植物机体内也包含有水分，即使在矿石结构中也包含相当量的结晶水。由此可见，水确实是地球上分布极广的常见物质，它在整个自然界和人类社会中发挥着不可估量的作用。

自然界的水在太阳能和地球重力作用下不断地循环运动着，在太阳能作用下，各种形式的水蒸发升入天空为云。在适当条件下又成为雨雪降落，或者在地面上汇集成江河湖沼，形成地面径流；或者渗入地下形成地下水层和水流（渗流）。这两种水流互相转换，最后汇入海洋，海洋中的水蒸发升入天空为云，……这样构成了水的自然循环，其循环过程如图 1-1 所示。

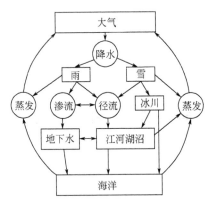

图 1-1　自然界中水的循环运动

人类由于生活和生产物质财富的需要，须从各种天然水体中取用大量水，使用后成为生活污水和生产污水，污水经过处理后排入天然水体中，构成了水的社会循环。

水在自然循环和社会循环过程中，会混入多种多样的杂质，其中包括自然界各种地球化学和生物化学过程的产物，也包括人类生活和生产的某些废弃物。当水中某些杂质含量达到一定程度后，对人类生存环境或水的利用产生不良影响，水质的这种恶化称为水的污染。

在天然水中，雨雪最为纯洁。虽然在形成和降落过程也混入了杂质，但仍然是水循环中杂质最少、水质最好的水。因其收集困难，不能作为生活、生产用水水源。

地面水来自降水。当降水流经地面时，由于对地面土壤及岩石的冲刷和溶解作用，使钙、镁、钠、钾等成分溶入水中，使土壤和岩石的主要成分——铝硅酸盐成为悬浮物存在于水中，不过，其含盐量和硬度都相对较低。由于土壤中微生物的作用，有机物腐败或氧化生成的 CO_2 不断补充到水中，使其在水中的溶解能力逐渐增大。因此，天然水中总是含有较多的重碳酸盐类。

　　水在土壤地层中渗透流动，溶解了大量盐类，使含盐量升高。由于土壤中有机物的氧化作用和渗透的截留作用，使地下水具有透明、含氧量低和含盐量高的特点，特别是重碳酸盐类含量较高。

　　自然循环和社会循环中水的总量就地球总水量而言，所占比例虽然微不足道，但在人类进行生活和生产活动时，使天然水体受到的污染越来越严重。这表现出人与自然在水量和水质方面存在着巨大的矛盾。将被污染的水进行处理，使水在循环过程中能够满足人类生产和生活目的的需要，更好地服务于人类则是水处理和有关科学技术要达到的目的。

二、水的特性和水质指标

1. 水的特性

　　水的分子由两个氢原子和一个氧原子组成，它的两个氢原子和一个氧原子不在一条直线上，形成三角形结构，两个 OH 共价键互成 $104°40'$ 的角度。水分子由于结构不对称而具有强烈的极性，氢氧键键能很高，水分子间除存在分子间力外还有氢键作用。水的这种结构决定了水的异常特性。这种异常特性，使水对自然界及人类生产、生活产生了巨大的作用和影响。

　　水有固、液、气三态，常温下以液态存在，冰的熔点为 0℃，水的沸点为 100℃。在工业生产中，常利用水的固、液、气的三态变化的特性，来进行能量的变换。

　　水在 4℃（实为 3.98℃）时的体积最小，密度最大（1g/cm³）。在超过或低于此温度时，密度都会减小，体积膨胀。

　　水在所有液体和固体中比热容居首位，达到 4.18kJ/(kg·℃)。

冰的溶解热和水的汽化热都很高。水的这种特性对调节气温起着巨大的作用。

水的热稳定性高，被广泛用于动力、工业生产和民用取暖方面，是一种廉价的载热工质或热交换介质。

水在常温下（除汞以外）具有最大的表面张力，达到 $7.275 \times 10^{-6} \text{N/m}$，而其他液体的表面张力，大多数在 $2 \times 10^{-6} \sim 5 \times 10^{-6} \text{N/m}$ 的范围内。水的表面张力大，故具有显著毛细管现象，并有润湿作用。这对于自然界的机体生命活动和各种物理化学作用有着重大影响。

水的介电常数很大，可达到 80 左右。水对各种溶质的电离能力也很强，使水中溶解的各种物质可以进行多种化学反应。水的溶解能力很强，是一种良好的溶剂，多数物质在水中的溶解度很大。故天然水体中的水或多或少被某些杂质污染，因此，要将天然水进行处理后才能满足人类生活和生产的需要。

2. 水质指标

评价和了解水质的好坏，可采用一系列的水质指标。

（1）悬浮物 用每升水中所含固形物的质量（mg/L）来表示。可用称量分析法测定，目前常用比浊法进行测定。

（2）含盐量 表示水中各种盐含量的总和。可由全分析所测得的全部阳离子和全部阴离子的质量相加得出，单位用 mg/L 表示。也可用蒸干称重法求得，但其结果误差较大，还可应用电导率法测出。

（3）硬度（H） 表示水中高价金属离子的总浓度。在一般天然水中主要是 Ca^{2+} 和 Mg^{2+}，其他金属离子很少。通常将 Ca^{2+} 和 Mg^{2+} 之和称为硬度。硬度是衡量水质的一项重要指标，它表示水中结垢物质的多少。这些结垢物质包括钙盐和镁盐两大类：钙盐部分包括 $Ca(HCO_3)_2$，$CaCO_3$，$CaSO_4$，$CaCl_2$，称为钙硬度；镁盐部分包括 $Mg(HCO_3)_2$，$MgCO_3$，$MgSO_4$，$MgCl_2$，称为镁硬度。总硬度为二者之和。按阴离子的情况分为碳酸盐硬度和非碳酸盐硬度。

① 碳酸盐硬度　指水中钙、镁碳酸盐和重碳酸盐之和。在天然水体中 CO_3^{2-} 含量很少，故一般将碳酸盐硬度看作是钙、镁的重碳酸盐。含钙、镁的重碳酸盐长期煮沸后分解放出 CO_2，并使碳酸盐沉淀析出。这种能用煮沸方法消除的硬度称为暂时硬度。

② 非碳酸盐硬度　水的总硬度和碳酸盐硬度之差是非碳酸盐硬度，如钙镁的氯化物和硫酸盐等。它是在水沸腾时不能除去的硬度，称为永久硬度。

硬度单位为 mmol/L。

(4) 碱度　表示水中 OH^-、CO_3^{2-}、HCO_3^- 及其他弱酸强碱盐类的总和。因为这些盐类的水溶液呈碱性，可以用酸中和，所以归纳为碱度。在天然水中，碱度主要由 HCO_3^- 盐类组成；在低压锅炉炉水中主要由 OH^- 和 CO_3^{2-} 盐类组成，在锅炉内加磷酸处理时，还有 PO_4^{3-} 的盐类，碱度一般用含 OH^- 的mmol/L表示。

根据水中的阴离子是 CO_3^{2-}、HCO_3^- 还是 OH^-，碱度可分为重碳酸根碱度、碳酸根碱度和氢氧根碱度。由于

$$HCO_3^- + OH^- \Longrightarrow CO_3^{2-} + H_2O$$

故 OH^- 和 HCO_3^- 不可能存在于同一水体中。测定时用酚酞作指示剂，滴定终点的 pH 值为 8.3，此时 OH^- 反应生成 H_2O，CO_3^{2-} 生成 HCO_3^-，而 HCO_3^- 不再参加反应，测定的碱度称为酚酞碱度；若用甲基橙作指示剂，滴定终点的 pH 值为 4.2，测

出了水中弱酸强碱盐类，因而称为全碱度或者叫做甲基橙碱度。

碳酸盐硬度表示水中含 $Ca(HCO_3)_2$，$CaCO_3$，$Mg(HCO_3)_2$，$MgCO_3$ 的量，它的离子形式是 Ca^{2+}、Mg^{2+}、CO_3^{2-}、HCO_3^-，因此，水中的碳酸盐硬度同时也是碱度。在有的水中，含钠的碱性化合物，如 $NaOH$、$NaHCO_3$ 和 Na_2CO_3 等，由于钠的碱性化合物存在时，水中永久硬度将因如下反应而消失。

$$CaSO_4 + Na_2CO_3 \rightleftharpoons CaCO_3 \downarrow + Na_2SO_4$$

故而把钠碱度称为负硬。

（5）酸度　酸度是指水中能与强碱起中和作用的物质的含量。这些物质包括：

① 能全部电离出 H^+ 的强酸类，如 HCl、H_2SO_4、HNO_3 等；

② 强酸弱碱盐类，如铵、铁、铝等离子与强酸组成的盐；

③ 弱酸类，如 H_2CO_3、H_2S、CH_3COOH 等。

（6）表示水中有机物含量的指标　水中有机物种类多，进行有机物单种析测极其困难，所以水中有机物的含量无法像无机离子那样逐个进行测定。目前常用的方法是利用有机物总体的某种性质（如可以被氧化、含有碳、对紫外光吸收等）来进行测定，间接反映水中有机物含量的多少。目前常用的表示水中有机物含量的指标如下。

a. 化学需氧量（COD_{Mn}、COD_{Cr}）　有机物是碳氢化合物及其衍生物，遇到氧化剂会被氧化，氧化产物可以是 CO_2 和 H_2O，但更多的是在氧化剂的作用下，有机物中链发生断裂，大分子有机物被氧化成小分子有机物。化学需氧量是在一定条件下，水中有机物被氧化时消耗的氧化剂量（换算成氧量）。化学需氧量的

单位为 mgO_2/L。

测定化学需氧量所用的氧化剂有两种，一种是高锰酸钾（$KMnO_4$），其测定结果标示为 COD_{Mn}；另一种是用重铬酸钾（KCr_2O_7），其测定结果标示为 COD_{Cr}。重铬酸钾对水中有机物的氧化率比高锰酸钾高。对同一种水，测得的 COD_{Cr} 大约为 COD_{Mn} 的 $2 \sim 3$ 倍，但 COD_{Cr} 与 COD_{Mn} 之间不存在明确的换算关系。

COD_{Cr} 多用于废水中有机物测定，COD_{Mn} 多用于给水等较清洁水中有机物的测定。

化学需氧量只能用来对不同水中有机物含量进行比较，因为影响结果测定除与测定条件有关外，还与水中有机物种类、分子大小、分子结构等有关。利用化学需氧量定量水中有机物含量是困难的。

b. 生化需氧量（BOD）　是指在有氧存在的条件下，由于水中微生物的作用，使有机物完全氧化分解时所消耗氧的量。它是以水样在一定的温度（如 20℃）下，在密闭容器中保存一定时间后溶解氧减少的量来表示的。当温度为 20℃ 时，一般有机物需要 20 天左右时间就能基本完成氧化分解过程，而要全部完成就需 100 天。时间长了对于实际生产控制的实用价值不大，故目前规定在 20℃ 下，培养 5 天作为生化需氧量的标准。此时，测得的生化需氧量称为 5 日生化需氧量，用 BOD_5 表示。生化需氧量间接地表示出水中有机物质的含量及其水体的污染程度。

BOD_5 单位是 mgO_2/L，多用于废水中有机物的测定，BOD_5 和 COD 的比值反映水中有机物的可生化程度，当比值大于 30％ 的水才可能进行生物氧化处理。

c. 总有机碳（TOC）　是水中所有有机物中的碳含量，单位是 mg/L。由于有机物都是含碳的,所以,与其他测定有机物含量的指标相比,它更能反映水中有机物含量的多少。

总有机碳测定方法有燃烧氧化法和紫外-过硫酸盐氧化法两大类。燃烧氧化法是将样品放在 $680\sim1000℃$ 下在氧气或空气中燃烧,用非色散红外线检测技术测定燃烧气中 CO_2 含量,扣除无机碳含量之后即为有机碳含量。另一种方法是用紫外线(185nm)或在二氧化钛催化下的紫外线用过硫酸盐作氧化剂,将水中有机物氧化,用红外线或电导率进行测量。电导率测量是利用有机物氧化成有机酸而促使电导率上升的原理来测有机物含碳量。

燃烧氧化法误差较大,只适用于有机物含量大的水进行检测,而紫外-过硫酸盐法可用于纯水中低含量的总有机碳测量。

被测水中颗粒状物(如细菌等)影响总有机碳的测量精度和重现性,所以有人对水样进行过滤,去除颗粒状物后再测量水的有机碳,此时称为总溶解有机碳(DOC)。

d. 紫外吸收　天然水中有机物大多为含不饱和键(双键、叁键)的化合物,如腐殖质为带有苯环的化合物,这些化合物不饱和键会吸收紫外光,可以用水对紫外光的吸收程度来判断水中有机物的多少。

在 254nm 处水对紫外光吸收程度与水中有机物量成正比,用 254nm 紫外光测定水中有机物就称为 UV_{254},还有人用 260nm 紫外光来测定水中有机物,就称为 E_{260}。

UV_{254} 或 E_{260} 的测定值是消光值,可以用消光值大小来比较水中有机物的多少。消光值与天然水中有机物含量之间无明确定量关系,但对某种单一化合物也可以通过试验求得相互间的定量关系。

浊度干扰紫外吸收的测定，应在被测水样消除浊度干扰后再进行测定。

三、我国水资源情况

我国年平均降雨量为 648.2mm（1956～1976 年的平均值），淡水资源的总水量为 $2.8142 \times 10^{12}\,m^3/a$。其中河川年径流量 $2.7115 \times 10^{12}\,m^3/a$，年径流量约占全球的 5.8%，居世界地表水径流量的第六位。

我国淡水总量不算少，但按 13 亿人口计算，人均拥有淡水量只有 2100m³/a，远远低于前苏联、美国和日本，也低于英、法、德、意等国，只有世界人均占有量的 1/4，已被联合国列为 13 个水资源贫乏国之列，而且水资源分配相当不均衡，北方缺雨少水，更显水资源的紧张。如华北地区和京津一带已连年闹水荒，黄河下游连续几年都出现持续一定时间的断流，严重影响工农业的生产和人民的生活用水，因此节约用水日益迫切。在水资源得天独厚的长江流域和江南水乡，由于不注意排水的处理，江河湖泊遭受到不同程度的污染，影响人们饮用水的质量和鱼类生存。淡水资源总是有限的，在自然循环中并不增长，且在社会循环中受到污染，使得可利用的淡水资源愈来愈少，造成人类生存环境恶化。为此，国家颁发了"水法"，以法律的形式规定：无论以何种形式取水均要收费，向公共水体排水也要收费，若污染超标还要受罚。促使人们重视节约使用水资源，减少水资源的污染。为保护水资源和生态环境不被破坏，环保部门对排出水的温度、pH 值及污染物含量制定了排放标准。因此，无论从节约水资源，还是从经济观点出发，企业在生产过程中都应重视节约用水，减少取水量，采取清洁生产工艺，通过相应的水处理技术对水进行处理，减少排入公共水体的污水量。

我国地面水的含盐量和硬度都比较低，含盐量一般在 $70\sim900mg/L$ 之间，硬度在 $0.5\sim4.0mmol/L$ 之间。低含盐量的江河水占一半。其硬度的分布情况是总硬度在 $1.0\sim1.5mmol/L$ 的最多，如长江、汉江、黄浦江、东北的太子河和伊通河，西北的辋川河等；总硬度仅有 $0.5mmol/L$ 左右的有松花江、湘江、淮河、福建的永春河和广东的北江等。总硬度大于 $1.5\sim2.2mmol/L$ 的有黄河、陕西的延河、四川的嘉陵江等。总的分布规律是：东南沿海一带水的硬度最低，愈向西北硬度愈大，最大可达 $1.5\sim3.0mmol/L$。

地面水的水质很不稳定，受季节和外界条件的影响的变化较大，如枯水季节与洪水期间、外界污染及部分沿海地区受海水的影响等会使同一水体的水质发生较大变化。

我国北方地区大都以地下水为水源，由于各地的水文地质条件不同，水质变化也很大。含盐量一般在 $100\sim500mg/L$ 之间，有的地区可能更高。总硬度小的仅仅只有 $0.05mmol/L$，大的可达 $12.5mmol/L$。地下水的总硬度一般为 $1.5\sim2.5mmol/L$，有的是永硬，有的为负硬。氯离子的含量低的可小于 $50mg/L$，高的可达 $700\sim800mg/L$。其共同特点是碱度较高，应依据实况作相应处理。

同一口井或同一井群的水质一般终年稳定，很少受季节和外界条件的影响。但井与井、井群与井群之间，水质差异往往很大；河床附近的浅井水的水质会受到季节或外界条件的影响而有较大变化。

总之，我国幅员辽阔，水文地质、气候条件复杂，使水质相差悬殊，在选用水源时，应摸清水源受外界影响的情况，依据用水要求进行处理是相当重要的。

随着人口的不断增长和工农业生产的持续发展，水资源日趋紧张，工业水的再利用、排水的有效处理已成为当务之急。

四、工业水处理

工业生产离不开水，有较重的水处理任务。其内容主要包含用水处理（也称新鲜水处理）、循环冷却水处理和污水处理。

1. 用水处理

自然界中，天然水在自然循环和社会循环中，或多或少地都带有杂质。因此，在使用时就要根据不同的水源、水质和不同的用途，采取一定方法进行相应的净化处理。

（1）用水的预处理 在对水进行深层次处理之前，必须根据不同的水质和不同的用途，采用相应的水处理工艺，预先除去水源中存在的有碍进行深层次处理的杂质。这类水处理工艺称为用水的预处理。经过预处理后的水，再经深层次处理就是各种特殊用途的工业用水，也可以作非特殊用途的用水水源。对于无自来水的地方，饮用水要求澄清和无毒，故其净化一般为除去悬浮物和消毒。即将经过预处理除去悬浮杂质的清水，通过加入消毒剂处理后可作为生活饮用水。常用的消毒剂有漂白粉、氯气等，它们溶于水后，具有很强的氧化能力，能把细菌杀死。

（2）水的软化处理 水是良好溶剂，天然水体中一般都含有 Ca^{2+}、Mg^{2+} 的盐类。工业上把含有钙、镁盐类的水叫做硬水。把含有少量或不含钙、镁盐类的水叫做软水。将硬水处理成软水的水处理工艺叫做硬水软化。

硬水对工业生产的危害很大。如果将硬水作为锅炉给水，就会在锅炉内形成水渣水垢，影响锅炉的安全经济运行。如果印染工业使用硬水，则色泽不匀，不易着色；造纸工业使用硬水，则纸张会有斑点，影响产品质量。日常生产中也不宜用硬水洗衣服，因为肥皂中可溶性脂肪酸钠遇钙镁等离子会转变为不溶性的钙镁脂肪酸盐沉淀，不仅浪费肥皂，而且污染衣物。因此将硬水软化具有十分重要的意义。

水的软化过去采用的是化学处理法，现在工业上广泛采用离子交换法。

（3）水的除盐处理　某些生产科研、分析和医药等对用水水质的要求很高，必须用高纯水。过去一般用蒸馏法制取纯水。其原理是把水加热至沸，使水气化，然后把水蒸气冷凝并收集起来。水中溶有的气体杂质可随水一起蒸发逸出，而不挥发性物质则留在残水中，将最初收集的冷凝水弃去，就可得到比较纯净的蒸馏水。若想得到更纯的水，可在蒸馏水中加入少量高锰酸钾的碱性溶液，再蒸馏一次，以除去水中残留的有机物、二氧化碳等杂质，制取重蒸馏水。

目前，广泛使用的"去离子水"就是用阳、阴离子交换剂把清水相继进行处理，水中所有的阳离子交换成 H^+，所有的阴离子交换成 OH^-，从而制得纯度较高的水。分析上用来配制试剂，医药上用来配制注射液。

随着科学技术的发展，也有采用电渗析法和反渗透法来处理水，以满足生产之需。对于具体的工业生产厂家，应该依据用水要求达到的水质指标来确定恰当的水质处理方法，使其做到经济合理。

2. 循环冷却水处理

工业生产离不开水，其中冷却水的用水量大，涉及面广。如在化学工业生产中，冷却水几乎占总水量的 $80\%\sim90\%$。长期以来，我国许多工业企业习惯使用直流冷却水，这不仅浪费大量的水资源，而且还使换热设备严重腐蚀、结垢和产生大量污泥沉积，造成换热效率降低，检修频繁，设备使用寿命短，浪费钢材，以致设备腐蚀穿孔泄漏，威胁生产的安全运行。因此，合理使用冷却水，由直流冷却水改为循环冷却水，用化学处理方法控制和改善水质，实行高浓缩倍数和提高循环水处理技术，是许多企业迫切需要解决的问题。

循环冷却水处理可以采用物理处理法、物理化学处理法、化学处理法。目前普遍应用的是化学处理法，即用加入化学药品的方法来防止冷却水系统的腐蚀、结垢和黏泥等问题的产生。从而稳定循环冷却水水质，防止设备腐蚀结垢，延长设备的使用寿命，提高换热设备的传热效率，节约能源，充分利用水资源，减少了污水的排放，有利于环境保护。

3. 污水处理

在工业生产过程中，用水会受到不同程度的污染。这些被污染的水中溶有许多有害物质，会污染流入的水体，使这些水体的水质和环境受到破坏。为了保证人类的正常生活、生产和保持良好的生态环境，应根据排出污水的性质对其进行适当处理，以使有的可以回收，作为工业用水，有的则要求处理后有害杂质达到排放标准，方可对其排入天然水体中。工业污水常用的处理方法如下。

（1）物理处理 利用物理机械作用和原理，对污水进行处理，也称机械法。其中包括采用沉淀、均衡调节、过滤及离心分离等。

（2）物理化学处理 应用物质的物理化学性质，对经过物理方法处理后的污水中残存的污染物进一步处理的方法。常用的物理化学方法有吸附、浮选、电渗析、反渗透、超过滤等。

（3）化学处理 利用物质之间进行化学反应的方法来进行工业废水的处理。可分为中和、氧化、还原、混凝沉淀和离子交换等方法。

（4）生物化学处理 利用微生物来分解污水中的有机物质，即在微生物的催化作用下，供给足量的氧气，使污水中的有机物氧化、分解而除去。生物化学处理的设备比较简单，是一种比较合理、经济、实用的方法。

工业废水经过物理、物理化学、化学、生物化学等方法处理后，对于仍然含有高浓度有害杂质的污水，应给予最后处置。国外大多采用注入深井、焚烧或排入海洋水体等方法。

习　题

1. 地球上水资源的分布情况如何？
2. 水有哪些特性？
3. 水在自然界是如何循环运动的？
4. 什么叫水的污染？
5. 地表水和地下水各有什么特点？
6. 我国水资源的情况怎样？
7. 表示水中杂质含量的指标有哪几项？各指标的含义是什么？
8. 工业水处理主要包含哪些内容？

第二章　工业用水的预处理

工业用水的预处理就是在对其进行深层次处理之前，将有碍深层次处理的杂质预先除去的水处理工艺。

第一节　天然水中不溶性杂质的去除

天然水中不溶性杂质影响其发挥正常作用并有碍水的深层次处理，因此，必须预先除掉水中的悬浮杂质和胶体杂质。通常采用混凝、沉淀（澄清）和过滤的方法进行处理。

一、混凝处理

1．胶体的稳定性

粒径小的悬浮物及胶体杂质在水中长期保持分散悬浮状态的特性称为胶体的稳定性。其具有稳定性的主要原因有以下几方面。

（1）微粒的布朗运动　颗粒极小的悬浮物和胶体杂质，受到水分子的撞击次数较少，各方向的撞击力不平衡，且因微粒质量甚微，重力影响甚小，致使微粒在水中作无规则的高速运动并趋于均匀分散状态，故微粒在天然水中能够稳定存在。

（2）微粒间的静电斥力　天然水中的胶核是由众多的分子形

成的集合体，胶核表面分布着相同电荷的离子。它是由组成胶核物质的电离作用或吸附了溶液中的某种离子而形成。胶核表面的离子通过静电作用吸附溶液中带相反电荷的离子（反离子）。距胶核较近的反离子层为吸附层，较远的为扩散层。胶体颗粒在溶液中运动时，由于胶核对吸附层内反离子静电吸引力较强，随胶核一起运动，而扩散层内的反离子则要滞后一段，这使得吸附层与扩散层之间产生一个滑动界面，致使胶体带电。带有相同电荷的胶粒之间因静电斥力而不易碰撞和黏合。

（3）微粒的水化作用　由于胶体带有电荷，具有极性的水分子便定向地吸附在带电荷的胶体颗粒周围而形成一层水化膜，阻止微粒间相互接触，使胶体在热运动时不能黏合，保持微粒状态悬浮不沉。

2.混凝机理

消除或减弱胶体稳定性的作用称为胶体的脱稳。脱稳的胶体能够聚结成较大的颗粒而迅速与水分离开来。胶体的脱稳通常是由于以下三个方面的作用。

（1）反离子的压缩作用　向水中加入某种电解质后，电解质电离出大量反离子或水解形成带有相反电荷的聚合体，对水中的扩散层产生压缩作用，致使一部分反离子压缩到吸附层而使扩散层变薄，微粒间的静电斥力随之减弱或消除。此时，当胶体颗粒互相接触时就很容易通过吸附作用而聚结成大颗粒，此过程通常称为凝聚。

（2）胶体吸附与混凝剂的架桥作用　向水中投加一定量的高分子物质或高价盐类（能水解成高聚物），这类物质呈线型结构，并在水中伸展为链状，胶体颗粒易吸附在链节部位，从而把水中悬浮物连在一起。这种作用形象地称为"架桥作用"。由于这种架桥作用，破坏了胶体的稳定性，逐步絮凝成絮状沉淀物。胶体的脱稳往往是凝聚和絮凝作用同时发生，总称为混凝，所加药剂称为混凝剂。

(3) 沉淀物的网捕作用　当水中的悬浮物和胶体杂质很少时，通过加大混凝剂量，自身相互混凝，形成絮状沉淀物，在沉降过程中以网捕作用将水中的微粒携带下去。

例如，常用的混凝剂 $Al_2(SO_4)_3$ 在水中通过以下反应过程起着混凝作用。

(1) 电离出高价反离子 Al^{3+}，对胶体的扩散层有强烈的压缩作用。

$$Al_2(SO_4)_3 \longrightarrow 2Al^{3+} + 3SO_4^{2-}$$

(2) 水解成絮凝体，对悬浮于水中的微粒起网捕作用。在 pH > 4 时，Al^{3+} 逐步发生下列水解反应。

$$Al^{3+} + H_2O \longrightarrow Al(OH)^{2+} + H^+$$

$$Al(OH)^{2+} + H_2O \longrightarrow Al(OH)_2^+ + H^+$$

当 pH 为 7～8 时，$Al(OH)_2^+ + H_2O \longrightarrow Al(OH)_3 \downarrow + H^+$

(3) 缩聚成高聚物，Al^{3+} 的初级水解产物——$Al(OH)^{2+}$ 和 $Al(OH)_2^+$ 中的 OH^- 具有桥链性质，使水解产物之间进行缩聚反应，产生带有高电荷线型结构的高聚物，对水中的胶体微粒既可起到压缩扩散层作用，又可起到吸附架桥作用。

3. 影响混凝的因素

混凝处理过程的影响因素较多，其中重要的有以下几方面。

(1) 水温　水温升高，水的黏度降低，可增强无机混凝剂的混凝效果；水温低，采取措施也难以获得理想混凝效果。用硫酸铝作混凝剂时，最佳水温为 25～30℃。

(2) 水的碱度和 pH 值的影响　硫酸铝水解产生的 H^+ 必将

导致水中的 pH 值下降，要保持较好的混凝效果，必须使 pH 值保持在适当的范围内。用铝盐作混凝剂时，最佳的 pH 值为 5.7～7.5。当 pH＞8.2 时，由于 $Al(OH)_3$ 被溶解而生成 AlO_2^-，从而失去混凝处理作用。故当原水碱度不足或混凝剂投加量大时，可采用加碱方法进行调节。常用的碱是烧碱、纯碱、重碱（$NaHCO_3$）、石灰等。

（3）水的浊度的影响　原水浊度对混凝效果和混凝剂的投加量都有较大的影响。对于低浊度水，必须投加大量的混凝剂，形成絮凝沉淀物并对悬浮微粒进行网捕，但效果并不理想；对于中等浊度水，则可利用低投加量混凝区的吸附架桥作用和高投加量混凝区网捕作用来去除浊度；对于高浊度水，混凝剂主要起吸附架桥作用，但随着悬浮物含量的增加，混凝剂投加量也要相应增大，才能达到完全混凝的目的。

4．混凝剂和助凝剂

（1）混凝剂　混凝剂的种类很多，可以分为无机混凝剂、有机混凝剂和高分子混凝剂三种，现将常用的混凝剂列于表2-1中。

表 2-1　常用的混凝剂

分　类		混　凝　剂
无机混凝剂	无机盐类	硫酸铝 $Al_2(SO_4)_3 \cdot 18H_2O$、硫酸亚铁 $FeSO_4 \cdot 7H_2O$、硫酸铁 $Fe_2(SO_4)_3$、铝酸钠 Na_2AlO_4、三氯化铁 $FeCl_3 \cdot 6H_2O$、聚合氯化铝 $[Al_2(OH)_nCl_{(n-6)}]_m$（简写为 PAC 明矾）
	固体细粉	高岭土、膨润土、酸性白土、炭黑、飘尘
有机混凝剂（表面活性剂）	阴离子型	月桂酸钠、硬脂酸钠、油酸钠、十二烷基苯磺酸钠、松香酸钠
	阳离子型	氯化烷基三甲基铵、十八烷基二甲基二苯二乙基酮

续表

分　类		混　凝　剂
高分子混凝剂	低聚合度① 阴离子型	精氨酸钠(即藻元酸钠)、羧甲基纤维素
	阳离子型	水溶性苯胺树脂盐酸盐、聚乙烯亚胺、聚乙烯吡啶类、聚合硫脲、醋酸盐
	非离子型	淀粉、水溶性脲醛树脂
	两性型	动物胶(明胶)
	高聚合度② 阴离子型	水解聚丙烯酰胺盐③、顺丁烯二酸共聚物
	阳离子型	吡啶盐酸、吡啶共聚物盐④
	非离子型	聚丙烯酰胺、聚氧化乙烯

① 指相对分子质量约为一万至数万的物质。
② 指相对分子质量为十万至数百万的物质。
③ 指水解聚丙烯酰胺系。
④ 指聚乙烯吡啶季铵盐及二丙烯季铵盐。

（2）助凝剂　为了提高混凝效果而投加的辅助药剂称为助凝剂。助凝剂本身可以起凝聚作用，也可以不起凝聚作用，但它与混凝剂一起使用时，能改善水的混凝过程。根据其在混凝过程中所起作用的不同，可以分为许多类别，如用来调节 pH 值的碱（常用石灰）；用来破坏对混凝剂有干扰的有机物的氧化剂，如氯等；用来加快絮凝过程和增加牢固性的活化剂，如活性二氧化硅、活性炭或各种泥土等。

5．混凝处理过程

混凝是通过混凝剂与分散在水中的微粒相互接触来实现的。混凝过程分为混合阶段与反应阶段。在混合阶段，混凝剂在剧烈搅动的水流中迅速均匀地扩散，为其水解、缩聚反应及胶体脱稳提供有利条件。此时絮凝体开始形成，这些过程都是在瞬间发生的，几十秒钟内可以完成，一般不超过两分钟；在反应阶段，要求水流速度不能太快，以便使脱稳的胶体形成具有良好沉淀性能的絮凝体，反应阶段一般为 20～30min。因此，常按两个阶段的不同水流条件选择相应的设备。

二、沉淀与澄清

经过混凝处理的原水中的悬浮物和胶体杂质，被聚集成较大的固体颗粒，由于重力作用从水中分离出来的过程叫做沉淀，进行分离沉淀的设备叫做沉淀池。新形成的沉淀泥渣具有较大表面积和吸附活性（称为活性泥渣），对水中未能脱稳的胶体或微小悬浮物仍有良好的吸附作用而产生"二次混凝"（称作接触混凝）。

利用活性泥渣与混凝处理后的水进一步接触，使未聚结成较大颗粒的悬浮杂质发生接触混凝，从而加快沉淀物与水分离的速度，该过程称为澄清。这种设备称为澄清池。

沉淀池用于使原水中的悬浮物进行沉降分离，有间歇式和连续式之分，常采用连续式的平流沉淀池和斜管（板）沉淀池。

平流沉淀池是平面为长方形的钢筋混凝土或砖砌的用以进行混凝反应和沉淀处理的水池。其结构形式如图 2-1 所示。

平流沉淀池可进行自然沉淀或混凝沉淀。其长宽比应不小于 4：1，长深比应不小于 10：1，池深一般为 2m 左右，超高为 0.3～0.5m 左右。这种沉淀池构造简单、造价较低、操作方便、净水效果十分稳定。但其占地面积大，排泥比较困难，适用于处理水量大的水厂。

斜管（板）沉淀池是基于浅池理论发展起来的新型沉淀池。在沉降区域内并排叠成有一定坡度的密集管道或平板，在容积不变的情况下将沉淀深度减小，将沉淀面积增大，缩短颗粒沉降的

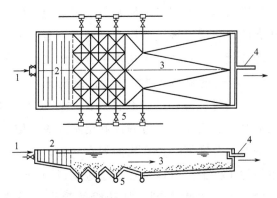

图 2-1　平流沉淀池的构造

1—投加混凝剂的原水；2—隔板反应池；3—沉淀池；4—出水管；5—排泥渣管

时间，使水中的悬浮杂质在斜管（板）内进行沉淀，提高沉淀效率。斜管（板）断面一般采用蜂窝六角形或矩形和正方形，用酚醛树脂浸泡制成，或用硬聚氯乙烯塑料片热压成型。斜管（板）的长度一般为 80~100cm 左右，水平倾角常采用 60°。斜管（板）上部清水区高度一般在 0.8~1.0m 以上，下部布水区高度一般为 1.2m 左右。斜管（板）沉淀池的水沿斜管（板）向上流动，分离出来的泥渣在重力作用下从斜管（板）内下滑至池底。这种沉淀池可按设计建筑，也可在原平流式沉淀池内加斜管（板）而成。这样沉淀效率可以提高 50%~60%，在同一面积上的处理能力可以提高 3~5 倍。

　　澄清池是将反应池和沉淀池统一在一个设备内，利用活性泥渣与原水进行二次接触混凝的净水水池。一般采用钢筋混凝土结构，但也有用砖石砌筑的，小型水池可采用钢板制造。按照泥渣的工作情况可分为悬浮泥渣（泥渣过滤）型和循环泥渣（泥渣回流）型两种。

悬浮泥渣澄清池的作用是，原水与混凝剂混合后，由下而上通过悬浮状态的泥渣层，该泥渣层如同栅栏，截留水中的悬浮杂质并发生接触混凝，将固体颗粒从水中分离出来而使原水得到净化。图 2-2 所示的是钢制小型悬浮澄清池结构图，其主体是用钢板焊成的圆筒，通过不等径的圆台体和圆柱体来改变水力条件，在体内形成混合区、反应区、过滤区和出水区等区域。原水首先进入澄清池的空气分离器，分离出溶解空气后，通过喷嘴沿切线方向喷入澄清池下部的混合区。在高于进水口 100～200mm 处加入石灰乳、混凝剂以及助凝剂，加药管的管头沿澄清池径向装

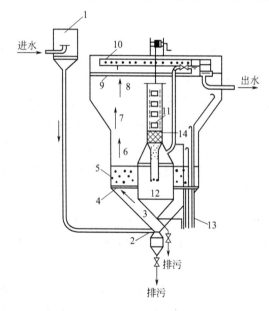

图 2-2 悬浮澄清池构造

1—空气分离器；2—喷嘴；3—混合区；4—水平隔板；5—垂直隔板；
6—反应区；7—过渡区；8—出水区；9—水栅；10—集水槽；11—排泥系统；12—泥渣浓缩器；13—采样管；14—可动罩子

入；水流经混合区先后通过一块水平多孔隔板和几块垂直多孔隔板进入反应区。这些多孔隔板可使水和药剂得到进一步混合，多孔水平隔板用以防止混合区内出现直接向上的水流，以保持其下面的水呈旋转状态，垂直多孔隔板则用来消除旋转动能。在反应区内混凝剂继续产生吸附架桥作用，絮凝体不断长大。由于该区截面积较小，水的流速较快，形成的泥渣不能在此停留，故可阻止失去活性的泥渣下沉。反应区以上是过渡区，其截面由下向上逐渐扩大，水在这里的流速降低，所形成的泥渣便悬浮在这一区域，泥渣开始得到分离。水流继续上流进入出水区，该区截面积最大，水的流速很慢，从而保证了水和泥渣彻底分离。在出水区上部设有用来保证出水均匀的水栅和集水槽，清水由集水槽引出。

澄清池中央设有垂直圆筒形排泥系统，用以集取过剩的泥渣。沿着此排泥系统的高度开有多层方形孔，最低层的方孔位于反应区上部，以便排除聚集在这里的衰老泥渣。此种排泥系统可以起自动调节泥渣层的作用，因为泥渣层低时起实际作用的排泥方孔就减少，反之就增多；由排泥系统集取的泥渣，流入泥渣浓缩室中，在这里泥渣依靠水流速度的减慢与水分离。澄清出水由导管送至集水槽，浓缩后的泥渣由排污管排走。澄清池下部积存的泥渣可由底部泥渣室排走。

这种处理设备占地面积小，但构筑物高，运行管理和操作不方便。

循环泥渣型澄清池的作用是泥渣在一定范围内循环利用，泥渣在循环过程中不断与原水中的悬浮颗粒发生接触混凝作用，加速了沉降速度，使水得到澄清。图 2-3 是小型水力循环澄清池的结构示意图。加入混凝剂的原水（混凝剂可加至进口管道中或水

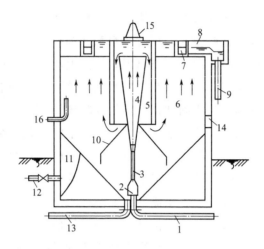

图 2-3　水力循环澄清池结构示意图

1—进水管；2—喷嘴；3—喉管；4—第一反应室；5—第二反应室；6—分离室；

7—环形集水槽；8—出水槽；9—出水管；10—伞形板（用于大池）；

11—沉渣浓缩室；12—排泥管；13—放空管；14—观察窗；

15—喷嘴与喉管距离调节装置；16—取样管

泵的吸水侧）从进水管进入喷嘴，以高速喷入喉管，在喉管喇叭口的周围形成真空，吸入大约是原水 3 倍的泥渣量，与原水迅速混合，进入渐扩管型的第一反应室及第二反应室进行混凝处理。喉管可以上下移动，通过调节喷嘴和喉管的间距，使之等于喷嘴直径的 1～2 倍，来控制回流的泥渣量。水流从第二反应室进入分离室，由于断面积突然扩大，流速降低，所以泥渣就沉下来，其中一部分进入泥渣浓缩斗，定期予以排出，而大部分泥渣进入喉管进行回流。清水上升从集水槽引出。这种澄清池结构简单，不需机械设备。池体可用钢筋混凝土筑成，所以坚固耐用，维修量小，管理方便。但投药量较大，对水质水温适应性差。为了提高这种设备的沉淀效率，常在分离室加装斜管（板）。

三、过滤

原水经过混凝沉淀处理后，残留的少量细小悬浮杂质需要采用过滤来去除。

1．过滤过程

过滤，就是较高浊度的原水，使其通过一定厚度的粒状或非粒状材料，有效地除去悬浮杂质使水澄清的过程。这种粒状或非粒状材料称为滤料；由滤料堆积起来的过滤层简称为滤层；起过滤作用的设备称为过滤器或过滤池。

当滤层中截留的悬浮杂质较多时，滤层的孔隙被堵塞，水流阻力增大，过滤速度（滤速）减慢，过滤被迫停止，需用清水进行反洗以消除滤层截留的悬浮杂质，恢复过滤能力，两次开始反洗间隔时间称为过滤周期。

常用的滤料有石英砂和无烟煤。还有用于专门除去某种杂质的滤料，如除去水中铁的锰砂滤料，和除臭、除游离性余氯的活性炭等。滤料直径的大小和均匀程度对过滤效果影响极大。滤料的直径通常选用 $0.5 \sim 1.2mm$；滤料的均匀程度用不均匀系数 K_{80} 表示。K_{80} 是指粒度在一定范围内的滤料，按质量计，能通过 80% 滤料的筛孔孔径 d_{80} 与能通过 10% 滤料的筛孔孔径 d_{10} 之比。不均匀系数愈大，表示滤料粗细颗粒尺寸相差愈大，粒径愈不均匀，对过滤和反洗都愈不利。

滤层的高度和孔隙率对过滤效率有较大的影响。孔隙率是指滤层中的空隙体积与滤层总体积之比，与滤料粒径和不均匀系数有关。粒径愈小和不均匀系数愈大，孔隙率就愈小。滤层孔隙率太大时，过滤器的截污能力差；孔隙率太小时，滤层水流阻力增大。在实际应用中，石英砂滤料的孔隙率为 0.4，无烟煤滤料为 0.5。

滤层在过滤过程中的作用机理类似于悬浮泥渣澄清池，滤料表面具有表面活性作用，悬浮杂质在水力作用下，靠近滤料表面时就发生接触混凝。滤料排列紧密，水在滤层孔隙中流动时与滤料具有更多的接触机会，加上滤料的机械阻留作用，其除浊作用更为彻底。

在反洗过程中，滤料反复浮起和下沉，在水力筛分作用下，滤层由上而下沿过滤水流方向，滤料粒径由小到大排列，粒径小的在上层，孔隙率小，截留悬浮杂质的能力强。在实际过滤中，几乎有 60% 的悬浮杂质是由表面 4～5mm 以内的滤层除去的。因此滤层中若杂质分布不均匀，就会使整个滤层中的滤料不能充分地发挥作用，并造成水流阻力增大，过滤周期短等后果。为了提高过滤效率，目前普遍采用"逆粒度"过滤，就是滤料粒径由大→小→大排列的过滤方式。采用两种不同粒度、不同材料组成的双层滤料，上层是密度小粒度大的轻质滤料，下层是密度大粒径小的重质滤料。虽经反洗，粒度大的轻质滤料仍然保持在上层，粒度小的重质滤料保持在下层，中间为两种滤料的混合区。从而较大地发挥滤层中各部分滤粒的截污作用，提高了过滤效率。当前普遍采用由石英砂和无烟煤组成的双层滤料，它们的主要指标列于表 2-2 中。

表 2-2 无烟煤、石英砂双层滤料主要指标

滤料名称	粒径/mm	不均匀系数	滤层厚度/mm	滤速/(m/h)
无烟煤	0.8～2.0	1.3～1.8	300～600	12～16
石英砂	0.4～0.8	1.2～1.6	150～300	12～16

过滤效率通常用除浊率 λ 和泥渣容量 W 来衡量。除浊率可由下式计算

$$\lambda = [(c_{进} - c_{出})/c_{进}] \times 100\%$$

式中　$c_{进}$，$c_{出}$——过滤设备进口和出口悬浮物的含量，mg/L。

泥渣容量是指在一个过滤周期内，单位体积的滤层中所截留悬浮杂质的质量，单位为 kg/m³ 或 g/cm³，可用下式计算

$$W = (c_{进} - c_{出})q/V$$

式中　W——滤层泥渣容量，kg/m³；

　　　q——过滤周期产水量，m³；

　　　V——滤层中滤料的体积，m³；

其他符号意义同前。

滤层的泥渣容量还与原水预处理方式有关。例如，粒径为 0.5～1.0mm 的石英砂滤料，在原水未经处理时的泥渣容量为 0.5～1.0kg/m³；经石灰处理时的泥渣容量为 1.5～2.0kg/m³；经混凝处理时则为 2.5～3.0kg/m³，这时滤层处理效率最高。

2．过滤设备

过滤设备的类型较多，目前普遍应用的是压力式机械过滤器和重力式无阀滤池。

（1）机械过滤器　是由钢板制成的圆柱形设备，工作时承受一定压力，两端装有封头，又称压力式过滤器。按进水方式机械过滤器可分为单流式与双流式；按滤料装填情况可分为单层滤料和双层滤料。

单流式机械过滤器是一种常用的小型过滤设备。过滤时，具有一定压力的水经上部漏斗形配水装置均匀地分配至过滤器内，并以一定的滤速通过滤层，最后经排水装置流出。排水装置在过滤时汇集清水并阻止滤料被水带出；反洗时使冲洗水沿过滤器截面均匀分配。过滤时，滤层截留的悬浮杂质不断增多，孔隙率不断减少，水流阻力会逐渐增大，出水量也会随之降低。当装设在

过滤器进出口的压力表压差达到一定数值时，应停止运行，进行反冲洗。

反冲洗时，水由机械过滤器下部进入，通过滤层，从上部漏斗排出。在压力水流的冲击下，滤料呈沸腾状态，滤层体积胀大；由于水力冲刷和滤料间的摩擦，吸附在滤料表面的泥渣被冲洗掉，从而使过滤器恢复过滤性能。反洗强度用滤层膨胀高度来反映，其膨胀率应为原滤层的 25% 以上。反洗强度应适当，既不能冲走滤料，还必须将附着在滤料表面的泥渣冲洗干净，确保过滤效率。为了达到彻底反洗的目的，通常在反洗时通入压缩空气进行擦洗，并使滤层膨胀率达到 30%～50%。

单层滤料单流式机械过滤器，容易被改造成双层滤料过滤器，只要将原滤层减少 300～500mm，补装适当粒径的无烟煤（如原滤料为无烟煤就补加石英砂）即可。

单流式机械过滤器的出水悬浮物一般在 5mg/L 以下。对进水悬浮物的要求，在选用双层滤料时为 100mg/L 以下；选用单层滤料时为 15～20mg/L 以下，滤速为 10m/h。

机械过滤器占地面积小，过滤速度快，常与离子交换器串联使用，将其应用于工业锅炉水处理是非常方便的。

（2）无阀滤池　有压力式和重力式两种。图 2-4 为重力式无阀滤池的构造图。其操作简单，管理方便，因无阀门而得名，在生产上被广泛使用。

重力式无阀滤池过滤时的流程，从澄清池的来水经分配堰跌入进水槽，经 U 形管进入虹吸上升管，再由顶盖内的布水挡板均匀地布水于滤料层中，水自上而下通过滤层，从小阻力配水系统进入集水区后，通过连通渠到冲洗水箱（出水箱），当水位上升至出水管时，水就流入清水池。

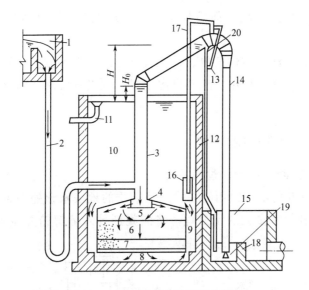

图 2-4　重力式无阀滤池示意图

1—配水槽；2—进水管；3—虹吸上升管；4—顶盖；5—布水挡板；6—滤料层；7—配水系统；8—集水区；9—连通渠；10—冲洗水箱；11—出水管；12—虹吸辅助管；13—抽气管；14—虹吸下降管；15—排水井；16—虹吸破坏斗；17—虹吸破坏管；18—水封堰；19—反冲洗强度调节器；20—虹吸辅助管管口

在运行中，滤层不断截留悬浮杂质，阻力逐渐增大，滤速随之减慢，虹吸管水位不断升高，当水位升高到虹吸辅助管管口时，水便从此管急速流下，并带走虹吸管内的空气，使虹吸管形成真空。这时虹吸上升管中的水便大量越过管顶，沿下降管落下，并与下降管中上升的水柱汇成一股水流快速冲出管口，形成虹吸。虹吸开始后，由于滤层上部压力骤降，促使冲洗水箱内的水循着与过滤时相反的流程进入虹吸管，滤层因而受到反洗。冲洗废水由水封井排入下水道。反洗过程中，冲洗水箱的水位逐渐下降，当下降到虹吸破坏斗以下时，虹吸破坏管把斗中的水吸光,管内与大气相通而破坏了虹吸,反洗结束,转入重新过滤过程。

无阀滤池的结构简单、造价较低,运行管理方便。但由于其滤层处于封闭结构中,滤料进出困难,虹吸管较高,因此增加了建筑高度。

四、处理系统

1．混凝、澄清、过滤系统

图 2-5 所示是常用的去除悬浮杂质的地表水预处理系统,它适用于补给水量大的预处理。将混凝剂投入溶解箱并注入原水,

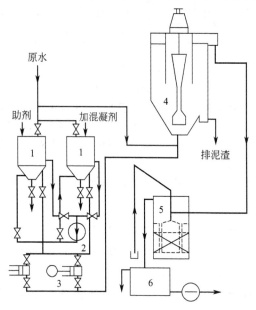

图 2-5　地表水预处理系统

1—溶解箱;2—水力搅拌泵;3—加药泵;4—水力
循环澄清池;5—无阀滤池;6—清水箱

通过水力循环搅拌泵来加速药剂的溶解，配制成 5％左右的溶液，用加药泵送至水力循环澄清池中。溶解箱和加药泵设置两套，一开一备。澄清池出水进入无阀滤池，过滤后的清水流入清水箱，由清水泵送至离子交换系统。

2．循环泥渣澄清重力式过滤净水池

净水池由水力循环澄清池和位于澄清池外缘的过滤池两部分组成，见图 2-6。将混凝剂加至进水管中，澄清水由环形穿孔出水槽直接流入滤池顶部，滤池不用安装阀门。整个环形滤池分为两组，过滤水由半圆池底部集水区流往清水池。反洗时，清水自

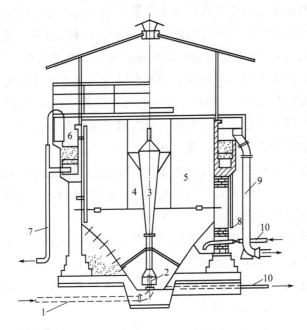

图 2-6　水力循环、重力式过滤净水池

1—进水管；2—喷嘴；3—第一反应室；4—第二反应室；5—分离室；
6—环形滤池；7—出水管；8—取样管；9—排水管；10—排泥管

下而上将滤料清洗，冲洗水溢入排水槽排往下水道。

滤池内滤层厚度为 500mm，滤层底部支承厚度为 200mm，滤速为 6.6m/h。

这种综合净水池是将混凝、澄清、过滤等几道工艺综合在一个构筑物内，做到一次净化。具有流程简单、管理方便、充分利用池体结构、占地面积小等优点，适用于工业锅炉及铁路部门小型给水工程。经运行实践证明，效果良好。要求进水浊度一般不大于 300mg/L，出水浊度约为 10mg/L。

3．悬浮泥渣澄清、逆流过滤净水器

这种净水器是压力式综合净水器，由底部瓷球反应室、中部悬浮泥渣澄清区，上部塑料球过滤及集水区等四部分组成，如图 2-7 所示。作为滤料用的塑料球是聚乙烯泡沫塑料颗粒。

原水在泵前加入混凝剂，经水泵混合后送入净水器底部的反应室，反应室内装填瓷球或卵石来加强接触反应；然后水流向上，经悬浮泥渣层进入清水区；通常聚乙烯泡沫过滤后，再经缝隙式排水帽进入集水区，最后从出水管引出体外。

净水器在运行中泥渣不断增加，沉积泥渣溢入排泥桶，经辐射管进入污泥浓缩室，当污泥达到一定的浓度和工作周期即可开启排泥阀进行排泥。

净水器内强制出水回流装置的作用是借助于滤层的阻力，使强制出水能自动回流到滤层中，经过滤成清水，增加产水量；强制出水还用以平衡泥渣、稳定悬浮层，增加浓缩室污泥浓度，延长排泥时间和减少排泥水耗。

向净水器内装滤料时，应先将排泥桶和排泥浓缩室充满水，以免滤料进入浓缩室，启动水泵后，须打开排气阀将筒内空气排除，然后关闭；运行时，需调节进水阀门，以控制进水量使其符

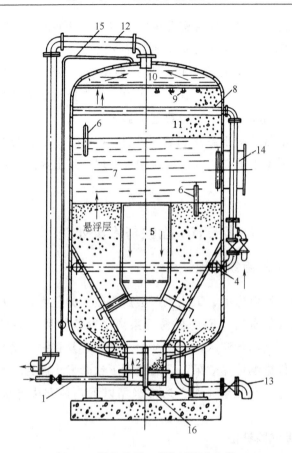

图 2-7　泥渣悬浮、逆流过滤净水器

1—进水管；2—瓷球反应室；3—污泥室；4—环形集水管；5—排泥桶；6—观察孔；
7—分离区；8—强制出水回流管；9—缝隙式排水帽；10—清水区；11—塑料珠过
滤层；12—出水管；13—排泥管；14—人孔门；15—排气管；16—排砂管

合设计水量，保证净水效果；混凝剂的投药量须严格控制，可用
PC₃ 转子流量计加以调节。运行一定时间后，滤料需要冲洗，冲
洗时先停水泵，将排泥阀打开，排出污泥和一部分水，使筒体内

滤料面降到净水器上部观察孔中间，然后打开冲洗阀和空气辅助冲洗阀进行冲洗，冲洗时间一般为 2～3min。

这种净水器极大地简化了预处理系统，投资少，占地面积小；在压力下工作时出水有剩余压力，可直接与离子交换系统串联。但其结构较复杂，运行管理不够方便。

该净水器适用于悬浮物含量小于 500mg/L 原水的处理，短期内也可用于小于 2000mg/L 的净水处理，其出水浊度可降低至 5mg/L。

第二节　除铁与除氯处理

一、水的除铁处理

水中含铁对生活、工业生产会产生较大的危害，对水处理系统也有很大的危害。Fe^{2+} 极易污染离子交换树脂而降低树脂的交换能力。当用含铁水作锅炉补给水时，容易在锅炉受热面结成铁垢，不仅影响传热效果，还会使垢下铁管发生腐蚀。因而，对水中含铁应引起足够重视。通常采用以下几种方法将水中 Fe^{2+} 除掉。

1．曝气除铁法

Fe^{2+} 具有较强的还原性，易被氧化剂（O_2、Cl_2、$KMnO_4$ 等）氧化成 Fe^{3+}。Fe^{3+} 在水中易发生水解反应，生成难溶化合物 $Fe(OH)_3$ 沉淀析出，从而达到除铁的目的。曝气除铁法是利用空气中的 O_2 对含铁地下水中 Fe^{2+} 进行氧化处理。将其抽到地表面后，充分与空气中的 O_2 接触，使 O_2 迅速地溶解于水中，与水中 Fe^{2+} 发生如下反应

$$4Fe^{2+} + O_2 + 10H_2O \Longrightarrow 4Fe(OH)_3 \downarrow + 8H^+$$

$Fe(OH)_3$ 沉淀在形成过程中，可与水中的悬浮杂质发生吸附架桥作用而使其脱稳，即在曝气过程中，氧化和混凝作用同时发生，曝气后的水经过滤处理后就可以将铁和悬浮杂质去除。含铁水经曝气氧化后生成相当量的 H^+，会引起水 pH 值的降低，所以碱度大或 pH 值高对氧化除铁十分有利。实际上只有在 pH 值大于 7 的条件下，曝气氧化反应才能顺利进行。在曝气过程中，除溶解空气中的氧之外，还散除了水中的 CO_2，提高水的 pH 值。尤其是 pH 值小于 7 的水，加强曝气更是必要的措施。若曝气后水中的 pH 值仍然小于 7，就需要采用石灰碱化法调节水的 pH 值至 7 以上。

曝气装置很多，有加气阀曝气、跌水曝气、气水混合器曝气、喷淋式曝气，曝气塔曝气等。其中喷淋式曝气和跌水曝气较为简单。

(1) 喷淋式曝气　这种曝气装置就是把水通过莲蓬头上的许多小孔，分散成细小的水流，向下喷洒降落过程中实现曝气，如图 2-8 所示。莲蓬头直径为 150～300mm，孔眼直径 3～6mm，其距水面高度视水中含铁量而定，原水含铁量愈大则高度愈高。如原水中 $[Fe^{2+}]<5mg/L$ 时，莲蓬头距水面高度为 1.5m；$[Fe^{2+}]>10mg/L$ 时，高度为 2.5m。这种曝气装置通常设置于重力式过滤池上面，调节莲蓬头淋洒水量与过滤池出水量，使其保持相同。运行中应力求保证莲蓬头的最大流量，因为孔眼的流速随出水量的增大而提高，有利于水的分散和空气的溶解，即曝气效果随负荷量的增大而提高。莲蓬头孔眼的流速一般不要小于 2～3m/s。在工作中，只要合理选择莲蓬头距水面的高度和孔眼出水流速，就能获得良好的曝气效果。

喷淋式莲蓬头曝气装置适用于处理含铁浓度小于 10mg/L 的

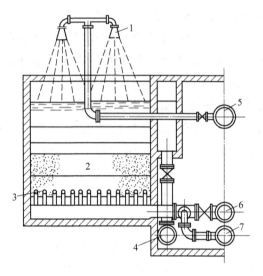

图 2-8　莲蓬头式曝气除铁装置

1—莲蓬头；2—滤料层；3—排水装置；4—排水管；

5—进水管；6—出水管；7—反洗水管

地下水。其能使水中溶解氧达到饱和浓度的 60%，使二氧化碳散除率可达到 50%。

这种装置的优点是结构简单、操作方便，在曝气过程中起到既溶解氧气又散除二氧化碳的效果。但喷淋的水容易飘散在大气中，造成环境污染。另外，莲蓬头上的孔眼常因铁质沉积而逐渐堵塞。

（2）跌水曝气　如图 2-9 所示。将地下水提升到高处，使其自由下落，并使水流薄而细。水在下落过程中，充分与空气接触，并夹带一定量的空气进入下部的水池中，使已经流入水池中的水得以再次曝气。

当跌水高度为 0.5～1.0m 时，可使水中溶解氧浓度提高 2～

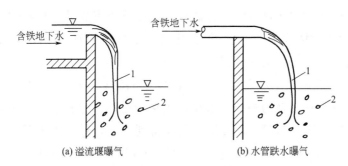

(a) 溢流堰曝气　　　　(b) 水管跌水曝气

图 2-9　跌水曝气装置

1—水舌；2—空气泡

4mg/L，基本上能满足含铁浓度 5～10mg/L 地下水除铁要求。其溶氧效果较好，但散除二氧化碳的效果较差。

跌水曝气法简单可靠，几乎不需要任何特殊装置，并且便于和重力式除铁滤池混合使用。

2．接触催化法

① 原理　接触催化法是一种使 Fe^{2+} 的催化氧化和过滤同时进行的机械过滤法，接触催化除铁所用的滤料有天然锰砂和人造锈砂等。

天然锰砂的主要成分是 MnO_2，它是 Fe^{2+} 氧化成 Fe^{3+} 的良好催化剂，只要含铁地下水的 pH 值大于 5.5，水与锰砂接触，就可将 Fe^{2+} 氧化成 Fe^{3+}，其反应式如下

$$4MnO_2 + 3O_2 \Longrightarrow 2Mn_2O_7$$
$$Mn_2O_7 + 6Fe^{2+} + 3H_2O \Longrightarrow 2MnO_2 + 6Fe^{3+} + 6OH^-$$

生成的 Fe^{3+} 立即水解成絮状氢氧化铁沉淀，其反应式如下

$$Fe^{3+} + 3OH^- \Longrightarrow Fe(OH)_3 \downarrow$$

$Fe(OH)_3$ 沉淀物经锰砂滤层后去除，所以锰砂滤层起着催化和过滤双重作用。

在锰砂过滤除铁时，锰砂滤料表面逐渐形成的一层铁质滤膜（称为"活性滤膜"）也起催化作用。活性滤膜是由 $r\text{-}FeO(OH)$ 所构成，此化合物中的氢能被 Fe^{2+} 转换，反应式如下

$$2Fe^{2+} + FeO(OH) = Fe^{3+} + FeO(OFe)^+ + H^+$$

结合到化合物中的二价铁能迅速地进行氧化和水解反应，重新生成 $r\text{-}FeO(OH)$ 而使催化物质得到再生，反应式如下

$$4FeO(OFe)^+ + O_2 + 6H_2O = 8FeO(OH) + 4H^+$$

新生成的 $r\text{-}FeO(OH)$ 作为活性滤膜物质又可参与新的催化除铁过程，所以活性滤膜除铁过程是一个自动催化过程。

活性滤膜也可以在其他滤料（如石英砂）表面形成，但形成过程十分缓慢，一般没有生产使用价值。如果提高水中的含铁浓度，就可加速活性滤膜的形成，制取一种人造的接触催化除铁滤料——人造锈砂。例如，向水中投加 $FeSO_4$，使水中 $[Fe^{2+}]$ 达到 $100 \sim 200mg/L$，并调整 pH 值为 $6 \sim 7$。将此含铁水曝气后，立即通过石英砂过滤，滤后水抽回池前循环使用。如此对石英砂滤层连续处理 $60 \sim 70h$，便制成具有接触催化除铁能力的人造锈砂。其除铁原理与锰砂表面的活性滤膜相同。

锰砂或人造锈砂具有强烈的催化作用，能使二价铁在较低的 pH 值条件下顺利进行氧化反应，故锰砂除铁一般不需提高水中的 pH 值，曝气的主要目的是提高水中的溶解氧，而不是散除 CO_2。

无阀滤池装填锰砂或人造锈砂，并提高进水区跌水高度，即可成为良好的除铁设备。

② 接触催化法除铁系统 在接触催化法除铁过程中，水中必须保持足够的溶解氧，不必散除 CO_2。处理水量小，宜采用压

力式除铁系统，这种系统是在压力式过滤器之前设气水混合装置，进行曝气充氧。常用的压力式除铁系统有气水混合器曝气除铁系统和加气阀曝气除铁系统。

二、自来水的除氯处理

自来水是经过混凝、沉淀澄清和过滤处理的水，无需进行除浊处理。但自来水在消毒处理时，为了抑制细菌的再度繁殖，需在自来水管网中维持少量游离性余氯。我国生活饮用水标准规定，出厂水游离性余氯含量为 $0.5\sim1.0mg/L$，管网末端为 $0.05\sim0.1mg/L$。水中的游离性余氯实质上并不都是以溶解氯分子形态存在，大约有 $1/3$ 水解生成次氯酸。由于次氯酸具有很强的氧化性，它不仅能够破坏水中有机物和杀死病原微生物，而且也能破坏离子交换树脂的结构，使其强度变差，容易破碎。所以，以自来水作离子交换处理的水源时，必须在进行离子交换处理之前将水中的游离性余氯去除。通常采用的方法有化学还原法和活性炭脱氯法。

1．化学还原法

向含有游离性余氯的水中加入一定量的还原剂，使之发生脱氯反应。常用的还原剂有 SO_2 和 Na_2SO_3。

SO_2 的脱氯反应为

$$SO_2 + HClO + H_2O = 3H^+ + Cl^- + SO_4^{2-}$$

此反应几乎在瞬间完成，脱氯效果较好，但由于反应生成强酸，会使水的 pH 值有所降低。

Na_2SO_3 的脱氯反应为

$$Na_2SO_3 + HClO = Na_2SO_4 + HCl$$

Na_2SO_3 具有较强的还原性，除与次氯酸反应外，还能与水

中的溶解氧发生反应。反应式如下

$$2Na_2SO_3 + O_2 \Longrightarrow 2Na_2SO_4$$

所以用 Na_2SO_3 处理自来水，会起到脱氯和脱氧的双重效果。

Na_2SO_3 的加药量可按下式估算

$$[Na_2SO_3] = 63\alpha([O_2]/8 + [Cl_2]/71)$$

式中　　$[Na_2SO_3]$——需投加纯 Na_2SO_3 的量，mg/L；

　　　　α——投药系数，可取 $2\sim3$；

　　　　$[O_2]$——水中溶解氧的浓度，mg/L；

　　　　$[Cl_2]$——水中游离性余氯含量，mg/L；

　　　　63、8、71——分别表示 Na_2SO_3、$[O_2]$、$[Cl_2]$ 的基本计量单元。

亚硫酸钠的加药方式，可采用泵前加药或水力喷射加药，也可采用孔板加药，用转子流量计控制加药量。

这种方法具有设备简单、操作方便，以及同时实现脱氯和除氧功能等优点。但由于采用原水顶压加药，容易造成加药过程中浓度不均匀，并会增加水中的含盐量。

2．活性炭脱氯法

活性炭是用木炭、煤、果核和果壳经高温炭化和活化制得。活性炭固体颗粒具有多孔结构，内部充满互相连通的毛细管，因此具有很大的表面积，$1g$ 活性炭的表面积可达 $800\sim2000m^2$，因此它的吸附能力很强。活性炭不仅能够去除游离性余氯，同时能除去水中的臭味、色度及有机物等。

活性炭脱氯作用并非单纯的物理吸附过程，在其表面也同时发生了一系列的化学反应。当含有游离性余氯的水通过活性炭表面时，次氯酸首先被吸附在活性炭表面，然后立即分解成氯化氢

和原子氧，其反应式如下

$$HClO \Longrightarrow HCl + O$$

原子氧与碳原子由吸附状态迅速地转变成化合状态，如下式所示

$$C_{吸}\ O \longrightarrow CO \uparrow$$

$$C_{吸}\ O \longrightarrow CO_2 \uparrow$$

由上述反应可见，活性炭脱氯不存在吸附饱和问题，只是损耗少量炭而已。因此，活性炭用于脱氯时，可以运行相当长的时间。例如，用 $19.6m^3$ 的粒状活性炭滤料处理游离性余氯为 $4mg/L$ 的自来水时，可连续制取 $2.65 \times 10^6\ m^3$ 的游离性余氯量小于 $0.01mg/L$ 的水；处理游离性余氯量为 $2mg/L$ 的水时，其寿命可延长 6 年左右。

活性炭过滤装置通常采用单流式机械过滤器。过滤器内活性炭滤层高度一般为 $1.0 \sim 1.5m$，脱氯和除浊同时进行时，过滤速度一般采用 $6 \sim 12m/h$；单纯用于脱氯时，过滤速度可采用 $40 \sim 50m/h$。当活性炭过滤器截留的悬浮物较多，而使水流阻力增大或者出水水质恶化时，应进行反洗，反冲洗方法与普通过滤器相同，滤层膨胀率为 $10\% \sim 15\%$ 左右。

活性炭用于除臭、脱色度或除去有机物时，其吸附能力在使用一定时期后便衰竭了。为了恢复吸附活性，需对其进行再生。再生方法较多，通常采用热力再生法，即将活性炭在 $500 \sim 1000℃$ 的高温条件下再生，使吸附在活性炭表面的有机物分解为 CO_2 和水；也可以用高压蒸汽吹洗，或用 NaOH 溶液再生。

活性炭脱氯是一种简单、经济、行之有效的方法，所以得到普遍应用。

第三节　高硬度与高碱度水的预处理

对总硬度过高的水，用离子交换方法处理难以达到软化水的目的，并且经济效益明显降低。而碱度过高的水也不能作为某些用水的补给水，所以对于这类水质应先进行预处理。常采用的化学处理方法是石灰处理和石灰-纯碱处理。

一、石灰处理

1.原理

石灰处理采用的药剂是生石灰 CaO，通过加水消化后制消石灰 $Ca(OH)_2$，投加时可制成一定浓度的石灰乳。投入水中后，可与 CO_2、碳酸氢盐发生反应，生成难溶化合物析出。反应式如下

$$Ca(OH)_2 + CO_2 =\!=\!= CaCO_3 \downarrow + H_2O$$
$$Ca(OH)_2 + Ca(HCO_3)_2 =\!=\!= 2CaCO_3 \downarrow + 2H_2O$$
$$Ca(OH)_2 + Mg(HCO_3)_2 =\!=\!= CaCO_3 \downarrow + MgCO_3 + 2H_2O$$
$$Ca(OH)_2 + MgCO_3 =\!=\!= CaCO_3 \downarrow + Mg(OH)_2 \downarrow$$

对于硬度大于碱度的水，当投加的消石灰量与 CO_2、HCO_3^- 的计量相当时，pH 值只能提高到 9 左右，在该条件下 Mg^{2+} 和 CO_3^{2-} 仍存在于水中，需多加与 $Mg(HCO_3)_2$ 计量相当的消石灰。使水的 pH 值提高到 10.8，才能使 Mg^{2+} 生成 $Mg(OH)_2$ 沉淀。总反应式为

$$2Ca(OH)_2 + Mg(HCO_3)_2 =\!=\!= 2CaCO_3 \downarrow + Mg(OH)_2 \downarrow + 2H_2O$$

除上述反应外，石灰可与水中 Fe^{2+} 及硅化合物发生如下反应

$$4Fe(HCO_3)_2 + 8Ca(OH)_2 + O_2 =\!=\!= 4Fe(OH)_3 \downarrow + 8CaCO_3 \downarrow + 6H_2O$$

$$SiO_2 + Ca(OH)_2 \Longrightarrow CaSiO_3 \downarrow + H_2O$$

如果在加石灰处理的同时，投加 $FeSO_4$ 混凝时，也需加等计量单元的石灰进行碱化处理，其反应式如下

$$4FeSO_4 + 4Ca(OH)_2 + O_2 + 2H_2O \Longrightarrow 4Fe(OH)_3 \downarrow + 4CaSO_4$$

石灰处理并不能除去非碳酸盐硬度与过剩碱度。如

$$MgSO_4 + Ca(OH)_2 \Longrightarrow CaSO_4 + Mg(OH)_2 \downarrow$$

$$MgCl_2 + Ca(OH)_2 \Longrightarrow CaCl_2 + Mg(OH)_2 \downarrow$$

$$2NaHCO_3 + Ca(OH)_2 \Longrightarrow CaCO_3 \downarrow + Na_2CO_3 + 2H_2O$$

从上列三式可知，经石灰处理后，对于镁的非碳酸盐硬度只是转变为等摩尔钙的非碳酸盐硬度，即硬度不变；对于碱性水，反应前后碱度不变。

2．石灰的用量

根据石灰乳加入水中后的反应式可知，石灰的用量 D_{CaO} 可按下式估算

$$D_{CaO} = [CO_2] + [Ca(HCO_3)_2] + 2[Mg(HCO_3)_2] + [NaHCO_3] + \alpha$$

式中　D_{CaO}——估算的石灰用量，mmol/L；

　　　α——石灰过剩量，mmol/L，常取 0.35mmol/L；

$[CO_2]$、$[Ca(HCO_3)_2]$、$[Mg(HCO_3)_2]$、$[NaHCO_3]$——分别为该化合物在原水中的浓度，mmol/L。

上式只考虑了石灰处理的主要反应，计算石灰用量可以作为石灰处理工艺的依据。但在实际运行中，所需的加入量尚应考虑诸多因素的影响，难以精确地算出，一般可通过试验来确定。

3．石灰处理后的水质

经石灰处理后，水中的大部分碳酸盐硬度被除掉。根据加药量和水温的不同，残留碳酸盐硬度可减少到 0.2～0.4mg/L；残

余碱度可降至 0.8~1.2mmol/L；有机物去除率为 25％左右；硅化合物降低 30％~35％；铁的残留量小于 0.1mg/L。

水中残留的总硬度可由下式计算

$$H_残 = H_非 + H_{残碳} + D$$

式中　　$H_残$——石灰处理后水中残留的总硬度，mmol/L；

　　　　$H_非$——原水中非碳酸盐硬度，mmol/L；

　　　　$H_{残碳}$——石灰处理后水中残留的碳酸盐硬度，mmol/L；

　　　　D——混凝剂 $FeSO_4$ 的投加量，mmol/L（未投加 $FeSO_4$ 时此项可略去）。

石灰处理后，由于非碳酸盐硬度降低，去除部分有机物和硅化合物，所以相应减少了原水中的固形溶解物。

4．石灰处理系统

在石灰处理过程中，所生成的两种主要沉淀物为 $CaCO_3$ 和 $Mg(OH)_2$，它们在性质上有很大差异。$CaCO_3$ 致密，密度大，沉降速度快，$Mg(OH)_2$ 疏松，包含水分较多，密度小，呈絮凝状。在石灰处理工艺中，根据生成沉淀物的主体成分不同可采用不同的石灰处理系统。

（1）澄清池石灰处理系统　采用石灰处理时，生成的沉淀中有较多的 $Mg(OH)_2$，若同时进行混凝处理，则生成絮状沉淀物，此时多采用如图 2-10 所示的澄清池石灰处理系统。水和生石灰在消石灰槽中消化后，石灰浆流入机械搅拌槽内，在电动搅拌机不断进行搅拌的条件下，加水配制成一定浓度的石灰乳，经捕砂器清除砂粒后，由活塞加药泵送入澄清池，澄清池出水经过滤池后进入集水箱。

（2）涡流反应器石灰处理系统　这种系统适用于钙硬度较大，镁硬度不超过总硬度的 20％和悬浮物含量不大的水。

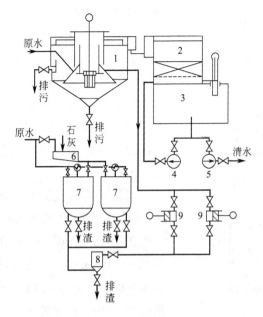

图 2-10 石灰处理系统
1—机械搅拌澄清池；2—过滤池；3—水箱；4—反洗水泵；5—清水泵；
6—消石灰机；7—电动搅拌石灰浆槽；8—捕砂器；9—加药泵

涡流反应器是由钢板制作的锥形设备，如图 2-11 所示。水和石灰乳由底部沿切线方向进入设备体内，因水的喷射速度较高，产生强烈的涡流旋转上升，与注入的石灰乳充分混合并迅速反应，生成碳酸钙沉淀。先期形成的沉淀物为结晶核心，悬浮在设备的下半部，后期生成的碳酸钙与结晶核心接触，逐渐长大成球形颗粒，从水中分离出来。由于沉淀物形成致密的结晶体，防止了高度分散性泥渣的产生，从而加快了沉淀物的分离速度，所以涡流反应器的容积小，出水能力较高。但这种设备不能将镁硬度沉淀出来，反应生成的氢氧化镁以悬浮状态被水带走，也不能

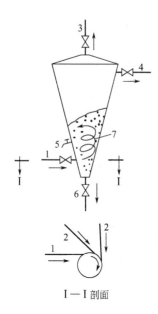

图 2-11　涡流反应器

1—进水；2—进石灰乳；

3—排气；4—出水；

5—取样；6—排渣；

7—结晶核心

同时进行混凝处理。

涡流反应器开始使用时，可在设备内装入一些粒径为 0.1～0.5mm 的石英砂或大理石碎块，作为生成物的结晶核心。进入正常运行后就不需添加任何接触物料，沉淀在涡流反应器下部的大颗粒碳酸钙可通过排泥管定期排出体外。

涡流反应器设计和运行的主要数据。① 原水进水流速为 3～5m/s；② 锥角为 15°～20°；③ 锥角上升流速为 0.8～1.0m/s；④ 反应器上部流速为 4～6mm/s；⑤ 反应器的容积按停留时间 10～15min 考虑。

二、石灰-纯碱处理

1. 反应原理

原水硬度高而碱度较低时，除采用石灰处理去除碳酸盐硬度外，还通常用纯碱来去除非碳酸盐硬度。石灰、纯碱处理方法，就是向水中同时加入石灰和纯碱，加石灰的作用原理同石灰处理法，纯碱则与水中组成非碳酸盐硬度的物质发生下列反应

$$CaSO_4 + Na_2CO_3 \Longrightarrow Na_2SO_4 + CaCO_3 \downarrow$$

$$CaCl_2 + Na_2CO_3 \Longrightarrow 2NaCl + CaCO_3 \downarrow$$

$$MgSO_4 + Na_2CO_3 \Longrightarrow Na_2SO_4 + MgCO_3$$

$$MgCl_2 + Na_2CO_3 \Longrightarrow 2NaCl + MgCO_3$$

反应生成的 $MgCO_3$ 进一步与石灰反应生成 $Mg(OH)_2$ 沉淀。反应式如下

$$Ca(OH)_2 + MgCO_3 \!=\!=\!= CaCO_3 \downarrow + Mg(OH)_2 \downarrow$$

2．加药量的计算

石灰的加入量估算同石灰处理法，纯碱的用量可按下式估算

$$G_{纯碱} = 106 \times (H_{非} + \beta) / \varepsilon_2$$

式中　$G_{纯碱}$——纯碱的投加量，mg/L；

　　　$H_{非}$——原水中的非碳酸盐硬度，mmol/L；

　　　β——纯碱的过剩量（一般取 0.5～0.7mmol/L）；

　　　106——纯碱的摩尔质量，mg/mmol；

　　　ε_2——工业纯碱的纯度。

3．软化极限

石灰、纯碱处理是把原水中的钙镁离子等硬度成分，通过化学反应，生成难溶化合物 $CaCO_3$ 和 $Mg(OH)_2$ 的过程。由于任何难溶化合物的沉淀与溶解都是一个可逆过程，当溶解与沉淀速度相等（即达到平衡）时，溶液中的 Ca^{2+} 与 CO_3^{2-}、Mg^{2+} 与 OH^- 含量便保持相对的稳定。根据平衡移动的原理，增加纯碱的投加量，可使钙硬度降低；增加石灰的投加量，则可降低镁硬度。试验证明，$CaCO_3$ 沉淀析出的最佳 pH 值约在 8.3～9.5，而 $Mg(OH)_2$ 沉淀析出的最佳 pH 值是在 10.3 以上。

石灰、纯碱处理后，残留硬度除与加药量和 pH 值有关外，还受温度的影响较大。因为 $CaCO_3$ 和 $Mg(OH)_2$ 的溶解度是随温度的升高而降低，所以在不同温度下进行石灰、纯碱处理，残留的硬度会相差甚大。根据操作温度的不同，石灰、纯碱处理方法可分为冷法、温法和热法三种。冷法的操作温度与原水温度相同；热法的操作温度为 100℃，或更高一些；而温法操作温度介

于两者之间，一般在 50℃ 左右。采用石灰、纯碱处理原水时，冷法出水硬度一般为 0.5～0.8mmol/L；温法为 0.3～0.6mmol/L；热法为 0.05～0.2mmol/L。无论采用哪种方法，由于受药物纯度、操作方法和设备结构等的影响，实际上的出水硬度会略高于上述数值。

4.水的酸化

在石灰或石灰、纯碱处理过程中，为了彻底消除镁硬度，需多加石灰，因此会使水中的 Ca^{2+} 和 OH^- 含量明显增加。这不仅影响出水质量，而且导致碱度增加。在这种情况下，可采用下列两种方法进行再处理。

（1）通过二氧化碳进行酸化

$$CO_2 + 2OH^- \rightleftharpoons CO_3^{2-} + H_2O$$

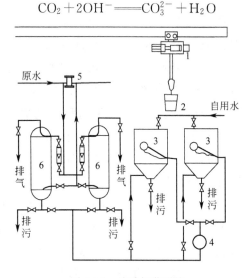

图 2-12　纯碱加药系统

1—电动吊车；2—料斗；3—水力搅拌溶药箱；4—药液泵；5—孔板；6—加药罐

$$Ca^{2+} + CO_3^{2-} = CaCO_3 \downarrow$$

在用 CO_2 酸化时，应保持水中的 pH 值不小于 10，否则大量的 CO_3^{2-} 会转化为 HCO_3^-，造成过量的 Ca^{2+} 不能如愿地沉淀下来。反应为

$$CO_3^{2-} + CO_2 + H_2O = 2HCO_3^-$$

（2）采用部分原水混合法 这种方法是将 $60\% \sim 90\%$ 的原水通过石灰或纯碱处理，而将其余原水（$10\% \sim 40\%$）与软化处理后的水进行混合，也可达到中和过量碱度及降低硬度的目的。

5．石灰、纯碱处理系统

（1）纯碱清液的配制与孔板加药系统 碳酸钠用电动吊桶送

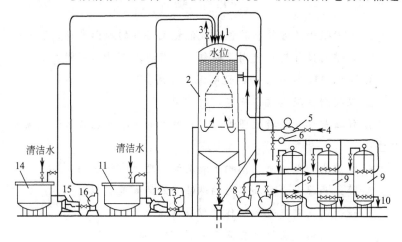

图 2-13 热法石灰、纯碱软化处理系统

1—蒸汽进口；2—沉淀软化器；3—排气管；4—原水入口；5—水表；
6—观察孔；7—清洗水泵；8—过滤水泵；9—机械过滤器；10—送
至离子交换软化器或除氧器；11—石灰药液箱；12—石灰浮球药
液槽；13—石灰药液泵；14—纯碱药液箱；15—纯碱
浮球药液槽；16—纯碱药液泵

至溶解箱内，通过水力搅拌进行溶解，一般配制成 5%～10% 溶液。溶液泵既起着水力搅拌溶解的作用，也起着输送溶液的作用。用药液泵将药液输送到加药罐内，然后通过水力排挤法注入水管中。如图 2-12 所示，这种系统流程适用于处理水量较大的情况，对小水量处理也有参考价值。

（2）热法石灰、纯碱软化处理系统　图 2-13 所示为热法石灰、纯碱软化处理系统，由加药、沉淀软化和过滤三部分所组成，具有结构紧凑、处理效率高、节约化学药剂等优点，但沉淀反应器的结构和操作较为复杂。

习　题

1. 水中微小悬浮物和胶体杂质能稳定存在的原因是什么？

2. 何谓凝聚作用？何谓絮凝作用？其机理有什么不同？

3. 试以 $Al_2(SO_4)_3$ 为例说明混凝作用机理。

4. 助凝剂在混凝过程中起何种作用？

5. 什么是水的混凝处理过程？影响水的混凝处理效果的因素有哪些？

6. 沉淀池和澄清池在结构上和沉淀机理上有何区别？

7. 简述悬浮澄清池和水力循环澄清池的处理流程。

8. 试说明无阀滤池的工作过程和特点。

9. 什么叫曝气除铁？其曝气装置有哪些？

10. 试说明锰砂过滤除铁的机理，采用锰砂过滤的水为什么要预先曝气？

11. 自来水预处理的目的是什么？通常采用何种方法？说明其反应机理。

12. 用化学反应方程式说明石灰、石灰-纯碱法处理的原理。

第三章 水的离子交换软化处理

第一节 离子交换基础知识

离子交换是一类特殊的固体吸附过程，它是由离子交换剂在电解质溶液中进行的。凡是能够进行离子交换的物质都称为离子交换剂。一般的离子交换剂是一种不溶于水的固体颗粒状物质，它能够从电解质溶液中吸附某种离子，而与本身所含的另外一种电荷符号相同的离子等计量单元交换，将其释放到溶液中去。离子交换剂的种类很多，可分为无机质类和有机质类。无机质类可分为天然的（如海绿砂）和人造的（如人造沸石）；有机质类又则分为碳质类（如磺化煤等）和合成树脂类。后者又可分为阳离子型（如强酸性和弱酸性树脂），阴离子型（如强碱性Ⅰ型、Ⅱ型和弱碱性树脂），氧化还原型树脂，两性树脂和螯合树脂等类。

最早使用的离子交换剂是无机质的海绿砂，以后又有合成的人造沸石。这类离子交换剂由于颗粒核心是致密结构，只能进行表面交换，其交换能力很小，而且机械强度和化学稳定性差，故已被有机质的磺化煤和合成的离子交换树脂所代替。

磺化煤是用发烟硫酸（或浓硫酸）与烟煤反应而制得，由于它的化学稳定性和机械强度也较差，离子交换能力较低，目前已逐渐被离子交换树脂所代替。

一、离子交换树脂

1．离子交换树脂结构、孔型和牌号

离子交换树脂主要是由单体、交联剂和交换基团三个部分组成。

单体是能聚合成高分子化合物的低分子有机物，是离子交换树脂的主要组成成分，也称为母体。例如，苯乙烯和甲基丙烯酸等即为单体。

交联剂是固定树脂形状和增强树脂机械强度的成分，常用的交联剂是二乙烯苯。交联剂在离子交换树脂内的含量称为交联度。即

$$交联度 = \frac{树脂内交联剂的含量(g)}{树脂的量(g)} \times 100\%$$

交换基团是连接在单体上具有活性离子的基团。它可以由离解能力强的低分子（如硫酸、有机胺）等通过化学反应接引到树脂内；也可由带有离解基团的高分子电解质（如甲基丙烯酸）直接聚合。

离子交换树脂是采用单体和交联剂共聚合，生成凝胶状的共聚物作为骨架，引入离子交换基团而合成的。在交联结构的高分子基体上，以化学键结合着许多交换基团被束缚在高分子基体上，使之不能自由移动，所以将其称为固定离子；与固定离子以离子键结合的符号相反的离子称为反离子，它可以离解成自由移动的离子。在一定的条件下，它能与本身符号相同的其他反离子发生交换反应。

为了书写方便，除了离子交换基团以外的部分都用符号 R

表示，R 是英文交换树脂（Resin）的第一个字母，如磺酸型苯乙烯树脂通常用 RSO_3H 来表示，羧酸型弱酸性阳离子交换树脂用 R—COOH 来表示，季铵型强碱性阴离子交换树脂用 $R_4N^+OH^-$ 来表示，叔、仲、伯型弱碱性阴离子交换树脂用 $R_3NH^+OH^-$、$R_2NH_2^+OH^-$、$RNH_3^+OH^-$ 来表示。

由于制造工艺的不同，树脂内部形成不同的孔型结构，常见的有凝胶型和大孔型两种。凝胶型的孔径极小，一般在 0.3nm 以下，它只能通过直径很小的离子，如无机化合物离子直径较小，用凝胶型树脂完全可除去。对于直径较大的分子，则容易堵塞孔道而影响树脂的交换能力。为克服凝胶型树脂的缺点，已经研制成功了大孔型树脂。大孔型树脂是在制造过程中加入致孔剂，使其形成大量的毛细孔道。它与凝胶型树脂的化学性质是相同的，只是由于孔眼大小的不同而使它们的物理性能有差别。大孔型树脂常用于清除分子较大的杂质。再生时其再生剂用量较大，体积交换容量稍低，价格较贵，故只有在水处理工艺中有某种特殊需要时才选用。此外，根据某种用途尚有超凝胶型树脂、均孔型树脂等。为了改善大孔型树脂的性能，后来研制出了第二代大孔型树脂。这种大孔型树脂也是由小块凝胶构成，只是在制备过程中，对网孔的大小和孔隙率的多少加以适当控制。它的网孔比第一代大孔树脂小些，它的空隙率可以按需要控制在 1%～20% 之间，这样使它们更适用。改善后其交换容量增大，与凝胶型树脂相近，而其他方面的优良性能得以保持，有的甚至更好。此外，根据某种用途尚有均孔型树脂、超凝胶均粒树脂等。均孔型树脂是在制备过程中不用二乙烯苯作交联剂，而是引入氯甲基时利用傅氏反应的副反应，使树脂骨架上的氯甲基和邻近的苯环间生成次甲基桥，这种次甲基交联不会集扰在一起，网孔就较均匀，孔径约数十纳米，这种结构的强碱性阴树脂不易被有机物污染，在交换容量和再生性能方面也有改善。超凝胶均粒树脂是针对有的被处理水中要求离子交换树脂既具有较好的机械强度及良好的耐渗透性能，又拥有较高的交换容量及良好的化学性能，在树脂的制备工艺中控制二乙烯苯与苯乙烯之间的反应速率，使其不发生苯乙烯单独聚合反应，使合成的树脂骨架比较均匀，从而提高了树脂的机械强度；同时在树脂骨架聚合时采用新型复合分散体系，使形成的树脂粒径比较均匀，这种树脂称为超凝胶均粒树脂，其机械强度可与大孔型树脂相比，交换容量等化学性能与凝胶型树脂相当，所以，这种树脂特别适用运行压力、流速较高的中压凝结水处理系统。

国产离子交换树脂的牌号主要由三位阿拉伯数字组成，数字从左到右的第一位代表产品交换基团的性质，为分类代号；第二位代表骨架组成的骨架代号；第三位数字为顺序号，用以区别交换基团或交联剂的差异。如下图所示：

分类代号和骨架代号的意义见表3-1。

表3-1 分类代号和骨架代号的意义

代 号	0	1	2	3	4	5	6
分类名称	强酸性	弱酸性	强碱性	弱碱性	螯合性	两性	氧化还原性
骨架名称	苯乙烯系	丙烯酸系	酚醛系	环氧系	乙烯吡啶系	脲醛系	氯乙烯系

凡是大孔型树脂，在型号前面加"D"表示，凝胶型树脂的交联度值，在型号后用"×"号连接阿拉伯数字表示。例如201×7即为强碱性苯乙烯系阴离子交换树脂，交联度为7％；D111为大孔型弱酸性丙烯酸系阳离子交换树脂。

在水处理中，有时为了区分不同用途的专用树脂，在上述命名方法中再加上特定标记符号。见表3-2。

表3-2　水处理中专用树脂标记符号

专用树脂名称	型号标记方法	举　　例
双层床专用树脂	型号＋SC	D001SC　201×7SC
浮动床专用树脂	型号＋FC	001×7FC、D001FC、201×7FC
混合床专用树脂	型号＋MB	001×7MB、201×7MB
三层床专用树脂	型号＋TR	D001TR、D201TR
凝结水混床专用树脂	型号＋MBP	D001MBP、D201MBP
惰性树脂	FB(浮床白球) YB(压脂层白球) S-TR(三层床隔离层惰性树脂)	

2．离子交换树脂的性能

（1）离子交换树脂的物理性能

① 形状　离子交换树脂都呈球形，因为球体的水流阻力小，在一定的容积内球形树脂的装填量大，出厂树脂一般要求圆球率大于90％。圆球率越高，越有利于树脂层中水流分布均匀和减少水流阻力。有一些特殊应用上也有将离子交换树脂制成粉末状、纤维状等。

② 粒度　指树脂在水中充分膨胀后的颗粒直径，表示树脂的粒径范围和不均匀程度。粒度对水处理工艺的影响很大，颗粒大，交换速度慢；颗粒小，水流通过树脂层的压力损失大；颗粒

大小不均匀时，水流分布不均，导致反洗困难，流速过大会冲走小颗粒，过小又不能松动大颗粒。故水处理中常用树脂的粒度一般为 16～50 目（1.2～0.3mm）。

③ 颜色　离子交换树脂的颜色有乳白、浅黄、深黄和深褐色多种。即使是同一种型号树脂，来源不同，其颜色也不相同。故不能从颜色分辨树脂的型号和好坏。颜色并不影响树脂的使用，在选购时不必考虑树脂的颜色，但在使用过程中颜色发生变化，则可能是树脂受到了污染。

凝胶型树脂呈透明或半透明状态，大孔型树脂呈不透明状态。

④ 含水率　指在水中充分膨胀的湿树脂所含溶胀水质量占湿树脂质量的百分数。即

$$含水率＝（溶胀水质量/湿树脂质量）×100\%$$

树脂的含水率与交联度有密切的关系，交联度愈低，其含水率愈高。例如，树脂的交联度为 1%～2% 时，含水率达 90% 以上，这样的树脂就像胶水一样，不能保持一定的形状。锅炉水处理树脂的交联度一般在 7% 左右，含水率 25%～55%。对于凝胶型树脂，其含水率与树脂的孔隙率成正比。

运行过程中，树脂的含水率如果发生变化，则说明其结构可能遭到破坏。

⑤ 溶胀性　干树脂浸入水中体积变大，湿树脂转型体积也发生变化，这种性质称为树脂的溶胀性。前一种体积变化称为绝对溶胀度，这是树脂活性基团在水中电离后发生水合作用所致；后一种体积变化称为相对溶胀度，它是由转型时不同离子的水合离子半径的不同所致。

树脂的溶胀性与交联度、交换基团的电离度、水合离子的半

径及水溶液中反离子浓度等因素有关。树脂的交联度愈小，或交换基团电离度愈大，或水合离子的半径愈大，则溶胀度就大；溶液中反离子浓度增大，渗透压就降低，则溶胀度减少。

⑥ 密度　树脂的密度根据含水情况分为干态密度与湿态密度。湿态密度又分为湿真密度和湿视密度。湿态密度应用得较多。

a. 湿真密度是指树脂在水中充分膨胀后的颗粒密度，可用下式计算

湿真密度＝湿树脂质量/湿树脂的颗粒体积(g/mL)

b. 湿视密度是指树脂在充分膨胀时的堆积密度，用下式计算

湿视密度＝湿树脂质量/湿树脂的堆积体积(g/mL)

树脂的湿真密度一般为 1.04～1.3g/mL，它适用于交换器反洗强度的确定、混合床树脂的选择等；湿视密度一般为 0.6～0.85g/mL，在交换器设计时，常用它来计算树脂的用量，或作为设计参数。

(2) 离子交换树脂的化学性能

① 酸、碱性　离子交换树脂是一种高分子电解质，在水溶液中能发生电离。

酸性阳离子交换树脂在水溶液中的电离

$$RSO_3H \Longrightarrow RSO_3^- + H^+ \qquad (电离度大)$$

$$RCOOH \Longrightarrow RCOO^- + H^+ \qquad (电离度小)$$

碱性阴离子交换树脂在水溶液中的电离

$$R_4N^+OH^- \Longrightarrow R_4N^+ \qquad (电离度大)$$

$$R_3NH^+OH^- \Longrightarrow R_3NH^+ \qquad (电离度小)$$

上述电离过程，可使水溶液呈酸性或碱性。由于离子交换树

脂所带的交换基团不同，它们的酸、碱性强弱也有差异。通常把电离度大的树脂称为强（酸、碱性）型树脂；电离度小的称为弱（酸、碱性）型树脂。不同类型的离子交换树脂在使用中都有一定的有效 pH 值范围。

② 离子交换树脂的交换反应　离子交换树脂的交换基团不同，能进行有效交换反应的能力也不相同。下面介绍强型树脂和弱型树脂可能发生的几种离子交换反应。

A. 强型树脂的离子交换反应

a. 中性盐的分解反应

$$RSO_3H + NaCl \Longrightarrow RSO_3Na + HCl$$

$$R_4N^+OH^- + NaCl \Longrightarrow R_4N^+Cl^- + NaOH$$

b. 中和反应

$$RSO_3H + NaOH \Longrightarrow RSO_3Na + H_2O$$

$$R_4N^+OH^- + HCl \Longrightarrow R_4N^+Cl^- + H_2O$$

c. 复分解反应

$$R(SO_3Na)_2 + CaCl_2 \Longrightarrow R(SO_3)_2Ca + 2NaCl$$

$$2RN_2^+Cl^- + Na_2SO_4 \Longrightarrow (RN_2^+)_2SO_4^{2-} + 2NaCl$$

B. 弱型树脂的离子交换反应

a. 非中性盐的分解反应

$$R(COOH)_2 + Ca(HCO_3)_2 \Longrightarrow R(COO)_2Ca + 2H_2CO_3$$

$$R_3NH^+OH^- + NH_4Cl \Longrightarrow R_3NH^+Cl^- + NH_3 \cdot H_2O$$

b. 强碱或强碱中和反应

$$RCOOH + NaOH \Longrightarrow RCOONa + H_2O$$

$$R_3NH^+OH^- + HCl \Longrightarrow R_3NH^+Cl^- + H_2O$$

c. 复分解反应

$$R(COONa)_2 + CaCl_2 \Longrightarrow R(COO)_2Ca + 2NaCl$$

$$R_3NH^+Cl^- + NaNO_3 \rightleftharpoons R_3NH^+NO_3^- + NaCl$$

③ 离子交换树脂的交换容量　表示一种离子交换树脂可交换离子的量，即离子的交换能力。它是离子交换树脂的一项重要技术指标。常用的有全交换容量和工作交换容量两种。

a. 全交换容量（E）　又称总交换容量。指树脂全部交换基团从起作用至完全失效时的交换能力。制造厂给出的是树脂的全交换容量，其数值一般用滴定法测定。

b. 工作交换容量（E_g）　指树脂在工作状态下，达到一定失效程度所表现的交换能力。其数值随树脂工作条件不同而变化，一般只有全交换容量的 $60\% \sim 70\%$。影响工作交换容量的因素较多，如树脂的类型、离子交换方式、进水中离子的种类和浓度、交换终点的控制指标、树脂层的高度、交换速度、再生条件和程度等。

离子交换树脂交换容量的计量单位有质量单位和容量单位两种。质量单位是指单位质量干树脂的交换容量，其单位是 mmol/g（干树脂），或 mol/t（干树脂）；容量单位是指单位体积湿树脂的交换容量，其单位是 mmol/mL（湿树脂），或 mol/m³（湿树脂）。应用中一般采用容量单位。

④ 离子交换的选择性　离子交换反应与溶液中离子的浓度和种类关系很大。在稀溶液中离子浓度相同的情况下，对不同种类的离子，树脂交换能力也不相同，这种性能称为树脂的离子交换选择性。它与离子所带电荷及离子的水合半径有关。离子所带电荷愈高或水合离子半径愈小，就愈容易进行离子交换反应。这可用交换基团固定离子与各种反离子间的静电作用强度不同来解释。反离子的水合半径愈小、电荷愈高，与交换基团固定离子的作用力愈大，树脂对它的选择性就愈强。

　　a. 强酸性阳离子交换树脂对各种反离子的选择次序如下

$$Fe^{3+}>Al^{3+}>Ca^{2+}>Mg^{2+}>K^+>NH_4^+>Na^+>H^+$$

　　b. 弱酸性阳离子交换树脂对反离子的选择次序　因羧酸基团（—COOH）的电离度很小，—COO$^-$ 与 H$^+$ 的结合能力强，所以弱酸性树脂最容易与 H$^+$ 进行交换反应。其选择次序为

$$H^+>Fe^{3+}>Al^{3+}>Ca^{2+}>Mg^{2+}>K^+>NH_4^+>Na^+$$

　　c. 强碱性阴离子交换树脂的选择次序

$$SO_4^{2-}>NO_3^->Cl^->OH^->HCO_3^->HSiO_3^-$$

　　d. 弱碱性阴离子交换树脂的选择次序

$$OH^->SO_4^{2-}>NO_3^->Cl^->HCO_3^->HSiO_3^-$$

　　上述选择次序说明，对于离子交换树脂，强型树脂是交换容易再生难；弱型树脂则是再生容易而交换难。在实际应用中，依此特性可针对水质情况进行强弱型树脂的选择。

3. 交换树脂的使用与保管

　　离子交换树脂虽然有很高的稳定性，若使用和保管不当，仍然会使树脂中毒或破损，导致树脂强度降低，逐渐失去部分或全部交换能力。所以树脂在使用和保管中，如何进行新树脂的处理，保持树脂的强度，防止树脂的污染，以及树脂一旦被污染如何处理等，均是生产中值得注意的问题。

　　（1）新树脂使用前的处理　新树脂在使用之前往往要用盐、酸、碱溶液进行预处理，以除去树脂中的可溶性杂质。处理时应在耐酸、碱腐蚀的容器内或设备中进行。具体处理方法如下。

　　① 食盐水浸泡　将树脂装入容器中，用约 2 倍于树脂体积的 10% NaCl 溶液浸泡 18~20h 以上，然后放掉食盐水，用水冲洗树脂，直至洗水不呈黄色为止。

　　② 稀盐酸浸泡　用约 2 倍于树脂体积的 5% HCl 溶液浸泡

2～4h（或以小流量清洗），放掉酸液后，冲洗树脂至排出水接近中性为止。

③ 稀氢氧化钠浸泡　用约 2 倍于树脂体积 2%～4% NaOH 溶液浸泡 2～4h（或以小流量清洗），放掉碱液后，冲洗树脂至排出水接近中性为止。

对于阴离子型树脂，经上述处理后已变成 OH 型，可直接应用；对于阳离子型树脂，经上述处理后成为 Na 型，用于水的化学除盐时，需用 5% HCl 处理，将树脂变成 H 型。

（2）树脂在使用中应注意的问题　离子交换过程中必须采取有效措施，使树脂保持较高的稳定性，以延长树脂的使用寿命。在使用时应注意以下两点。

① 保持树脂的强度　尽量避免或减少机械的、物理的或化学的磨损。

② 保持树脂的稳定性　尽量避免或减少对树脂的污染，如铁、锰等对钠型树脂的污染。

（3）树脂污染后的处理

① 树脂层的灭菌　为防止树脂被微生物污染，可采用灭菌剂或氯化法处理，较为适用的是以 1% 的甲醛溶液浸泡数小时，然后用水冲洗至无甲醛臭味为止。

② 有机物的消除　树脂被有机物污染后，可以采用无油压缩空气冲刷树脂，使树脂相互摩擦，然后再用水反洗，以消除有机物。

被污染的阴树脂，可用 10% 的热盐水在设备中长期循环，或用 10% 的氯化钠与 5% 的氢氧化钠复合溶液进行处理。

如果树脂被有机物和铁及其氧化物同时污染，应当首先去除铁的污染，然后再去除有机物污染。

③ 铁、铝及其氧化物的去除 水中的铁、铝离子与树脂结合得比较牢固，不易从树脂洗脱。即使再生时洗下来的铁、铝，也易水解成氢氧化物而沉积在树脂表面，同样要使树脂交换容量下降，甚至使树脂"中毒"。在这种情况下，可采用 $10\% \sim 15\%$ 盐酸去处理树脂，然后再用相应的再生剂进行转型处理。

④ 树脂中沉淀物的去除 以硫酸或硫酸钠作再生剂时，或食盐中硫酸根含量较多时，往往会在树脂中结生硫酸钙和硫酸镁的白色沉淀物，此时可以用 5% HCl 溶液对树脂进行处理。盐酸溶液以逆向进入的清洗效果较好。

（4）树脂的保管

① 树脂应用湿法保存，以防干燥而破损。无论新旧树脂，在保管过程中，一旦发现树脂失水，应将树脂先放到食盐溶中浸泡，然后再逐渐稀释溶液，使树脂慢慢膨胀，严禁干燥树脂直接放入自来水浸泡、膨胀。

另外，浸泡树脂的水要经常地更换，以避免繁殖细菌污染树脂。

② 保管树脂的最佳温度为 $5 \sim 20℃$，以保持树脂不冻，不滋长有机物，以确保树脂的交换容量和使用寿命。在冬季存放树脂的地方，如无保温条件，可将树脂存放在一定浓度的食盐水中。

③ 防止被重压而破损或接触污染物而变质。通常容易接触的污染物有铁锈、油污、强氧化剂和有机物等。

④ 盐型封存最稳定。已使用过的树脂，如较长时间不用时，需将树脂转变成出厂的盐型，并经过水洗涤后封存。

4．离子交换树脂的鉴别

在树脂使用过程中有时需要鉴别树脂的类型，鉴别方法可按如下方式进行。

（1）取 2mL 树脂置于 30mL 试管中，加入 1mol/L HCl 溶液 5mL，摇动 1min 后倾去上层清液，重复操作 2～3 次。

（2）加入除盐水，摇动后倾去上层清液，重复操作 2～3 次，以除去过剩 HCl。

（3）加入 4～5mL 已酸化的 10% $CuSO_4$（其中含 1% H_2SO_4）溶液，摇动 1min 后倾去上层清液，然后用除盐水清洗。

（4）经上述处理后，若树脂呈绿色，则可判断为阳树脂，再加入 5mol/L $NH_3 \cdot H_2O$ 2mL，摇动 1min 后倾去上层清液，再用除盐水清洗，若树脂变成深蓝色则为强酸性阳离子交换树脂；若不变色则为弱酸性阳离子交换树脂。

（5）经（1）、（2）、（3）步处理后树脂未变色，可再加入 1mol/L NaOH 溶液 5mL，摇动 1min 后倾去上层清液，然后用除盐水清洗。加入 2 滴酚酞指示剂，摇动 1min 后用除盐水清洗，若树脂呈红色则为强碱性阴离子交换树脂；若树脂仍不变色，可能为弱碱性阴离子交换树脂，需再加入 1mol/L HCl 溶液 5mL，摇动 1min 后用除盐水清洗，加入 5 滴甲基橙指示剂，摇动 1min 后用除盐水清洗，若树脂呈桃红色则为弱酸性阴离子交换树脂；如果不变色则说明该树脂已无离子交换能力，是失效的树脂。

二、离子交换器的工作过程

在水处理过程中，离子交换树脂被装在圆柱形的设备中，形成一定厚度的滤层。原水以一定的流速通过树脂层时，水中可交换离子与树脂层中的同种电荷的反离子进行动态交换，这种水处理设备命名为离子交换器。用于软化水处理时则称为离子交换软化器。离子交换器的工作包括运行和再生两个过程，这两个过程是循环进行的。它们在本质上是同一离子方向相反的交换反应过程。

1．离子交换反应

原水以一定速度通过离子交换器的树脂层时，水中要去除的可交换的反离子与树脂层中同种电荷的反离子，进行等计量单元地离子交换，从而达到软化或者除盐的目的。

（1）硬水软化的离子交换反应

$$R(SO_3Na)_2 + Ca^{2+} \Longrightarrow R(SO_3)_2Ca + 2Na^+$$

$$R(SO_3Na)_2 + Mg^{2+} \Longrightarrow R(SO_3)_2Mg + 2Na^+$$

正反应为离子交换软水器的运行反应，逆反应则为其再生反应。再生剂为食盐。

$$R(SO_3)_2Ca + 2NaCl \Longrightarrow R(SO_3Na)_2 + CaCl_2$$

$$R(SO_3)_2Mg + 2NaCl \Longrightarrow R(SO_3Na)_2 + MgCl_2$$

（2）除盐系统阳床离子交换反应　阳床一般用 RSO_3H 作交换剂，它与水中阳离子发生如下离子交换反应

$$R(-SO_3H)_2 + \begin{matrix} Ca \\ Mg \\ Na_2 \end{matrix} \left\{ \begin{matrix} (HCO_3)_2 \\ (HSiO_3)_2 \\ SO_4 \\ Cl_2 \end{matrix} \right. \longrightarrow R(-SO_3)_2 \left\{ \begin{matrix} Ca \\ Mg \\ Na_2 \end{matrix} \right. + H_2 \left\{ \begin{matrix} (HCO_3)_2 \\ (HSiO_3)_2 \\ SO_4 \\ Cl_2 \end{matrix} \right.$$

原水经过阳床发生交换反应后，出水为酸性水，即水中的阳离子几乎都等计量单元地生成氢离子。此时 HCO_3^- 已分解成二氧化碳，即

$$H^+ + HCO_3^- \longrightarrow CO_2 \uparrow + H_2O$$

可用除碳器将二氧化碳除掉。

阳床失效后，一般用一定浓度的盐酸或硫酸进行再生，其反应式如下

$$R(-SO_3)_2 \left\{ \begin{matrix} Ca \\ Mg \\ Na_2 \end{matrix} \right. + 2HCl \longrightarrow R(-SO_3H)_2 + \begin{matrix} Ca \\ Mg \\ Na_2 \end{matrix} \left. \right\} Cl_2$$

（3）**除盐系统阴床离子交换反应**　一般用 $R_4N^+OH^-$ 作为阴床的交换剂，它与阳床出水中的阴离子发生如下交换反应

$$R_3N^+OH^- + H^+ \begin{cases} HSiO_3^- \\ SO_4^{2-} \\ Cl^- \end{cases} \longrightarrow R_4N^+ \begin{cases} HSiO_3^- \\ SO_4^{2-} \\ Cl^- \end{cases} + H_2O$$

阴床运行失效后，一般用 $5\% \sim 8\%$ NaOH 溶液进行再生，其反应式如下

$$R_4N^+ \begin{cases} HSiO_3^- \\ SO_4^{2-} \\ Cl^- \end{cases} + NaOH \longrightarrow R_3N^+OH^- + Na^+ \begin{cases} HSiO_3^- \\ SO_4^{2-} \\ Cl^- \end{cases}$$

（4）**混合床离子交换反应**　混合床是将阴、阳离子交换树脂放在同一交换器内，阴阳树脂是均匀混合的，在运行时，水中的阴、阳离子几乎是同时发生交换反应，其反应综合式如下

$$\begin{matrix} R(-SO_3H)_2 \\ R_3N^+OH^- \end{matrix} + \begin{cases} Ca^{2+} \\ Mg^{2+} \\ Na^+ \end{cases} \begin{cases} (HCO_3^-)_2 \\ (HSiO_3^-)_2 \\ SO_4^{2-} \\ Cl^- \end{cases} \longrightarrow \begin{matrix} R(-SO_3)_2 \begin{cases} Ca^{2+} \\ Mg^{2+} \\ Na^+ \end{cases} \\ R_4N^+ \begin{cases} HCO_3^- \\ HSiO_3^- \\ SO_4^{2-} \\ Cl^- \end{cases} \end{matrix} + H_2O$$

混合床的再生，是利用阴、阳树脂的密度差异，用水力反洗方法将两种树脂分开，然后用酸和碱分别进行再生。再生反应与阳、阴床的再生反应相同。

2．离子交换器的运行过程

将原水中应去除的离子与树脂中的反离子进行动态交换的工作过程即为离子交换器的运行过程。在软化器内，自上而下通过

含有 Ca^{2+} 的水时，树脂层经历了交换带的形成、移动及消失三个阶段。

（1）交换带的形成 在运行初期阶段，溶液从接触树脂就开始发生离子交换反应。随着水的流动，溶液的组成和树脂的组成不断发生改变，即上层树脂 Ca^{2+} 浓度变大，水愈往下流 Ca^{2+} 浓度愈小。当水流至一定深度时，离子交换达到平衡，树脂及溶液中反离子浓度就不再改变。这时，交换反应从树脂上层开始至达到平衡层为止，形成了一定高度的离子反应区域，称为交换带。

（2）交换带下移 运行进入中期阶段后，随着离子交换反应的继续，离子交换带向下部移动，这样在器内形成三个区域。

① 交换带以上的树脂层为 Ca^{2+} 所饱和，是已失去交换能力的失效层；

② 失效层下接着是工作层，水流经这一层时，水中的 Ca^{2+} 与钠型树脂中的 Na^+ 进行交换，使出水中 Ca^{2+} 浓度接近 0；

③ 交换带以下为无离子交换反应的未交换层。所以，交换带的宽度可以理解为处于动态的工作层厚度，交换带下移的中期阶段应是离子交换器的正常运行阶段。

（3）交换带的消失 在正常条件下，离子交换器运行的工作层厚度基本保持不变，而失效层在不断增大，未交换层却不断缩小，工作层则不断下移。当运行进入末期阶段，交换带的下端到达树脂层底部，Ca^{2+} 开始泄漏。此时如果继续运行，出水中 Ca^{2+} 浓度将逐渐增加，当树脂层中交换带完全消失时，出水中 Ca^{2+} 浓度与进水相等，交换器内树脂全部处于失效状态。在实际运行操作中，若经检测发现微量 Ca^{2+} 开始穿透时，就应及时停止运行，以免出水水质突然恶化，确保制水质量。运行中交换带的消失阶段为离子交换运行的末期阶段。

应当指出，只有离子交换选择性系数与树脂的离子交换选择性系数之比大于1时，才能在树脂层中形成交换带。强型树脂失效后，与再生剂进行的交换反应的离子交换选择性系数之比几乎都小于1，所以再生过程就没有一定的交换带。

3．离子交换器的再生过程

离子交换器运行至终点时，出水水质不能满足精制用水的要求，这时就要停止工作。为了恢复交换器内树脂的交换能力，必须专门配制药剂溶液进行处理，使其重新恢复为要求的型态，此处理过程称为再生（或还原）。例如 Na 型交换器失效后，需用 NaCl 溶液再生，H 型交换器失效后常用 HCl 或 H_2SO_4 溶液再生，等等。其中的 NaCl、HCl 和 H_2SO_4 统称为再生剂。用再生剂配制的一定浓度的溶液叫再生液。

操作过程中，再生环节具有特殊的意义。不但再生进行的程度对以后运行的工作交换容量、出水水质有着直接影响，而且再生剂的消耗量在很大程度上也决定着离子交换系统运行经济费用。因而必须研究再生过程中的各种影响因素及操作方法。

（1）再生方式　根据再生时再生液在交换器内流动方向的不同，再生方式分为顺流再生和对流再生。

① 顺流再生　是再生液与离子交换水流方向相同的再生方式。这是一种传统的再生方式，存在着再生剂利用率不高，树脂工作交换容量偏低，出水水质差等缺点。例如，用 NaCl 溶液对 Na 型树脂进行顺流再生时，新鲜的再生剂开始具有最大的再生效率，首先接触的是失效程度最高的树脂层，随着再生剂的下移流动，再生液中 Na^+ 浓度逐渐降低而 Ca^{2+} 浓度逐渐升高，由于 Ca^{2+} 的干扰影响再生效果，且 Ca^{2+} 会使下层未失效的树脂失效。

这样既增加再生剂的耗量，也使下层树脂再生程度最差。转入运行时，原水首先接触的是再生程度好的树脂，得到很好的交换效果，再往下流，水中 Na^+ 往往会把树脂中残留的 Ca^{2+}、Mg^{2+} 交换下来，造成运行初期出水硬度较高。

② 对流再生 是再生液与离子交换水流方向相反的再生方式。再生时，再生液首先接触的是失效程度最低的树脂层，这时再生液中 Na^+ 浓度较高，可使交换反应向再生方向进行。随着再生液向上流动，再生液中 Na^+ 浓度逐渐降低，但树脂层失效程度也逐渐升高，能使再生反应一直进行下去。另外，再生液从下部进入，原保护层中未失效的树脂仍保存下来，达到较少的再生剂量取得较高的再生程度的效果。对同样的再生剂用量，利用率顺流再生方式的为 0.37，对流再生方式的为 0.75～0.85。对流再生后投入运行，硬度较大的水首先接触再生程度最差的树脂层，随着水质变好，接触的树脂再生程度愈好，再生反应也能顺利进行，出水最后经过再生程度最好的树脂层，使出水水质好而且稳定。

在运行或再生过程中，必须保持交换器树脂层处于静止状态。如果树脂层发生扰动，就会破坏树脂组成的排列次序，致使出水水质恶化的"乱层"现象发生。顺流再生不易发生乱层现象，所以交换器结构简单，操作方便；对流再生如果操作不当，容易发生乱层现象，这就需要在设备结构和操作方法等方面采取相应的措施。因此，对流再生的设备结构和操作方法都比较复杂。

(2) 再生剂的用量 从理论上讲，再生剂总计量单元数与工作交换容量总计量单元数相等。实际上，再生剂的利用率不会等于 100%，而只有约 30%～50%，也就是说，再生剂的用量应当是理论量的 2～3 倍，交换剂的再生程度也只能恢复到原来的

$60\%\sim80\%$左右。

再生剂利用率不高的原因是，失效的树脂已转变成 Ca 型和 Mg 型，根据选择性顺序，用 Na^+ 将它们交换下来是十分困难的。为此，必须提高 NaCl 溶液的浓度，使树脂层中离子的供给速度大大超过交换速度。由于离子交换区域十分扩散，不能形成一定的交换带，要达到一定的再生程度，就需要有较多量的再生液流经交换器，因而使再生剂的利用效率降低。

一般说来，再生剂的用量愈多，树脂的再生程度愈高，再生交换容量愈接近于全交换容量。但这种关系并非直线性的，当再生剂用量增大到 4 倍于理论量后，再生程度的变化平缓。如果通过增加再生剂用量来进一步提高再生程度，在经济上是不可取的，通常将交换剂的再生程度控制在 $60\%\sim80\%$ 的范围。

再生剂的用量一般用再生水平和比耗来表示。再生水平是指一定体积树脂所需再生剂的质量（以纯度 100% 计算），单位用 g/L 树脂或 kg/m^3 树脂表示。例如，001×7 型树脂各种再生剂的再生水平为

NaCl（工业）　　　$80\sim150kg/m^3$ 树脂

HCl（工业）　　　$50\sim100kg/m^3$ 树脂（按 100% 浓度计）

H_2SO_4（工业）　　$80\sim150kg/m^3$ 树脂

比耗是再生剂用量与树脂工作交换容量理论量相比的倍数，即再生效率的倒数。如果再生剂用量与工作交换容量相等，则比耗为 1；再生剂用量为工作交换容量的 3 倍时，则比耗为 3。在通常情况下，为了便于计算和操作，用再生水平来表示再生剂用量的较多。

（3）再生剂的浓度　为了使再生反应进行完全，从理论上讲，可提高再生剂浓度，由于浓度愈高再生愈彻底。实际上，再生液浓度的提高，只能在一定范围内使再生程度提高，当浓度增

至一定程度时，再生效果反而下降。这是由于以下原因造成的。

① 再生水平和再生流速一定时，再生液的浓度愈高，体积愈小，再生剂与树脂接触时间愈短，因此很难达到交换平衡。同时也影响它在树脂层中的均匀分配。

② 再生液浓度高，溶液中的反离子对树脂表面的双电层产生压缩作用，不利于再生反应进行。

③ 再生液浓度高，溶液中产生的再生产物含量也随之增高，反离子的干扰作用较为严重，使再生反应受到阻碍。

再生液浓度过低，可能造成再生反应不彻底，同时增加了再生操作的时间和自用水耗，这也是不利的。在实际运行中，可通过调整试验来选择最佳的再生液浓度，对于 001×7 型树脂，使用再生液的浓度一般在以下范围。

NaCl   3%～8%

HCl   2%～5%

H_2SO_4 （Ⅰ）0.5%～2%   （Ⅱ）3%～5%

采用 H_2SO_4 进行再生时，为防止 $CaSO_4$ 沉淀的产生，通常采用两步再生法。开始用再生剂量的 1/2 配制成（Ⅰ），并适当加大再生流速进行再生，然后用另 1/2 的再生剂量配制成（Ⅱ），并适当减小再生流速进行再生。

（4）再生液的流速　指再生液通过树脂层的速度，流速的表示方法有线速度（LV）和体积流速（SV）。线速度表示交换器在没有装填树脂的情况下，水或再生液在单位时间内流经的距离，单位为 m/h。线速度不能代表溶液通过树脂层的实际流速，但为了实用计算方便起见，通常还是用这种表示方法。体积流速是指单位体积的树脂在单位时间内所通过溶液的体积，单位为 $m^3/(m^3 \cdot h)$。树脂层高度为 H，则两者关系式为

$$(LV)=(SV)H$$

当树脂的再生水平和再生液浓度确定后，再生液体积即为定量，一定体积的再生液通过交换器的流速与再生时间成反比。控制再生液的流速，实际上就是保证再生液与树脂之间有一个适当的接触时间，以保证再生反应尽量完全，以及充分利用再生剂。例如进行钠离子交换器的再生时，食盐溶液与树脂的接触时间一般控制在 30~60min，以此来推算再生液的流速。流速过小，不仅增加了再生操作时间，而且容易造成再生液偏流，影响再生效果。因此，再生液的流速一般不得低于 3m/h，多采用 4~8m/h。体积流速约为 $2.5\sim5m^3/(m^3 \cdot h)$。

再生剂用量、再生液浓度和流速对再生效果的影响是相互关联的，所以除了单独考虑它们的影响以外，还应考虑它们之间的关系。

（5）再生液的纯度 再生液的纯度对树脂的再生过程以及交换器的出水质量都有直接的影响，应该提高再生剂的纯度。例如，对于食盐再生液来说，可采取如下措施来提高其纯度。

① 在条件允许的情况下，应使用等级较高的食盐（再生剂）；

② 储存食盐时，防止石灰等含钙、镁及铁等杂质的污染，尽量不用水泥构筑物及铁槽储存食盐；

③ 最好用软化水溶解食盐，即用成品水制备再生液。

树脂的再生过程还应包括树脂的反洗、再生完毕后的清洗操作等。

4．离子交换器中树脂的利用率

离子交换器在工作过程中，运行时树脂不能完全被饱和，再生时也不能完全被再生。因此，离子交换器中的树脂存在利用率的问题。树脂的利用率决定树脂的工作交换容量，树脂的利用率又与运行时树脂的饱和程度、再生时的再生程度密切相关。运行到达终点时，树脂饱和程度越大，说明未交换树脂的量就越少，树脂的利用率就愈高；再生程度愈大，恢复交换能力而被重新利用的树脂的量就大，树脂利用率就高。

树脂的再生程度是指树脂处在再生之后，交换之前的再生状态或恢复状态，树脂的饱和程度单指树脂处在交换之后、再生之前的饱和状态或失效状态，不应混淆。在实际生产中，树脂的再生程度和饱和程度均在 80%～90%范围内。对于对流再生，这两个指标处于上限，对于顺流再生则处于下限。树脂的利用率大约变动在 50%～80%范围内，即工作交换容量在 0.9～1.4mmol/L（湿树脂）。

在操作条件相同的情况下，树脂层的高度愈大，树脂的饱和程度就大，树脂的利用率就愈高。但受水流阻力的限制，树脂层并不能无限制地增高。在实际使用中，树脂层高通常选用1500～2000mm。对于直径较小的交换器或交换柱，不宜采用过高的树脂层。因为交换器的截面积愈小，水在其中流经的距离愈长，靠近器壁的流速会逐渐加快，而远离器壁的流速则逐渐减慢，因此造成过水断面水流愈来愈不均匀。所以，交换器的直径愈小，树脂层的高度需相应降低。例如，直径小于 500mm 的交换器，树脂层的高度可选用 1200mm；直径小于 100mm 的交换柱，树脂层的高度还可以低一些，但不能低于 600mm。

第二节　固定床离子交换水处理工艺

离子交换剂在静止的条件下运行；这种离子交换器即为固定床。原水的离子交换净化和交换剂的再生在同一装置内进行。固定床通常有顺流再生、逆流再生和浮动床三大类。

一、顺流再生离子交换水处理工艺

1．顺流再生离子交换器结构

顺流再生离子交换器的结构如图 3-1 所示。其本体通常为压力式圆柱形容器，一般采用钢结构，内衬防腐层，如涂刷环氧树脂层、衬胶、衬玻璃钢等。其直径为 500～3200mm，可装交换剂层的高度为 1000～2500mm。对于小型设备，也可以选用非金属材料如硬质塑料、有机玻璃等。它的管路系统由空气管、进水管、出水管、再生液进液管及管路上设置的相应阀门所组成，如图3-2所示；内部装置主要有进水装置、排水装置和进再生液装置。

进水装置在交换器的上部，运行时进水装置的作用是把进入交换器内部的水分配均匀，使水流不致冲击交换剂层的表面，同时还应满足最大进水流量的要求；反洗时，通过进水装置将积留的悬浮物和破碎树脂随反洗水排出体外。反洗时为了使交换剂层留有余地并防止细颗粒树脂流失，需在交换剂表面和进水装置之间所留的一定的空间，称为水垫层。一般取其高度为交换剂层的反洗膨胀高度，约等于交换剂层高的 40％～60％（混床 80％～100％）。如果水垫层高度不够，可能造成交换剂颗粒流失，这时可调整进水装置的缝隙宽度或小孔孔径，也可在进水装置管外包涤纶网。常用的进水装置有漏斗式、喷嘴式、十字支管式、环形开孔式、辐射支管式、鱼刺式、多孔板式等。

在交换器运行时，排水装置起着均匀疏水的作用，反洗时则起着均匀配水的作用。常用的排水装置有鱼刺式、支管式、多孔板式和石英砂垫层式。

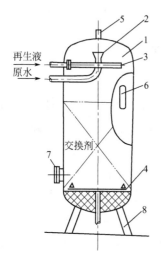

图 3-1　顺流再生离子交换器

结构示意图

1—交换器本体；2—进水装置；

3—进再生液装置；4—排水

装置；5—排气管；6—窥视

孔；7—人孔；8—支柱

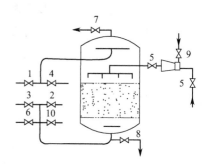

图 3-2　顺流再生离子交换器管阀系统

1—运行进水；2—运行出水；3—反洗进水；

4—反洗排水；5—再生液进口；6—正洗、

再生排水；7—放空气；8—取样、疏水；

9—再生剂进口；10—正

洗水，再生液回收

交换器直径小于 500mm 时，通常不专设进再生液装置，而将它和进水装置合并。进再生液装置要确保再生液在交换器截面上均匀分布，因再生液密度比水大，并且其流速又较小，不易散布均匀。因此，常用的进再生液装置有圆环型、支管型和辐射型。

2．工作过程

顺流再生离子交换器的工作程序为反洗→再生→置换→正洗→运行，共五个步骤。

（1）反洗　目的是翻动被压实的树脂层，去除附着在树脂表面的悬浮杂质，排除破碎树脂和树脂层中积存的气泡。反洗操作时，开 3# 阀（图 3-2 中 3）；经由交换器底部的排水装置进水，水流自下而上地通过树脂层，使之膨胀，此时树脂处于活动状态。反洗水通过 4# 阀排出体外。反洗效果取决于反洗水在交换器截面分布的均匀性和树脂层的膨胀率，反洗时布水越均匀，树脂冲洗越全面，树脂层的膨胀率就越大，反洗越彻底。一般认为，反洗膨胀空间的高度应不低于树脂层高的 60%。所以，在离子交换器设计或树脂装填时应留有足够的反洗空间。

树脂层膨胀率的大小取决于交换器的反洗强度。在实际操作中，只要树脂已尽可能地膨胀，而出水中又没有树脂颗粒带出即可。树脂层的膨胀高度可通过交换器上部的窥视孔来监视。

反洗过程中要防止水流从局部地区冲击。在反洗操作中，反洗水的流量应逐渐加大，以避免突然增大流量而局部地冲开树脂层，造成反洗水的偏流。另外，应尽量减少进水中的悬浮物，以减少树脂层的结块和污堵。

反洗时要用清水，反洗操作要一直进行到出水澄清为止。

（2）再生　对于交换器来说，再生效率的高低是决定出水质量和周期制水量的关键。进行再生操作时，将配制好的再生液以 4～6m/h 的流速，自上而下地通过树脂层，再生液与树脂层的接触时间，一般要保证 30～60min。

为了获得最好的再生效果，应通过调整试验来确定再生剂的用量、溶液和流速。

（3）置换　再生结束后，在树脂层上部的空间以及树脂层中间存留着尚未利用的再生液。为进一步发挥这部分再生液的作用，在停止输送再生液后，可利用再生液管道，继续以同样的流速输入精制水，将这部分再生液逐渐排送出去，这一操作称为置换。置换时间一般为 15～25min。再生和置换均开 5# 和 6# 阀（见图 3-2 中的 5 和 6）。

（4）正洗　置换只能将交换器内的再生液顶出，残留在树脂颗粒及其表面上的微量杂质需进一步冲洗。置换结束后，关 5# 阀，开 1# 阀，进水投入正洗，以彻底清洗除去树脂层内的再生产物和剩余再生液。正洗效果通常以正洗水耗（m^3/m^3 树脂）来表示。一般正洗水的流速为 10～20m/h，正洗水耗为 5～6m^3/m^3。通常通过调整试验来选择出正洗时间短，用水量少的合适的正洗水流速。

为了节约正洗水，可将后期的正洗排水回收至清水箱或原水箱，作为下一周期运行的原料水。当正洗水出水水质超出精制水控制指标时，即可关 6# 阀，停止正洗。开 2# 阀，投入下一周期的运行，或者停水备用。

（5）运行　离子交换器运行时开 1# 进水阀和 2# 出水阀，依据进水水质、出水水质、出水水量、水流通过交换剂层的阻力损失等控制合适的通水流速。

通水速度过快时，离子扩散来不及进行，不能保证出水质量；通水速度过慢，则树脂表面水膜增厚，离子的膜扩散减慢，反应的产物不能及时去掉，妨碍反应继续进行。影响最大流速的因素，从工艺角度，化学因素是交换带的宽度。原水水质差，通水速度快时，交换带就宽，离子交换树脂的利用率就低。物理因素是压力损失（造成交换剂的碎裂）对流速的限制。因此，运行流速随交换剂的种类、交换器的结构性能、原水水质等因素而异。此数据可通过调整试验选定。

3．优缺点

顺流再生固定床是离子交换工艺最早使用的设备，已有几十年的历史。直到现在，国内外仍有为数不少的顺流再生离子交换器在运行。其具有以下优点：

① 设备简单，造价较低；

② 操作方便，容易掌握；

③ 由于每个周期都进行反洗操作，所以适用于处理悬浮物较高的原水；

④ 在原水水质较好，运行流速不大时，出水质量和运行周期也可以达到要求。

顺流再生工艺的缺点有以下三方面。

① 再生后，在树脂底部仍存在一部分失效树脂，会使运行初期出水质量差。另外，在原水含盐量或硬度高的情况下，尽管降低通水流速，出水质量也很难达到要求。

② 消耗再生剂较多，造成运行费用高。

③ 由于受流速的限制，设备效率较低。

二、逆流再生离子交换水处理工艺

1. 逆流再生离子交换器结构

逆流再生离子交换水处理器的结构如图 3-3 所示，与顺流再生交换器基本相同，不同的是在树脂层表面设有中间排液装置，其作用是能够使由底向上流的再生液、置换水和由顶向下的压缩空气或顶压水均匀地排出体外；再生之前，反洗水通过此装置对上层树脂进行小反洗。所以要求中间排液装置的配液均匀、排液畅通并有足够的强度和固定支架。常用的中间排液装置有鱼刺式和支管式等。在中间排液装置以上，即树脂层表面以上为加装的一定高度的压脂层，它的作用主要是防止再生液和置换水向上流时引起树脂乱层，同时在运行中还能对进水起过滤作用。压脂层

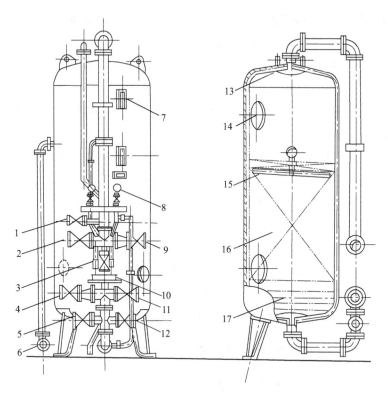

图 3-3 逆流再生离子交换器结构

1—顶压管；2—进水管；3—放空气管；4—正洗排水管；5—再生液进口管；

6—中阀排水管；7—窥视孔；8—压力表；9—定期反洗；10—取样槽；

11—出水管；12—定期反洗管；13—进水装置；14—人孔；15—中

阀排水装置；16—离子交换剂；17—排水装置

可使用密度低于交换树脂的白球（惰性树脂球）。

交换树脂层高度不得低于 1.5m，一般为 1.5～2.5m，特殊
情况下可为 3m。

为监视各操作的实际情况，在交换器的壳体上设有窥视孔，

其位置宜设在树脂层反洗膨胀的最高处和树脂层表面。窥视孔内壁的有机玻璃应尽量与壳体的内壁平行，以免出现死角。

最早使用的顶压逆流再生离子交换器，相对于顺流再生离子交换器而言，虽然它具有再生剂比耗低、出水质量高和相同再生水平时工作交换容量增加等优点，但其设备复杂，增加了设备制造费用；操作步骤多，运行繁杂；结构设计和操作条件要求严格；对置换用水要求高，这些缺点影响了其优势的发挥。

有顶压交换器存在着顶压系统复杂、再生操作麻烦等缺陷，通过改进产生了无顶压逆流再生新工艺。这种新工艺在目前应用比较广泛，它与有顶压逆流离子器的不同之处是取消了流体的顶压系统，将中间排液装置的开孔面积增加 2 倍，增加了压脂层的高度。目前，离子交换软化和除盐系统一般采用无顶压逆流再生离子交换水处理工艺。

2．无顶压逆流再生离子交换器的运行

无顶压逆流再生离子交换器的工作程序为小反洗→再生→置换→小正洗→正洗和大反洗。

（1）小反洗　为了保持树脂床层不乱，每次再生前可只进行中间排液装置以上压脂层的反洗。反洗水从中间排液装置进入交换器，由顶部排出。流速一般为 10m/h 左右，出口水中应不逸出树脂，反洗至出水清澈为止。

（2）再生　无顶压逆流再生，再生剂的用量已接近理论量，再生时必须严格注意再生液与交换剂的接触时间，控制再生液的浓度和流速。再生液与再生剂的接触时间一般应保持在 30min 左右，再生液的流速约为 5m/h。操作时，要全部打开中间排液管的出口阀门，以防产生节流作用，造成水流上升，引起交换剂的乱层。为了得到最佳的再生效果，稀释再生剂的水应使用成品

水。再生液可用喷射器或泵送入，但不得带有空气，以免造成树脂乱层。

（3）置换 进完再生液后，继续用再生液的稀释水置换再生废液，置换水的流速保持与再生液相同，直到再生废液基本排尽为止。一般置换时间约为 $30\sim40min$。

（4）小正洗 目的是洗去压脂层内残留的再生液。首先从中间排液装置进水，排除压脂层内的空气，并充满交换器的上部空间，然后从上部进水，从中间排液装置排水，进行小正洗。时间一般为 10min 左右。

（5）正洗 小正洗之后，关闭中间排液装置的排水阀门，开启下部排水阀门，用较大流量的水按顺流方向进行冲洗，流速为 $15m/h$ 左右，直到出水质量合格为止。

（6）大反洗 对逆流再生离子交换器，在进行一般的再生时，只反洗树脂层表面的压脂层，以保持下部树脂的层次，获得较高的再生效率。但是，在长时期的运行后，下部树脂会不断被压实或因积有浮物而结块，造成水流阻力过大，甚至出现偏流现象，从而影响树脂的工作交换容量和降低出水质量，并使再生剂比耗增高。为此，经过一定周期的运行后，需要进行整个床层的反洗，即大反洗。大反洗的周期与进水浊度有关，一般经过 $10\sim20$ 个运行周期大反洗一次。

大反洗后，因树脂的层次被破坏，需采用增加再生剂用量的 $50\%\sim100\%$，或连续进行两次再生的方法来恢复下部树脂的再生度。

进行大反洗操作时，必须注意防止损坏中间排液装置。因为树脂层较脏，树脂层压实紧密易结块，如果反洗一开始水的流量很大，树脂层可能成活塞状托起而冲撞坏中间排水装置。为此，反洗时水的流量必须逐渐从小到大。另外，在大反洗之前应先进行小反洗，以松动压脂层。如果发现树脂结块或积污严重，可在大反洗过程中辅以压缩空气进行搅拌，以提高反洗效率。大反洗的方式还可以采用大、小反洗同时进行或多次冲洗等方法，直到出水澄清为止。在大反洗过程中，要注意是否存在偏流或沟流现象，这种现象会造成树脂就反洗不完全，部分结块的树脂沉入交换器底部，影响下一周期的再生和运行。此时需要采取上述强化清洗的方法加以解决。

无顶压逆流再生交换器的运行操作与顺流再生固定床相似，同样要通过调整试验优选出对应的操作数据，确保其正常运行。

三、浮动床

浮动床离子交换器属于逆流再生固定床的一种，也是近年来研究出的一种固定床离子交换新工艺。按照工况的不同，可分为运行式浮动床和再生式浮动床。目前应用最多的是运行式浮动床，而再生式浮动床则很少采用，故只介绍运行式浮动床（以下简称浮动床）。

1．浮动床离子交换器工作原理

浮动床离子交换器内几乎装满离子交换剂，上部自由空间仅2％～5％。原水从浮动床下部进入，从上部流出。交换剂层处于悬浮状态，但浮而不乱，仍为压实状态。在交换器底部，有很薄的水垫层。在水的流量波动时，交换剂受水流的冲动以及本身重力的作用而上下浮动，故有浮动床之称。

再生时，再生液从浮动床上部进入，首先与上部交换剂接触，使之具有很高的再生度。再生液向下流动，到失效程度最高的底层交换剂时，尽管再生剂中反离子浓度较大，但仍能发挥作用。因此，浮动床的这种逆流再生方式和通常的逆流再生固定床一样。由于出水处交换剂保护层的质量好，再生过程中反离子的影响小，浮动床也具有出水水质好、再生剂耗量低、排放的废液少、设备体积小、出水量大、操作简单等优点。另外，它的交换剂装量多，工作周期长，周期制水量增加，并对原水水质变化的适应性增加，也适合于高交换流速运行。

浮动床的乱层只有在运行过程中才可能发生，只要保持运行流速大于 15m/h，交换剂层底部的水垫层高度小于 100mm，浮动床的乱层问题是可以避免的。

2．浮动床离子交换器的结构

浮动床离子交换器的结构与固定床水处理设备基本相同，但有特殊要求。如图 3-4 所示，主要包括如下装置。

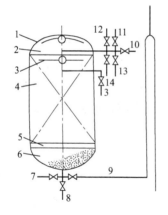

图 3-4　浮床本体结构示意图

1—上部分配装置；2—惰性树脂层；3—体内取样管；4—树脂层；5—水垫层；6—下部分配装置；7—原水入口；8—下部全排污口；9—下部排污口；10—处理水出口；11—正洗水入口；12—再生液入口；13—上部排污口；14—上部取样口

（1）上部分配装置　有两个作用。①在运行或向上清洗时作为疏水装置；②在再生或向下清洗时为再生液或清洗水的分配装置。

（2）惰性树脂层　在上部分配装置的下边，放置一层厚约为 200mm 的惰性树脂。用于防止破碎树脂堵塞滤网，提高水流的分配均匀性和减少设备的阻力。

（3）床层和水垫层　在上下分配装置之间为床层和水垫层。运行状态时，床层在上水垫层在下；再生状态时，水垫层在上，床层在下。

床层高度一般为 1.5～3.0m，由于交换剂在转型时体积会发生变化，所以在一个运行周期内床层高度也会有变化。

水垫层的作用，一是作为床层变化的缓冲高度；二是使水流或再生剂分配均匀。水垫层的高度应适当，过高易使床层在成床或落床时乱层，不足又会使床层在膨胀时没有足够的缓冲高度，使交换剂受到压缩而产生结块、挤碎、清洗时间长以及运行阻力增大等问题。交换剂经再生后用水力压实，水垫层高度应在100mm 以下。

（4）下部分配装置　在运行或顺洗时，作为水流分配装置；在再生或清洗时，起支撑交换剂层和疏水的作用。因此下部分配装置应能布水均匀。

（5）体内取样管　为了保证出口水质量，可在交换剂层表面下 200～300mm 处安装取样管，取出水样。

（6）空气管　浮动床最高点装有空气管和管阀，下端部装置水帽式滤网，防止交换剂漏出。

（7）窥视孔　在本体上、中、下各设一个窥视孔，用于观察交换器内部交换剂的数量和工作情况。

（8）管道与阀门　浮动床本体允许较高的流速，一般管道内流速以 1～3m/s 为宜，阀门也要相应选择较大的尺寸。下部排污出口要用倒 U 形管，以防止再生和下流清洗时交换剂层内侵入空气。无倒 U 形管时，在再生和正洗阶段要调整下部排污阀门的开启度，以保持交换器内压力不小于 0.05MPa，防止进入空气。

3．附属设备

（1）体外清洗装置　因浮动床本体内装满树脂，无法在体内进行清洗,因此,需设有体外清洗树脂的专用设备,目前有空气擦洗器和树脂清洗器两种。

空气擦洗器的直径比交换器大。使用时靠水力将树脂输送到空气擦洗器,并使水面距树脂层上部100mm左右,然后送压缩空气进行擦洗。将树脂表面的污物擦净后,从下部进水,由上部出水,进行反洗,洗净后将树脂送回交换器。树脂的输出、输入要用成品水,不可用原水,以免影响树脂的再生程度。对于除盐系统,阳树脂与阴树脂要分别使用不同的空气擦洗器,以防树脂混淆。空气擦洗器上装有防上树脂漏出的压缩空气喷嘴、树脂输送管、树脂补充或卸出管和上、中、下三个窥视孔等。

树脂清洗器与空气擦洗器相似,但没有压缩空气管,树脂清洗器与离子交换器的直径相同。树脂从离子交换器上部进入,操作时必须调整进水速度,以使清洗器内保持一定量的树脂。树脂层的膨胀高度,应控制在树脂清洗器上部。在清洗至取出水样透明无悬浮物时,将树脂送回离子交换器。

(2)仪表 为便于操作,在交换器或者管道上装有运行终点计、压力表和流量表等服务于工艺操作的附属设备。

4．操作方法

浮动床的运行操作包括落床、再生、置换、正洗、顺洗和运行等六个步骤。

(1)落床 当浮动床运行操作到达终点时,关闭原水进口阀和成品水出口阀,其余各阀也应处于关闭状态,实施重力落床;为避免乱层,可先开空气阀,并迅速打开排水阀,进行排水落床。

(2)再生 落床后,全部阀门处于关闭状态。再生时,开启再生液入口阀和倒 U 形管上的排水阀，使一定浓度和体积的再生液自上而下流经床层，由倒 U 形管排出。再生流速一般为 5～10m/h，具体取值可通过调整试验确定。再生过程中，要防止再生液漏进被处理水中，并注意观察下部有无树脂漏出。

用食盐再生，用量为 60kg/m³ 树脂，盐液浓度为 2%～4%；用盐酸再生，浓盐酸用量为 40kg/m³ 树脂，浓度为 2%～3%；用硫酸再生，浓硫酸用量为 30kg/m³ 树脂，浓度为 1%；用氢氧化钠再生时，固体氢氧化钠用量为 15kg/m³ 树脂，浓度为 0.5%～1%。

（3）置换　进完再生液后，关再生液进口阀，并打开正洗水进口阀，以与进再生液相同的流速进行置换。置换时间一般为 15～30min。

（4）正洗　开大正洗水进口阀，以 10～15m/s 的流速清洗，此时废液浓度迅速下降。取下部排水水样分析，当水样中 [Cl⁻] 不大于正洗水 [Cl⁻]100mg/L、除盐系统阳床不大于正洗水强酸根 0.5mmol/L、阴床电导率不大于 100μS/cm（或碱度小于 0.5mmol/L）时，关闭清洗水进口阀和倒 U 形管上排水阀。

（5）顺洗（向上流清洗）　开入口水阀与上部排污阀，观察树脂成床与水垫层的情况。此时以 20～30m/h 的流速对成床清洗，至出水合格时，再打开处理水出口阀，关上部排污阀，即可投入运行送水。一般清洗时间只需 3～5min。

（6）运行　在送水过程中，要注意压力表和流量表的指示，并定期分析出水水质，做好记录。浮动床的最低流速为 7m/h，最高可达 60m/h，一般运行流速控制在 20～40m/h。

当阳床运行 2～3 个月，阴床运行 4～6 月后，要将树脂送入空气擦洗器或者树脂清洗器进行一次体外清洗。如果没有空气擦洗器或清洗器时，可在交换器上加装高位塑料槽或临时水箱代替清洗器。

5．特点

（1）出水水质好　一般钠型浮动床出水硬度小于 5mmol/L，只要顶部 200～300mm 不乱层，就能保证出水水质。对进水的适应能力强。

（2）再生剂比耗低　浮动床再生剂比耗一般为 1.1～1.4，再生剂的利用率为 70％～90％。由于再生剂的利用率高，排放废液少，减轻了对环境的污染。

（3）运行流速高　浮动床允许在 7～60m/h 的流速下运行，一般流速为 20m/h。固定床改为浮动床后，其效率提高 1～1.5 倍，周期制水量也可提高 20％～40％。

（4）设备结构简单　浮动床不需中间排液装置，因此设备结构简单，不易损坏。

（5）运行操作简单　其操作比顺流再生固定床还要简单，省去了反洗操作。

（6）自用水率低　由于浮动床的再生液浓度低，过剩量少，反洗次数少，正洗也容易洗净，故而自用水率低。

（7）必须严格控制运行终点　浮动床的运行流速高、工作层厚度薄，所以在快到达终点时，离子漏过量增加很快。如不及时停止运行，出水水质会很快恶化。因此，必须加强监督，可通过体内取样管取样化验，以便及早发现终点，停止运行。

（8）要定期进行体外清洗　由于浮动床内树脂基本填满，每次再生前都不进行反洗，因此要定期进行体外清洗。

为应用和推广浮动床离子交换技术，近年来，许多科研部门和生产单位都在积极探索，已在交换器材料、结构、整体成套供应及多路阀自动控制方面做了不少工作。比较成功的有自动浮床软水器（全称 ZF 型自动浮床软水器）、自控单阀多柱浮床（又称 ZDF 自动切换钠离子交换器）、体内抽气擦洗式浮床、S 型浮动床、提升床、清洗床和双室沸腾浮动床等。这些新型床和逆流再生新工艺的应用以及设备自动化水平的提高，大大地提高了固定床中交换剂的利用率和设备的效率，改善了出水水质，降低了运行费用，从而发展了固定床离子交换水处理技术。

四、固定床工艺改进和发展

近年来，固定床离子交换水处理设备随着工艺改进和交换剂的选用正向多种方向发展。在再生工艺方面，出现了顺逆流再生法等；在几种树脂组合使用方面，为发挥各类树脂的特点和避免交叉污染，使固定床离子交换水处理设备向多层多室方面发展，先后出现了双层床、混床三层床和双室床、三室床等；在提高水处理设备的产水量和树脂的利用程度方面，采用了增大面积法；在使用离子交换纤维方面，研制了缠绕离子交换纤维软水器及离子交换纤维制取纯水装置。这些水处理设备有的比较成熟，已在工业生产中应用，有的还处在试用改进阶段。介绍这些设备的目的在于开阔思路，促进工艺的改进和发展。

1．顺逆流再生法

顺逆流再生法是将 1/3 的再生剂（浓度为 $1.25\% \sim 2\%$）由上往下以顺流方式流过上部树脂层，而其余 2/3 的再生剂（浓度为 $2.5\% \sim 4\%$）由下往上以逆流方式流过下部树脂层，再生液由中间排液装置排出。再生剂的稀释水可由顶部进入，将树脂层压紧。由于再生剂顺流和逆流同时进入床层，故称顺逆流再生法，简称 CCCR 法。

这种再生工艺,阳床可用于强酸阳树脂或强酸弱酸树脂的双层床;阴床可用于 Ⅰ 型或 Ⅱ 型强碱阴树脂或强碱弱碱树脂的双层床。

2.三室床

三室床是在一个交换器内装有阳树脂层、阴树脂层和另外一层阴树脂,中间均有隔板隔开,阴、阳树脂的再生、输送也是分开的,从而避免了树脂的交叉污染。运行流速可高达 200m/h。当进水钠离子含量为 1200g/L 时,出水可小于 1.0g/L。

3.增大截面积法

交换器的产水量是运行流速和过滤截面积的乘积。由于流速受通过交换剂压差和运行周期的限制,故大多数一级离子交换器采用增大截面积的方法来提高交换器的产水量。应用多流、多室、径流等方法产生的多流交换器、多室交换器和径流交换器,大大提高了一级离子交换器的产水量。

4.离子交换纤维水处理设备

(1)缠绕型离子交换纤维软化水装置 这种装置罐体内有一芯管,芯管外面有几个凸出法兰形边缘,在两个边缘之间缠绕离子交换纤维,芯管四周也缠绕离子交换纤维。芯管四周在缠绕纤维部位有很多出水孔,原水从下方进入芯管,从出水孔流出,穿过缠绕的纤维进行离子交换,软化后的水从罐体上部排出。经试验证明,交换纤维中交换基团的利用率可达 66.6%,与树脂相当。但其水流阻力相当大,应用起来不够理想。

(2)离子交换纤维制取纯水装置 日本尼古维公司应用的离子交换纤维制取纯水专利装置,其上盖和下盖之间层叠了许多节填充室,填充室中有滤布和多孔板,还填充有阳离子交换纤维 X,或阴离子交换纤维 Y。支撑梁有四个臂,每个臂上都连有填充室，共有四列。以 A、B、C 及 D 表示每一层填充室有一个支撑梁，所有支撑梁都可在中心轴上左、右旋转。

相对的两列筒体为交换筒，其各层填充室内 X 或 Y 对每列相同排列。设 A、C 两列为交换筒，且每列为 8 层，则由上而下各层排列顺序如下

列/层	第1层	第2层	第3层	第4层	第5层	第6层	第7层	第8层
A列	X	Y	X	Y	X	Y	X	Y
C列	Y	X	Y	X	Y	X	Y	X

水流经 A 列或 C 列，等于经过阴、阳离子交换混合床，可取得良好除盐净水效果。

另外一对相对的 B、D 两列筒体则为再生筒。其各层填充室内 X 或 Y 对每列相同排列，即

列/层	第1层	第2层	第3层	第4层	第5层	第6层	第7层	第8层
B列	X	X	X	X	X	X	X	X
D列	Y	Y	Y	Y	Y	Y	Y	Y

再生时酸液通过 B 列，碱液通过 D 列，分别进行阳阴离子交换纤维的再生。

当 A、C 两列到达交换终点时，B、D 两列已再生完毕。此时将 A 列第 1、3、5 及 7 层向 B 列方向旋转 90°，第 2、4、6 及 8 层向 D 列旋转 90°；与此同时，C 列第 2、4、6 及 8 层向 D 列旋转 90°，第 1、3、5 及 7 层向 B 列旋转 90°。新组成的 B、D 两列又可分别再生，原 B、D 两列各层同样旋转，组成新的 A、C 两列又可制软水，所以基本可连续供水。

离子交换纤维的特点是外表面积大，比类似球体树脂的表面积大 20 倍，可使反应速度增大。故采用离子交换纤维时，离子交换速度可大幅度地提高。

第三节 连续式离子交换水处理工艺

一、移动床

1. 主要设备

（1）交换塔 移动床交换塔为压力式倒置床，大型设备本体为钢结构，内衬防腐层，由漏斗、上下封头和塔身以法兰连接组成一体，如图 3-5 所示。塔身上部设有滤网和浮球阀，下部设有包 60 目尼龙网的列管式喷头。

（2）再生-清洗塔

① 重力式 重力式再生-清洗塔为重力式倒置床，本体为钢结构，内衬防腐层，也可用硬质塑料制成。它由再生漏斗、再生段、缩口段、清洗段所组成，如图 3-6 所示。

② 压力式 压力式再生-清洗塔由再生漏斗、再生段、清洗段和输送段组成，如图 3-7 所示。其本体为钢结构，内衬防腐层。

重力式再生-清洗塔由浓再生液高位槽、水管、用浮球控制（也有从高位槽直接供应，由转子流量计控制）的再生剂与水的液位箱、定量喷头和稳流管等组成。压力式再生-清洗塔则由再生液箱、再生剂泵和压力水管所组成。

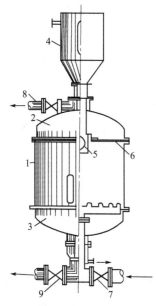

图 3-5 交换塔结构

1—塔身；2—上封头；3—下封头；
4—漏斗；5—浮球阀；6—出水
滤网；7—进水阀；8—出
水阀；9—排水阀

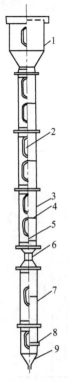

图 3-6　重力式再生-清洗塔

1—再生漏斗；2—窥视表；3—再生段；
4—挡板；5—再生剂喷头；6—缩
口段；7—清洗段；8—清洗
水喷头；9—输送段

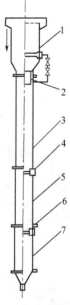

图 3-7　压力式再生-清洗塔

1—再生漏斗；2—再生段顶部球形漏；
3—再生段；4—再生剂进口；5—清
洗段；6—清洗水进口；
7—输送段

　　自动化系统一般用多回路时间继电器和指令电动分配阀来自动控制各种阀门。

　　2．工艺流程

　　移动床交换系统按其设备分为单塔、双塔和三塔式。

　　(1) 单塔式　移动床系统中最简单的一种形式，其交换塔、再生塔和清洗塔三者合为一体，如图 3-8 所示，树脂的再生和清洗都在交换塔顶部的树脂贮存中进行。

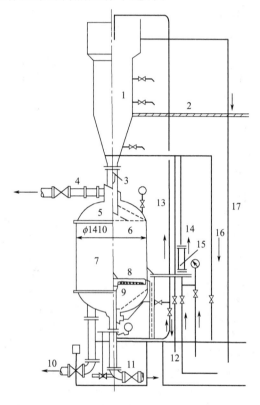

图 3-8　单塔式移动床工艺流程

1—再生漏斗；2—二层木楼板；3—浮球阀；4—出水管；5—上滤网；

6—缓冲帽；7—交换罐；8—喷头；9—下滤网；10—排水阀；

11—进水管；12—回收管；13—排树脂管；14—再生清洗

液；15—转子流量计；16—排水管；17—排废液管

（2）双塔式　单独设置交换塔，而将再生塔和清洗塔组成一个塔体，由管道和交换塔相连，构成树脂输送系统，如图 3-9 所示。

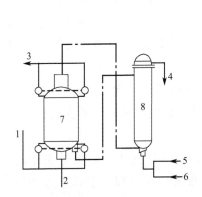 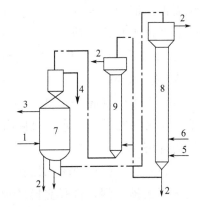

图 3-9　双塔移动床系统

1—进水；2—排水；3—出水；

4—溢流；5—压力清洗水；

6—再生液；7—交换

塔；8—再生清洗塔

图 3-10　三塔移动床系统

1—进水；2—排水；3—出水；

4—溢流水；5—压力清洗水；

6—再生液；7—交换塔；

8—再生塔；9—清洗塔

（3）三塔式　其交换塔、再生塔、清洗塔分别设置，以管道首尾相连，构成一个循环系统如图 3-10 所示。这种工艺流程和双塔式基本相同，但是各塔独立设置，占地面积较大，阀门较多，需远程控制。

3．移动床的运行操作

（1）交换塔的运行操作　原水经列管式进水装置从下部流入交换塔，向上穿过树脂层，从塔上部孔板流出。与此同时，上升水流将树脂层托起（称为起床），排尽器内空气后，与树脂进行离子交换，控制交换流速为 $40\sim60\text{m/h}$。处理后的水从出水管排出，球形阀处于关闭状态，进水装置下部的失效树脂被压入再生塔。

（2）失效树脂的再生　送至再生塔的失效树脂，在顶部塔斗经废再生液的预再生，然后借重力徐徐落下。与此同时，再生塔的底部进水与再生液相混合，配成浓度 4%～8% 的再生液，以 8～10m/h 的流速上升，与从上部下落的树脂相遇进行再生，时间为 30～45min。

（3）再生树脂的清洗　再生后的树脂送至清洗塔后徐徐落下，从塔底部进清洗水，对树脂进行清洗，清洗后的树脂存入交换塔的塔斗。

（4）运行终点的落床操作　运行到达终点时，关进出水阀，迅速开大排水阀，打开交换塔顶部的放空气阀，空气进入塔体，树脂落床。与此同时，设于交换塔上部的漏斗和交换塔间的浮球阀随水流向下自动打开，漏斗中的树脂就落入交换塔中树脂层上，失效的树脂落入进水装置下部。

二、流动床

为了克服移动床不能完全连续供水和自动控制程序比较复杂的缺点，出现了完全连续式的流动床水处理设备。在此系统中，交换塔的运行是完全连续的，在进行交换过程的同时，不断向交换塔外输送失效的树脂，经再生、清洗后的树脂又连续不断地送回交换塔，从而实现连续供水。树脂的输送可采用水力喷射，也可靠重力位差。在此系统中，树脂、被处理水、再生剂和清洗水完全处于流动状态中。

流动床有压力式和无压式两种，目前采用较多的是无压式流动床，它由两个塔组成，一个敞开式交换塔和一个再生-清洗塔，并配有再生剂制备和注入设备以及流量计等，如图 3-11 所示。在敞开式交换塔中，交换时水和树脂异向流动，属于逆流悬浮交换过程。因此，出水质量和树脂饱和度都很高，经济指标也相应

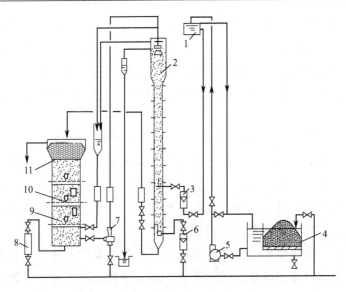

图 3-11 流动床离子交换水处理装置流程

1—盐液高位槽；2—再生清洗塔；3—盐液流量计；4—盐液制备槽；5—盐液泵；

6—清洗水流量计；7—树脂喷射器；8—原水流量计；9—过水单元；

10—浮球装置；11—交换塔

提高。下面介绍无压式流动床。

1．主要设备

（1）交换塔 交换塔有直筒形和扩口形。扩口形较直筒形，具有交换流速高、产水量大、树脂填装量较少等优点。塔顶口为敞开式，用钢板内衬涂料或用硬质聚氯乙烯塑料制成。塔体上大下小，呈蘑菇状。塔的上部设有汇集软化水的溢流堰，软化水引出管和再生后树脂的引入管；塔的下部设有原水进水管及列管式配水装置、失效树脂输送管、回流水进水管（许多单位已将其取消）等。塔内设三层阻留式分层挡板（间距 0.5～0.6m）作过水单元，将塔体分成四个交换区。树脂的分层主要靠挡板的阻留作用，每层挡板中心设置一个降落树脂的浮球阀。运行时，浮球被水托起，把阀孔打开，树脂不断地经阀孔落至下一交换区。停止运行时，浮球立即下落，将阀孔关闭，树脂落在各层挡板上，使树脂起落不乱层。在挡板上开有许多过水孔，起到配水均匀的作用。

（2）再生-清洗塔　塔体大多数是用硬质塑料或有机玻璃管制成。塔的上部设有预再生漏斗、失效树脂送入管、回流管及废液排出管；下部设有再生后树脂的输出管，清洗水进水管；中部设有再生液进液管；塔内还装有数层带孔挡板。整个塔体分为预再生、再生、清洗置换三部分。

（3）附属设备　流动床系统除了上述主体设备外，尚有喷射器、送盐液泵、高位再生液箱、盐液制备槽以及流量计和管、阀系统。

2．工艺流程

整个流动床工艺流程是连续进行的。原水从交换塔底部经排管式配水装置进入，通过每层的过水单元均匀上升，与从塔顶沉降下来的树脂进行逆向动态交换，从底部交换区到上层交换区。已软化的水从交换塔的顶部溢出，进入软化水箱。

树脂从交换塔顶进入后，先后通过各层塔板的浮球装置孔隙逐层下落，并与上升的水进行离子交换而逐渐失效，到塔底时已成为饱和树脂。用水力喷射器连续抽送饱和的树脂到再生-清洗塔顶部（再生-清洗塔的工艺流程与双塔式移动床中重力式再生-清洗塔工艺流程相同），依次通过树脂回流斗、贮存斗、再生段及清洗输送段，并借位差返回交换塔顶部，继续循环。

交换塔在运行中，水流向上流动时应控制好水流速度，要防止水流太快而带出树脂；也要使树脂能够循序下落，避免在塔内形成乱层；还要在树脂呈悬浮状态下进行交换反应，以防止水的偏流。

在流动床水处理工艺系统中，原水不断被软化，流动着的树脂不断进行交换和再生，再生液、清洗水不断流入再生塔内，靠位差、重力及水力喷射完成全部的输送工艺，这比用复杂的电气设备组成的自动化系统简便稳定。利用转子流量计控制各种流量，有利于流动床水处理系统运行的经济可靠。

实践证明，流动床在运行中必须注意以下几个平衡关系。

（1）树脂量的平衡　从交换塔输出的饱和树脂量应与从再生清洗塔压送出来的新鲜树脂量平衡，这样才能保证流动床连续不断地流动。

（2）树脂量与进水量的平衡　从交换塔输出的饱和树脂与生水软化所需的交换剂量相平衡，才能保证出水水质合格。

（3）树脂量与再生液量平衡　进入再生塔的饱和树脂量与再生液量应平衡。如果再生液量过少，会使树脂再生不彻底；再生液量过多，则造成制水成本高。

（4）再生液量与清洗水量的平衡　当树脂量、再生液量决定后，也需相应决定清洗水量。水量过大将使再生液浓度过低；水量过小会造成再生好的树脂清洗不完全。一般清洗水量约为树脂循环量的 1.5 倍。

3．优缺点

（1）能连续生产，做到不间断供水。固定床每周期需要 2～4h 的再生时间，移动床倒换树脂时也要停止片刻。

（2）软化水的效率高，装置体积小。敞开式交换塔流速可达20～30m/h，比固定床要高。在同样水质和出水量的情况下，其装置体积比固定床及移动床要小，故其占地面积及投资也省。

（3）操作管理方便。流动床操作阀门较少，运行管理比移动床简便。

（4）树脂利用率高。树脂饱和度可达 80％～90％，而固定床一般只能达 60％。

（5）清洗水耗低。清洗水耗一般不超过树脂体积的 3 倍，总耗水量不大于总出水量的 3％。而移动床清洗水量一般为树脂体积的 7～9 倍。

（6）水量调整好后，可自动进行交换、再生、清洗。

（7）再生塔采用逆向再生和清洗，树脂的清洗水可用于置换，置换水又可用于稀释再生液，因此，再生剂比耗低，约为 1.2～1.4。

（8）树脂不断流动，特别是在用水力喷射器输送树脂时，磨损较严重。

（9）对负荷适应性差。在负荷变动时，需相应调整循环树脂量、清洗水量和再生液量，才能保持"量"和"质"的平衡。

（10）设备高度大。要求厂房建筑物不低于 8.0m，投资较大。

4．改进和发展

近年来，一些科研单位和高校对原流动床的结构作了改进，在交换塔内用新的溢流装置代替了启闭不灵、操作不便的浮球阀，并将再生塔的高度降至 3.1m，成功地解决了流动床存在的两大问题，为其进一步推广使用创造了条件。

改进后的流动床命名为"LH 型流化床离子交换器"。其流程如图 3-12 所示。

（1）交换塔的改进　交换塔是原流动床中的关键设备，但交换树脂的流量要靠浮球阀控制。浮球阀结构复杂，交换树脂的相对密度难调，常常出现浮球起不来，树脂下不去的现象。采用新

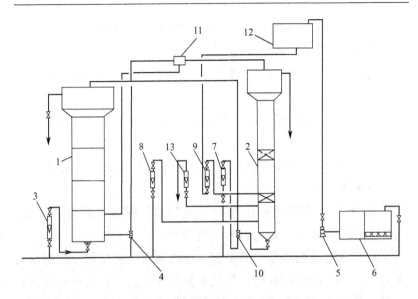

图 3-12　LH 型流化床离子交换装置流程

1—交换塔；2—再生-清洗塔；3—原水流量计；4—树脂喷射器；5—再生液泵；6—再生液制备槽；7—动力水流量计；8—清洗水流量计；9—再生液流量计；10—树脂喷射器；11—滤水器；12—高位盐液槽；13—回收清洗水流量计

的溢流装置代替浮球，可使塔内结构大为简化，运行可靠。树脂在循环过程中自动平衡，使操作简便。

（2）再生塔的改进　原再生塔高度在 6m 以上，不仅厂房的建造有困难，而且设备安装需要很高的支架和多层操作台，从而使流动床的使用受到限制。经测试，再生反应主要发生在距塔贮斗底部 1.25～3.25m 的区段内，最上段几乎没有再生作用，而只是为了提高再生塔与交换塔之间的位差，以便输送树脂，并且下段的再生作用也不显著。因此，在改进中，取有效的再生段高度，加上原树脂贮存斗和清洗输送段高度，来确定塔高，再以塔高和树脂在塔内的有效停留时间来决定塔径。同时，为了保证再生效果，在再生段增设一缩口。为减少塔内气泡聚集形成"气塞"，去掉了原塔中的分布板。结果，改进后的再生塔高度仅 3.1m。

（3）流程改进　由于设备改进，工艺流程也相应做一些调整。

① 在再生塔底部增加一个水喷射器，解决位差减小后再生树脂的输送问题。

② 为了减少废水排放，在再生塔上部装滤水器，使大部分动力水回至交换塔。

③ 由于交换塔内采用新的溢流装置，树脂循环自动平衡，去掉了再生塔顶部的树脂自封回流装置。

（4）改进后的效果　新型流化床的运行经济指标，在原水硬度为 3.5～4.0mmol/L 时，软化水残余硬度为零；设备负荷弹性为额定值的 60%～125%；在额定负荷下，树脂循环量为 16L/h，再生盐液（浓度为 25% 的饱和食盐水）流量为 4L/h，盐耗比为 1.3～1.5；清洗水量为 25～30L/h，自耗水量占处理水量 1%。

这种流化床的交换塔，因去掉了浮球阀而改用回流装置，消除了浮球不灵敏造成的树脂下漏、乱层等问题，也消除了交换塔的气塞现象，从而使运行平稳，操作简便。同时，由于再生塔高度降低，使设备便于安装。实际运行情况表明，这种流化床设备简单，出水质量高，节约用盐和用水量，是值得进一步推广应用的。

第四节　离子交换水处理的附属设备及运行管理

一、附属设备

1．再生剂系统

再生剂系统包括再生剂的贮存、再生液的配制和输送。常用的再生剂有食盐、氢氧化钠、盐酸和硫酸。食盐用于水的软化系统；酸、碱则用于化学除盐或氢离子交换系统。

（1）食盐再生剂系统

① 食盐的贮存和盐液配制　购回的食盐一般应先放在具有地面耐盐腐蚀的库房内，根据供水规模和食盐供应情况，一般应考虑不少于 15t 的贮存量。贮存时要注意防止食盐被污染。

盐液可采用压力式食盐溶解器或食盐溶解池来配制。

压力式食盐溶解器用来溶解食盐和过滤盐水，其内部结构如图3-13所示，食盐由加盐口投入，然后将其密闭。由进水管进水，进水端部有反射板，以防止杂质和食盐落入进水管，同时可使进水分散。使用时进水管不断进水，靠水的压力使盐水经过 A、B、C 三层石英砂过滤层。其中最上一层 A 层石英砂直径为 1～2.5mm，高为 150～200mm；B 层直径为 2.5～5mm，高为 100mm；C 层直径为 5～10mm，高 200mm。过滤后的洁净盐水由下部出水管 5 排出，送离子交换器。用完后应进行反洗。反洗水由石英砂过滤层下部进入，反洗后由上部排出。压力式食盐溶解器的工作压力为 0.6MPa，过滤速度为 5m/h。

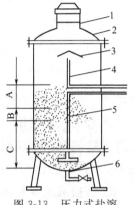

图 3-13　压力式盐溶解器构造示意图

1—加盐口；2—外壳；3—反射板；
4—进水管；5—出水管；6—排污管；
A、B、C 是粒径不同石英砂过滤层

压力式食盐溶解器的设备简单，但盐水浓度不易控制。开始浓度很大，以后逐渐变稀，并且设备易被腐蚀。

食盐溶解池如图 3-14 所示，通常为一水泥池，池中的隔板

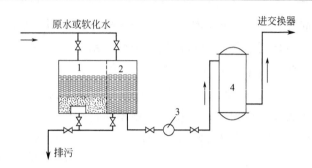

图 3-14　食盐溶解池的盐溶液配制系统

1—浓盐溶液池；2—稀盐溶液池；3—盐溶液泵；4—过滤器

把水池按 2∶3 容积比分为两部分。隔板上有很多 ϕ10mm 错列小孔。盐和水加入大容积一边，盐水经隔板孔流至小容积一边，再由耐腐蚀盐液泵压至机械过滤器，滤去盐水中的杂质后进入离子交换器。

钢制的盐液箱容易被腐蚀，需加塑料板内衬，中间隔板最好用厚塑料板制成。防止隔板上小孔因腐蚀而堵塞，影响再生时盐水流出。

目前，采用这种食盐溶解池较多，它虽然比压力式食盐溶解器稍复杂，但盐水浓度均匀，易于控制。

盐液的配制应根据使用要求进行，可配制成饱和或一定浓度的盐液，盐液的浓度用比重计测定。

② 盐液输送　盐液可用喷射器或盐泵输送。

在使用喷射器时，用压力水作介质，故在输送盐液的同时稀释了盐液，因此要用计量箱和喷射器之间的阀门来调节所需要的稀释程度。这种方法简单，操作方便，但要求水的压力稳定；在使用盐泵时，需在盐槽中加水将盐液配制成所需浓度，直接用盐泵送入离子交换器。

（2）酸、碱系统　酸、碱对设备和人身有侵蚀性，因此系统应考虑防腐和安全措施。对废再生剂也应作相应处理。

① 酸、碱的贮存　根据水处理系统的规模和酸、碱的供应条件，一般要考虑 10t 以上的的贮存量。工业酸（碱）一般用坛（桶）装或槽车装运。生产上是将槽车运来的浓酸（碱）溶液靠重力流进地下贮槽中贮存。贮放时，冬季要考虑防冻问题。

② 酸、碱的输送与配制　对贮存于地下贮槽中的酸（碱），常采用压力法、真空法或者用泵输送至高位贮存罐。压力法就是将压缩空气通到密闭的酸、碱贮存槽中，使其中的酸（碱）借压力输送出去，这种方式在压力下进行，若有渗漏就有危险，因此，只适用于将槽车浓酸（碱）送入地下贮槽；真空法就是将贮存设备抽成真空，使酸、碱液在大气的压力下自动流入，真空法可避免用压力设备，比较安全，但仍需设备密闭，而且输送高度不能太高；用泵输送是比较简易的方法，但泵必须耐酸碱腐蚀。

送入高位贮存罐的酸（碱）液，靠重力流进计量箱，然后用水力喷射器抽吸，并稀释成所需浓度的稀溶液，送到离子交换器中。

③ 计量箱　主要用于控制再生时酸、碱的计量，其用量必须准确可靠。为确保再生剂的用量和再生效果以及考核经济指标，计量箱一般制作得比较准确。计量箱应对酸、碱有较好的防腐性能，通常布置在室内，冬天应有防冻措施。

④ 废再生液的处理　再生系统中排出的废酸、碱再生液较多，如不加以处置，会污染水源，损坏建筑物和下水道，影响农作物的生长和人体健康，危害较大。必须采取适当措施处理（见第六章），使排出的废液符合排放标准。

2．除气器

除气器用于除去水中游离的 CO_2，故又称除碳器。除气的目的一是减少 CO_2 对给水系统的腐蚀，二是减轻除盐系统中阴离子交换器的负担，延长其工作时间，同时为阴离子交换树脂吸附硅酸根创造有利条件。

除气器可分为鼓风式和真空式两种。鼓风式按填料不同又可分瓷环填料、塑料管头填料、木格栅填料等几种。生产中常用的鼓风式除气器，主要由本体、填料、通风机、中间水箱等组成，如图 3-15 所示。含 CO_2 的水从鼓风式除气器顶部进入，经配水设备均匀地分布在填料上。由于填料的阻挡作用，从上流下的水流被分散成许多小股或水滴，与鼓风机送入逆向流动的空气流接触时，从水中脱出的 CO_2 很容易随空气一起由顶部排入大气，而脱除 CO_2 的水则流入中间水箱。

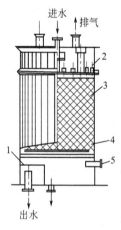

图 3-15　鼓风填料除气器
1—水封；2—配水盘；3—拉
希环填料；4—支撑栅；
5—通风口

含 CO_2 的水与空气接触时，新鲜空气中 CO_2 的分压很小（约占大气压力的 0.03％）。由于 CO_2 在水中的溶解度取决于其水表面的分压，故水中多余的 CO_2 就从水中解析出来，此过程一直进行到水中 CO_2 的分压与所接触的空气中的 CO_2 分压平衡时为止。在生产过程中，鼓风机连续工作，新鲜空气源源不断地送入除气器，而含有大量 CO_2 的空气也就不断地被送风顶出，因此游离 CO_2 就不断从水中析出，从而达到除气的目的。

除气效果受水的酸度、水温和设备结构的影响较大，一般酸性水的除碳效果最好。而对中性水或碱性水，除气不彻底；在酸度一定时，水温愈高，CO_2 在水中溶解度愈小，除气效果也就愈好；设备结构不同，除气效果也不同。在鼓风除气中，水和空气接触面积愈大，接触时间愈长，则除气效果愈好。

真空式除碳器是利用真空泵或喷射器（以蒸汽做工作介质）从除碳器上部抽真空，使水达到沸点从而除去溶于水中的气体，这种方法不仅能除去水中的 CO_2，而且能除去溶解于水中的 O_2 和其他气体，因此对防止后面阴离子交换树脂的氧化和减少除盐系统（管道、设备等）的腐蚀，减少除盐水带铁、减轻除盐水系统微生物滋生也是很有利的。

通过真空除碳器后，水中 CO_2 量可降至 5mg/L 以下，残余 O_2 量低于 0.3mg/L。

真空除碳器是在负压下工作的，所以对其外壳除要求密闭外，还应有足够的强度和稳定性，其上部设有收水器，带喷嘴的布水管，填料层和填料支撑层，壳体下部设有存水区，其存水部分的大小应根据处理水量的大小及停留时间决定。也可在下部另设中间水箱增加存水容积。真空除碳器所用填料与大气式相同，其喷密度为 $40 \sim 60 \mathrm{m}^3/(\mathrm{m}^2 \cdot \mathrm{h})$。

由真空式除碳器及真空设备组成该系统，真空设备有水射器，真空机组（水环式、机械旋片式等）或蒸汽喷射器。

真空除碳器内的真空度使输出水泵吸水困难，为保证水泵的正常工作条件，一般设计成高位布置，满足输出水泵吸水所需的正水头。

真空除碳器一般运行时设备的内压在 1.07kPa 以下（真空度可达 750mmHg 以上），借助高真空，使常温下的水沸腾来去除水中 CO_2，所以真空度的高低直接影响真空除碳器的运行效果。

水沸点随压力增加而上升，适当提高水温有利于 CO_2 的脱除，特别是真空度达不到要求时，提高水温是非常有益的。

除此之外，和大气式除碳器一样，填料的比表面积、喷淋密度、水气化等影响真空除碳器的运行效果。

二、离子交换器运行管理

1．调整试验

（1）目的 通过对离子交换系统的调整试验，要达到如下目的。

① 发现设计中的欠缺，验证设备性能，并对设备存在问题进行必要的改造；

② 为生产中的运行管理制定合理的工艺流程和工艺操作参数；

③ 为今后进行较大的设备技术改造提供必要的依据；

④ 组织运行管理人员进行技术业务学习，使之掌握设备的主要性能和科学管理的有关技能。

（2）准备工作 首先根据生产的要求，制定调整试验计划，并做好人员分工。并根据调整试验的计划和要求，配齐必要的仪器和药品。

对于水处理设备，要先复核各主要部件的尺寸是否符合设计要求，经水压试验合格并彻底清扫后，再将交换剂装至规定数量，对交换剂进行清洗及转型处理。

（3）调整试验过程 离子交换水处理系统的调整试验，可按系统操作各步分别进行。在验证设备合格、工艺流程合理之后，要根据原水水质和设备特点及运行情况，优选出各操作步骤最合理的工艺参数及条件。

如果设备连续运转一定周期后，证明设备运行正常，主要运行参数均达到设计要求，则设备就可投入正常生产。

2．运行管理

离子交换水处理设备的运行管理，应当贯彻包用、包养、包修三包负责制，每台设备须固定专人维护。值班人员要按操作规程操作设备，认真学好技术知识，做到"三懂"（懂操作规程、懂安全生产知识、懂设备结构性能）和"四会"（会熟练操作设备、会维修保养、会预防与处理事故、会计算生产消耗指标），以便更好地完成工作任务。

（1）运行过程的管理　设备在运行时，值班人员应当随时检查设备的运行情况，按运行要求调整进水流量，注意各种仪表的指示是否正常。要按照规定的时间间隔和项目测试出水质量，使其稳定在要求的标准以内。同时，还要注意树脂床的运行状态，如树脂有无流失、偏床等现象，发现问题及时查明原因，进行处理，以确保安全生产。值班人员还应做到身不离设备，注意观察各步操作的效果，精心调节，控制好各步的操作条件，注意人身和设备的安全。

运行中，值班人员还应经常观察和检验树脂是否有"中毒"或破碎的情况，每年应当定期去除破碎树脂，补充新鲜树脂。对于"中毒"树脂要及时处理。

（2）水质监测　原水经离子交换处理后，成品水要达到工艺指标规定控制的标准。在运行中，根据设备的具体条件，应当定时取样、分析，接近运行终点时要增加分析次数。发现到达运行终点，要果断采取措施，确保成品水箱水质合格。

（3）设备维护　检修工作是保证离子交换水处理设备安全运

行的基础，因此应严格执行计划检修制度，做到按周期、按章程、按标准精细检修，不断提高并确保检修质量。值班人员应当经常对设备进行检查、换油、调整、修理或更换部分零件，以消除日常生产中的零件缺陷，保证设备的良好和正常使用。

（4）经济核算　为确保水处理系统的高产、优质和低耗，减少生产成本，应当重视经济核算工作。在生产过程中主要控制以下几项指标。一是实际再生剂消耗率，即平均每生产 1t 成品水所均摊的再生剂量；二是计算交换剂的实际利用率；三是交换剂的清洗水耗；四是交换剂的年损耗率。通过计算，调节操作，对降低水处理消耗具有十分重要的意义。

三、离子交换器及其系统的防腐

在离子交换水处理系统中，酸或酸性水以及其他侵蚀性介质对离子交换器及其系统腐蚀是相当严重的。为了保证离子交换水处理系统的安全，必须做好防腐工作。

我国水处理设备的定型产品中，阴、阳离子交换器的本体、管道和阀门、酸箱、溶解箱等，多半采用橡胶衬里来进行防腐。自行制造或改装的水处理设备，也有用玻璃钢衬里进行防腐的。

再生系统中，进酸、碱和食盐溶液的管道，进水装置及逆流再生装置中的中间排液装置，有的采用聚乙烯塑料，有的采用不锈钢加以防腐。

除气器、酸计量槽、食盐溶解槽及混凝剂溶解槽等，有的采用聚氯乙烯塑料制造，有的在内部涂刷环氧树脂或衬玻璃钢来防腐。

输送稀盐酸的喷射器，有的在其内涂刷环氧树脂，有的用有机玻璃。由于水与浓硫酸混合时发热，故输送硫酸的喷射器不宜用上述材料，要用耐酸陶瓷或玻璃钢制成。

地沟，有的衬软聚氯乙烯塑料，有的则涂沥青漆，有的衬环氧玻璃钢来达到防腐的目的。

习　题

1. 离子交换树脂分为哪几类？它们的交换基团有何区别？

2. 离子交换树脂是由几部分组成的？它们各自的作用是什么？

3. 写出下列牌号树脂各符号的意义。

　001×7　　D111　　201×7

4. 什么是工作交换容量？什么是再生交换容量？什么是全交换容量？

5. 保管新、旧树脂的要点各是什么？新树脂在使用前应如何处理？在使用树脂过程中要注意哪些问题？

6. 交换器在运行初期、中期和末期，树脂层和出水水质的变化规律是什么？

7. 何谓顺流再生与对流再生？对流再生有何优点？

8. 固定床离子交换水处理设备有什么特点？

9. 简要说明顺流再生固定床的工作过程。

10. 逆流再生固定床离子交换水处理设备，其中间排液装置起什么作用？

11. 固定床逆流再生有哪些优点？实现逆流再生的关键是什么？

12. 简要说明无顶压逆流再生固定床的操作方法。

13. 试说明浮动床的工作原理。浮动床中上、中、下窥视孔各起什么作用？

14. 简要说明浮动床的运行操作方法。

15. 简要说明浮动床的水垫层、惰性树脂层、上、下分配装置各起什么作用。

16. 简要说明浮动床设置的体内取样管起什么作用。

17. 简要说明固定床的工艺改进和发展。

18. 移动床水处理设备的运行管理要达到什么目的？关键应保持好哪两个平衡？

19. 流动床水处理设备保持稳定运行的关键是什么？在运行中应如何控制？

20. 简要介绍食盐配制系统的设备和流程。

21. 离子交换水处理设备调整试验的目的是什么？如何进行调整试验？

22. 试说明氢离子交换处理后的水进行除气处理的目的、除气器的工作原理及影响除气的主要因素。

23. 简要说明离子交换器及其附属设备常用的防腐材料的种类、使用条件及特点。

第四章　水的除盐处理

水的除盐处理是除去水中溶解的盐类，以满足工业生产原料和介质用水以及产品检验和科研开发用水的需要。目前国内已经应用的除盐工艺有如下四种。

化学除盐——离子交换法；

电力除盐——电渗析法；

压力除盐——反渗透法；

热力除盐——蒸馏法。

第一节　水的化学除盐

化学除盐是应用离子交换反应进行除盐，通过该法制取的水称为除盐水或去离子水。

一、化学除盐原理

化学除盐工艺过程，是将原水通过 H 型阳离子交换器（阳床）和 OH 型阴离子交换器（阴床），经过离子交换反应，将水中的阴、阳离子除掉，从而制得除盐水。除盐原理见第三章第一节中阳床、阴床和混合床离子交换反应。

混合床是将阴、阳离子交换树脂均匀混合后放在同一交换器内，直接进行化学除盐的设备。在混合床中，水中的阴阳离子几乎同时发生交换反应（第三章第一节中混合床离子交换反应）。经 H 型阳离子交换树脂交换反应生成的 H⁺ 和经 OH 型阴离子交换树脂反应生成的 OH⁻，在交换器内立即得到中和，不存在反离子的干扰，因此，离子交换反应进行得十分彻底，出水纯度很高。其再生方法是利用阳、阴离子交换树脂湿真密度的差异，用水力反洗法将两种树脂分开，然后用酸和碱分别进行再生，再生结束后用除盐水清洗至合格，用压缩空气将它们混合均匀后再投入运行。混合床及管阀系统如图 4-1 所示。

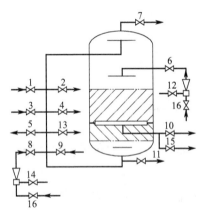

图 4-1　混合床及管阀系统

1—运行进水；2—反洗排水；3—反洗进水；4—运行出水；5—正洗排水；6—进碱液；7—放空气；8—进酸液；9—进压缩空气；10—中间装置排水；11—取样，疏水；12—NaOH 入口；13—正洗水回收；14—盐酸或硫酸入口；15—再生液回收及正洗水回收；16—喷射器进水

由于混合床是阴、阳树脂在同一个交换器中运行的，所以在运行上有其特殊的地方，下面分别介绍一个运行周期中的关键操作步骤。

1. 反洗分层

反洗分层直接影响树脂再生效果，是混合床除盐装置运行操作的关键步骤之一，其任务是将失效的阴、阳树脂分开，以便分别通入再生液进行再生。反洗分层阶段必须注意，反洗进水在开始时流速宜小，待树脂松动后，逐步加大到流速为 10m/h 左右，使整个树脂层膨胀率在 50%～70%，维持 10～15min 可达到较好的分层效果。

两种树脂是否分层明显，除与阴、阳树脂的湿真密度差、反洗流速有关外，还与树脂的失效程度有关。树脂失效程度大的容易分层，否则就比较困难。这是因为树脂在吸着不同离子时密度不同，沉降速度不同所致。

对于阳树脂，不同离子型的湿真密度排列顺序为：$H^+<NH_4^+<Ca^{2+}<Na^+<K^+$。

对于阴树脂，不同离子型的湿真密度排列顺序为：$OH^-<Cl^-<CO_3^{2-}<HCO_3^-<NO_3^-<SO_4^{2-}$。

为使分层效果好，应当选择湿真密度较大的形态进行，效果较好。H 型和 OH 型树脂虽然也有一定的密度差，但有时容易发生抱团现象（即互相黏结成团），也是分层困难。因此，为使分层分得好，可先让树脂充分失效，如反洗时加入 NaCl 使树脂失效成湿真密度较大的 Na 型和 Cl 型，分层效果较好；也可以在分层前先通入 NaOH 溶液以破坏抱团现象，同时可使阳树脂转变为 Na 型、阴树脂再生成 OH 型，加大阴、阳树脂湿真密度差，提高树脂的分层效果。

此外，还可加入一种湿真密度介于阴、阳树脂之间的惰性树脂，选择恰当的粒度和密度使反洗后的惰性树脂正好处于阴、阳树脂之间的中排管位置，避免再生时阴、阳树脂因接触对方再生液而造成的交叉污染，提高混合床的出水水质。

2. 再生

混合床的再生方式有体外再生和器内再生，图 4-1 是体内再生方式。根据进酸、碱和清洗步骤的不同，又可分两步再生法和同时再生法。

两步再生法是在再生时酸、碱再生液分别先后进入交换器。一般采用碱液、酸液先后分别对阴、阳树脂进行再生。操作时通过阀门的切换先后完成树脂沉降分层，进再生液预喷射、阴树脂再生，碱回收、阴树脂置换、阴树脂正洗、阴树脂正洗水回收；阳树脂再生、酸回收、阳树脂置换、阳树脂正洗，系统正洗、放水、树脂混合等操作步骤，见表 4-1。

表 4-1　混合床碱、酸两步法再生操作程序

操作程序	开启阀门（管阀系统图中其余阀门全部关闭）
运行制水	1#、4#
反洗分层	2#、3# 调节 7#
沉降	调节 5#、7#、11#
进再生液预喷射	16#、6#、8#、10#、16#′
阴树脂再生	16#、6#、8#、10#、12#、16#′
碱回收	16#、6#、8#、10#、12#、16#′
阴树脂置换	16#、6#、8#、10#、16#′
阴树脂正洗	1#、8#、10#、16#′
阴树脂正洗水回收	1#、8#、15#、16#′
阳树脂再生	1#、8#、10#、14#、16#′
酸回收	1#、8#、14#、15#、16#′
阳树脂置换	1#、8#、10#、16#′
阳树脂正洗	1#、8#、10#、16#′
系统正洗	1#、5#
放水	5#、7#
树脂混合	7#、9#
急速排水	5#、7#
进水排气	1#、7#
最终正洗	1#、5#
正洗水回收	1#、13#
正洗结束投入运行	1#、4#

注：16# 为碱喷射器进水阀；16#′ 为酸喷射器进水阀，其余同。

同时再生法是再生时由混合床上、下同时送入碱液和酸液，接着进清洗水，使之分别经阴、阳树脂层后由中排管同时排出。操作时必须注意，若酸再生液进完后，碱再生液还未进完，下部还应以同样的流速通清洗水，以防止碱再生液串入下部污染再生好的阳树脂。见表 4-2。

表 4-2　混合床同时再生法操作程序

操作程序	开启阀门(管阀系统图中其余阀门全部关闭)
运行制水	1#、4#
反洗分层	2#、3#、调节 7#
沉降	调节 5#、7#、11#
进再生液预喷射	16#、6#、16#'、8#、10#
阴、阳树脂同时再生	16#、6#、12#、8#、14#、16#'、10#
阴、阳树脂同时置换	16#、6#、16#'、8#、10#
阴、阳树脂同时正洗	16#、6#、16#'、8#、10#'
正洗水回收	16#、6#、16#'、8#、15#
系统正洗	1#、5#
放水	5#、7#
树脂混合	7#、9#
急速排水	5#、7#
进水排气	1#、7#
系统正洗	1#、5#
正洗水回收	1#、13#
正洗结束投入运行	1#、4#

3. 阴、阳树脂的混合

树脂经再生和清洗后，必须将分层的树脂重新混合均匀，通常是从底部通入经过净化处理的压缩空气进行搅拌混合。压缩空气压力一般采用 0.1～0.15MPa，流量为 $2.0～3.0m^3/(m^2 \cdot s)$。混合时间应以是否混合均匀为准，但也要避免时间过长磨损树脂，一般为 0.5～1min。通入压缩空气前应将交换器内水下降到树脂层表面上 100～150mm 处，排水时需有足够大排水速度迫使树脂迅速沉降来确保混合均匀。此外，还可通过顶部进水加速其沉降。

4. 正洗

混合后的树脂层还要用除盐水以 10～15m/h 的流速进行正

洗，直至出水合格后（如 SiO_2 含量小于 $20\mu g/L$，电导率小于 $0.2\mu S/cm$）方可投入运行。正洗初期出水排入地沟，澄清后再回收利用。

5. 制水

混合床制水与普通固定床相同，但可以采用更高的流速。通常以凝胶型树脂取 $40\sim60m/h$，大孔型树脂可高达 $100m/h$ 以上。依分析数据确认运行终点。还可按进水水质条件估算运行时间和产水量来预知。

以上操作步骤是通过相关阀门的切换和调节来实施的。表 4-1 为混合床碱、酸两步法再生操作程序。表 4-2 为混合床同时再生法操作程序。

二、化学除盐系统

1. 一级复床系统

原水经阳离子交换、阴离子交换树脂进行一次交换（一级交换）的除盐处理系统。其交换过程是由阳床和阴床组成的复床来完成的，所以将其称为一级复床系统，如图 4-2 所示。

由图可见，该系统由阳、阴两床和除气器所组成，因此又称为二床三塔（阳床、阴床、除二氧化碳器）系统。

在处理水量较大的情况下，往往需要设置若干个阳床和阴床，依据管道连接方式的不同，又可分为单元制系统和母管制系统。前者为一台阳床对应一台阴床，以串联的方式进行；后者则将各台阳床的出水都送入一条母管内，然后再从母管分别送至各台阴床。

2. 一级复床加混床系统

对于水质要求较高的用水，如化工厂生产原料及溶剂用水，电子工业、化验室和高压锅炉用水、发电厂的锅炉用水等，通常

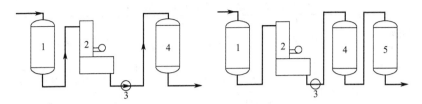

图 4-2　一级复床除盐系统　　　　　图 4-3　一级复床加混床系统

1—阳床；2—除二氧化碳器；　　　　1—阳床；2—除二氧化碳器；3—中

3—中间水泵；4—阴床　　　　　　　间水泵；4—阴床；5—混床

采用一级复床加混床系统，该系统又称为三床四塔（阳床、阴床、混床、除二氧化碳器）系统，如图 4-3 所示。

被处理水质、水量及对出水水质要求的不同，可采用的不同化学除盐系统。表 4-3 所列为 13 种常规化学除盐系统及其适用条件，可供选用时参考。

3. 除盐系统设备的布置及对进水水质的要求

一般阳床布置在系统的前边，因为强型阳树脂的交换容量几乎是强型阴树脂的 3 倍左右，在交换过程中阳床抗反离子干扰的能力强，可防止阴床在前时生成 $CaCO_3$ 或 $Mg(OH)_2$ 沉淀对树脂的污染及阴床的反离子干扰，使阴床离子交换反应彻底；对除去水中的碳酸、硅酸等弱酸也十分有利。

弱型树脂在前，强型树脂在后；再生时先强型树脂后弱型树脂。要除硅必须用强碱性 OH 型阴树脂。原水碳酸盐硬度含量高时，宜采用弱酸性阳树脂；当原水强酸性阴离子浓度高时或有机物含量高时，宜采用弱碱性阴树脂；当采用 Ⅱ 型强碱性阴树脂时，一般不再采用弱碱性阴树脂。当考虑降低废液排放量时，还可放宽采用弱型树脂条件。除二氧化碳器应设置在阴床之前，以减轻阴床负担。但弱碱性阴离子交换器无妨。如其

表 4-3　常规化学（离子交换）除盐系统

系统编号	系统组成		出水水质		适用情况
			电导率25℃/(μS/cm)	SiO_2/(mg/L)	
1	H—D—OH	顺流再生	<10	<0.1	对纯水要求不高的场合（如中压锅炉补给水、化工、制药行业一般应用等）
		对流再生	<5	<0.1	
2	H—D—OH—H/OH		0.1~0.2	<0.02	对纯水水质要求较高的场合（如高压及以上汽包锅炉、直流炉补给水，电子工业用水等）
3	H_W—H—D—OH	顺流再生	<10	<0.1	(1)同本表1系统；(2)进水碳酸盐硬度＞3mmol/L；(3)酸耗低
		对流再生	<5	<0.1	
4	H_W—H—D—OH—H/OH		0.1~0.2	<0.02	同本表3系统
5	H—D—OH_W—OH 或 H—OH_W—D—OH	顺流再生	<10	<0.1	(1)同本表1系统；(2)进水中有机物含量高或强酸阴离子高于2mmol/L
		对流再生	<5		
6	H—D—OH_W—OH—H/OH 或 H—OH_W—D—OH—H/OH		0.1~0.2	<0.02	同本表2、5系统
7	H—D—OH_W—H/OH 或 H—OH_W—D—H/OH		0.1~0.5	<0.1	进水中强酸阴离子浓度高且SiO_2浓度低
8	H_W—H—OH_W—D—OH 或 H_W—H—D—OH_W—OH		<10	<0.1	(1)同本表1系统；(2)进水中碳酸盐硬度、强酸阴离子浓度都高
9	H_W—H—OH_W—D—OH—H/OH 或 H_W—H—D—OH_W—OH—H/OH		0.1~0.2	<0.02	(1)同本表2系统；(2)进水碳酸盐度、强酸阴离子浓度都高，高压以上汽包炉和直流炉
10	H—D—OH—H—OH		0.2~1	<0.02	适用于高含盐量水，前级阴床可采用强碱Ⅱ型树脂
11	H—D—OH—H—OH—H/OH		<0.2	<0.02	同本表2、10系统
12	RO—H/OH		<0.11	<0.02	适用于较高含盐量水
13	RO 或 ED—H—D—OH—H/OH		<0.1	<0.02	适用于高含盐量水或苦咸水

注：H、OH强酸、强碱床；D除碳器；H_W、OH_W弱酸弱碱床；H/OH混合床；RO—ED反渗透-电渗析。

放在除碳器之前，还有利于其工作交换容量的提高。水量小的场合尽量采用比较简单的系统。原水碱度小于 0.5mmol/L、阳床出水中 CO_2 小于 $15\sim20mg/L$，可不设除碳器。弱型树脂和强型树脂联合应用，视情况可采用双层床、双室双层床、双室双层浮动床或复床串联。采用复床串联时没有必要对弱型树脂床采用对流再生。混合床一般设置在一级复床后边。可以对一级复床短时间出现的水质恶化起到防护作用，以利于提高制水纯度。

采用顺流再生工艺时，除盐系统设备一般要求进水中的浊度小于 $5mg\ SiO_2/L$；采用对流再生工艺时，应小于 $2mg\ SiO_2/L$；残余活性氯 $[Cl_2]<0.1mg/L$；耗氧量小于 $1mg\ O_2/L$，以防有机物对凝胶型强碱性阴离子交换树脂的污染；为防止铁污染，通常要求含铁量在 0.3mg/L 以下，混合床进水则要求在 0.1mg/L 以下。

三、化学除盐的出水水质

在除盐系统中，阳床在运行阶段，出水中的阳离子为 H^+，其硬度几乎等于零，Na^+ 含量也很小（一般小于 1mg/L）。失效时，出水中的 Na^+ 含量增加，与此同时酸度降低。故当阳床运行至出现漏 Na^+ 时应停止而转入再生阶段。监督阳床失效终点通常用专门的仪表——阳床终点计，也可以用测定出水的含 Na^+ 量进行监督，但不宜用测定出水的 pH 值来监督，因为出水的 pH 值常受原水水质变化的影响。

在一级复床运行阶段，阴床出水的水质比较稳定，一般是电导率 $<5\mu S/cm$；水中 $[SiO_2]<0.1mg/L$。阴床失效时，首先是出水中 SiO_2 含量增加，此时，出水电导率会有一个瞬间下降阶

段，这是因为微量漏过的 H_2SiO_3 与阳床微量漏过的 Na^+ 反应，生成电导率更低的 Na_2SiO_3 所致；当阴床出水出现 Cl^-，即有 HCl 漏过时，电导率急剧增加，pH 值开始下降。因此，一级复床除盐系统中，如果阴床失效而阳床未失效时系统出水显酸性；反之，系统出水则呈碱性。

阴床失效终点一般采用测定阴床出水的电导率或 SiO_2 含量来监督。

一级复床加混合床除盐系统中，混合床出水的水质，其电导率（25℃）$<0.2\mu S/cm$，$[SiO_2]<30\mu g/L$。失效终点的监督同阴床。

四、双层床除盐工艺

双层床是我国近年来发展起来的新型离子交换水处理设备，经许多单位运行的实践证明，只要在合适的水质范围内，都会取得很好的除盐效果。

1. 双层床工作原理

（1）双层床　双层床是由弱型树脂和强型树脂组成的离子交换设备。基于强、弱型树脂的密度不同，弱型树脂分布在上层，强型树脂分布在下层。将弱、强型阳树脂组成的双层床称为阳双床；将弱、强型阴树脂组成的双层床称为阴双床。在交换器内，如果强型树脂和弱型树脂靠密度差来分层的就称为双层床。

（2）工作原理　双层床在运行时，水由交换器上部进入，先流经弱型树脂层，后流经强型树脂层从下部引出。再生时，再生液从交换器下部进入，先再生强型树脂，后再生弱型树脂，废再生液从中间排液装置排出。弱型树脂再生度高，但运行时失效程度低；与此相反，强型树脂的再生度低而失效程度高。双层床应用强弱型树脂的上述性能，取长补短，联合应用。运行时，交换水首先与弱型树脂接触反应，使其失效程度提高；强型树脂可确保出水质量。再生时，再生液首先接触强型树脂，使其再生度得到提高，再生液也可得到充分利用。因此，在经济再生比耗下，既发挥了弱型树脂高交换容量的特点，又提高了强型树脂工作交换容量和出水水质。

2. 双层床的适用范围与优缺点

（1）双层床的适用范围　阳床适用于进水中 $H_碳/\sum_阳$ 在 $0.48\sim0.85$ 范围内；阴床适用于进水中 $[SiO_2]/[(SO_4^{2-}+Cl^-)]<0.97$ 的水质范围。我国绝大多数水质都小于此值，因此都可以采用阴床工艺。双层床树脂层总高一般为 $2m$，强型或弱型树脂的层高不应低于 $0.6m$。双层床的运行流速一般为 $20m/h$ 左右。

（2）双层床的优缺点　双层床与单用强型树脂除盐工艺比较，其适宜的原水含盐量在 $500mg/L$ 以上，而单用强型树脂仅适用于含盐量在 $500mg/L$ 以下的水质。双层床树脂的平均工作交换容量高，交换器周期制水量大；再生剂利用率高，再生比耗小，制水成本低；排放废再生液量很低，容易进行废液处理，对环境污染小。但是，强型和弱型树脂的交界处容易黏结而产生混层现象，进而影响树脂交换能力；且阻力较大，树脂反洗比较麻烦。

3. 工艺改进和发展

（1）双室床　为克服双层床中强、弱型树脂混层的缺点，设计了双室床。双室床中，采用强、弱型树脂中间增设多孔板排水帽装置来隔开两种树脂；也可以将一个交换器沿竖向分隔成两个互不相通的交换室，以克服树脂的混层。此时弱型树脂室的出水通过体外管道进入强型树脂室；同样，强型树脂室排出的再生液也可通过体外管道进入弱型树脂室。双室床相比双层床克服了树脂易于混层，需要专用树脂，操作复杂等缺点；同时又保留了双层床占地面积小，工作交换容量高，运行费用低，对环境污染小等优点。只是在设备运行时水流自上而下，树脂阻力较大，这使设备效率降低。

（2）变径双室浮床　由上下两个直径不等的直筒段，中间用变径段连接组成，由中部用多孔板分隔为上下两室，上室为小直径的强碱性树脂室，下室为大直径的弱碱性树脂室。运行时，水自下而上先进入弱碱树脂室，再经强碱性树脂室送出。再生时，再生碱液自上而下先进入强碱性树脂室，然后经弱碱树脂室排出。

变径双室浮床中变径段可为椭圆锥形，也可为 45°变径角，以便流动时不出现死区。树脂室的变径比常选用 1.22～1.5，其最大值取决于弱、强树脂的极限流速，约为 3。

变径双室浮床，由于中部孔板加强了强度，使其能在负荷变化较大时保证安全运行，使强型树脂的工作交换容量和出水质量大大提高，也使进水的含盐量由 500mg/L 提高到 1000mg/L。因此，变径双室浮床工艺的发展前景广阔。

（3）串联系统　在串联系统联合应用工艺中，前一个交换器内装弱型树脂，后一个交换器内装强型树脂，串联运行。再生时由后级至前级串联再生。其中，强型树脂可采用顺流再生或逆流再生；而弱型树脂多采用顺流再生。常用的串联方式有三种：弱型树脂顺流—强型树脂顺流串联；弱型树脂顺流—强型树脂浮床串联；弱型树脂顺流—强型树脂逆流串联。其中以弱型树脂顺流—强型树脂浮床串联方式为最好。

串联系统的优点：在阳床串联系统中，前级使用顺流再生，可以降低进水浊度的要求。在阴床串联系统中，弱碱性树脂交换器可以布置在除气器前面，以提高弱碱性树脂的交换容量。当其再生时，可以将强碱树脂交换器开始流出的一部分再生液排掉，以防止在弱碱性树脂层中析出胶体硅。再生操作简单可靠，运行比较安全。

串联系统的缺点：设备投资高，占地面积大，系统阀门多，运行操作繁琐。

五、高含盐量水淡化除盐工艺

对于含盐量很高的苦咸水或海水来说，如仍采用一般离子交换法除盐，再生剂用量很大，很不经济。因此，对于含盐量大于 $500mg/L$ 的原水，不宜单独采用离子交换法除盐；而往往采用电渗析、反渗透等与离子交换法的联合处理。但是，有时限于条件，仍要单独采用离子交换法来进行高含盐量水的淡化和除盐处理。此时，应该采取一些措施来提高离子交换法除盐工艺的经济性。

影响离子交换水处理成本的主要因素是再生剂的消耗。为此，采用逆流再生方式：设前置式交换器，将强型树脂离子交换器设计成两个，在系统中串联安装；运行和再生采取对流方式，既保证出水水质，也降低了再生剂的比耗，提高了整个系统的经济性；采用碱液加热来提高阴离子交换树脂的再生效果，对弱碱性树脂以 $25\sim30℃$ 为宜，对强型树脂以 $35\sim40℃$ 为宜；尽量采用弱型树脂等。

下面介绍四种比较经济的单独采用离子交换法处理高含盐量水的工艺。

1. 碳酸氢盐法

碳酸氢盐法是将弱碱性树脂（D311）用含 CO_2 的水转化成 HCO_3 型。HCO_3 型阴树脂很容易与苦咸水中 Cl^- 相交换，使水"碱化"，其反应式如下

$$(R\equiv NH)HCO_3 + NaCl \Longrightarrow (R\equiv NH)Cl + NaHCO_3$$

再用弱酸性阳树脂"脱碱"，除去水中的碱度，其反应式如下

$$RCOOH + NaHCO_3 \Longrightarrow RCOONa + CO_2\uparrow + H_2O$$

从而完成了苦咸水的除盐过程。

碳酸氢盐法除盐系统的阴床在前，阳床在后，呈倒置式。已失效的弱碱性树脂的再生分两步进行，先用氨水处理，后用 CO_2 处理，反应式如下

$$(R\equiv NH)Cl + NH_3\cdot H_2O \Longrightarrow R\equiv N + NH_4Cl + H_2O$$

$$R\equiv N + CO_2 + H_2O \Longrightarrow (R\equiv NH)HCO_3$$

再生所需的 CO_2 可以是脱碱反应中放出收集起来的，也可用锅炉烟道气中的 CO_2。再生废液中含有铵盐，故废液可用作农业肥料。

此法所用的树脂交换容量都很大，阴离子交换树脂再生又采用价廉的 CO_2，从而提高了除盐的经济性。

2. CO_2 再生-除盐综合法

本方法是将弱酸性阳离子交换树脂和强碱性阴离子交换树脂合置于同一交换器中，失效后用 CO_2 和水同时再生两种树脂，其除盐正反应和再生逆反应式如下

$$\begin{matrix} 2RCOOH \\ | \\ 2R'HCO_3 \end{matrix} + CaSO_4 \Longrightarrow \begin{matrix} R_2(COO)_2Ca \\ | \\ R_2'SO_4 \end{matrix} + 2CO_2\uparrow + H_2O$$

两种树脂的再生在化学计量上不一定要匹配。如果阳离子交

换树脂交换容量有过剩，则会有额外的软化作用发生；反之，则会有较多的阴离子被除去。可以根据除盐的要求，适当选择这两种树脂的用量。

CO_2 再生-除盐综合法适用于对高盐分的原水进行部分除盐处理。其除盐程度不需十分完全，对树脂再生程度的要求也不很高，允许有较大的漏盐量，因此可以用效能较差而价格便宜的 CO_2 作为再生剂。树脂再生时碳酸的阴、阳离子同时消耗，没有任何额外数量的盐产生，排放的盐量与装置产水周期中除去的盐量一样多；而一般用酸碱再生时，理论上排放的盐量相当于欲除去盐量的两倍。因此，从降低再生剂费用和保护环境的观点来看，用 CO_2 作再生剂是值得推广的。

3. 硫酸氢盐法

硫酸氢盐法是用强酸性阳离子交换树脂和强碱性阴离子交换树脂组成的串联系统。其中，强酸性阳离子交换树脂一般按 H 型运行，可用硫酸再生；强碱性阴离子交换树脂，则按 SO_4 型运行。

经阳床交换后的酸性水通过 SO_4 型强碱性阴树脂时，发生如下交换反应

$$R{=}SO_4 + HCl \rightleftharpoons R\begin{matrix} HSO_4 \\ \\ Cl \end{matrix}$$

$$R{=}SO_4 + H_2SO_4 \rightleftharpoons R\begin{matrix} HSO_4 \\ \\ HSO_4 \end{matrix}$$

$$R{=}SO_4 + HNO_3 \rightleftharpoons R\begin{matrix} HSO_4 \\ \\ NO_3 \end{matrix}$$

当强碱性阴离子交换树脂失效时，用含有一定碱度的水再生，其交换反应如下

$$R\begin{matrix}HSO_4\\\\Cl\end{matrix} + HCO_3^- \rightleftharpoons R=SO_4 + Cl^- + H_2O + CO_2$$

$$R\begin{matrix}HSO_4\\\\NO_3\end{matrix} + HCO_3^- \rightleftharpoons R=SO_4 + NO_3^- + H_2O + CO_2$$

$$R\begin{matrix}HSO_4\\\\HSO_4\end{matrix} + HCO_3^- \rightleftharpoons R=SO_4 + HSO_4^- + H_2O + CO_2$$

因此，使用这种方法时可以不用价格昂贵的碱作再生剂，从而使运行费用大为降低。

4. 热再生法

热再生法是利用热再生树脂来进行水的部分除盐。这种热再生树脂是一种同一树脂粒中带有弱酸和弱碱基团的两性树脂，能够与 NaCl 等盐类进行离子交换反应而除去盐类，而在 70～90℃下，又因离解将其释放出来，实现了部分除盐而不用酸碱再生。

在室温下，树脂与盐水接触，使下列反应向右进行

$$R\begin{matrix}H\\\\OH\end{matrix} + NaCl \underset{70\sim90℃}{\overset{20\sim25℃}{\rightleftharpoons}} R\begin{matrix}Na\\\\Cl\end{matrix} + H_2O$$

实现了部分除盐；在 85℃时水的离解比 25℃时高 30 倍，生成的 H^+ 和 OH^- 抑制了树脂原来的离解，而原除盐反应生成的盐发生水解，平衡反应向左进行，实现了热再生。

在有余热可以利用时，此法可用于处理含盐量为 500～

3000mg/L 的高含盐量水。热再生树脂对钙、镁离子的选择性很强，不易再生，应预先除去。通常将软化器与热再生器串联使用，若配合良好，则比电渗析器与软水器结合更为经济。

第二节　电渗析法除盐

对于含盐量较大的水（如含盐量在 1000mg/L 以上），单纯用离子交换法除盐，需用的离子交换树脂多，再生剂消耗大，很不经济。这时可以采用电渗析法来降低水中的含盐量。

一、电渗析除盐原理

电渗析除盐是在外加直流电场的作用下，利用阴、阳离子交换膜对水中阴、阳离子选择透过性，使一部分水中的离子转移到另一部分水中而达到除盐的目的。如图 4-4 所示，在阳电极（正极）和阴电极（负极）之间，交替平行放置若干阴膜和阳膜，膜间保持一定距离，形成隔离室。在直流电场作用下，进入隔离室

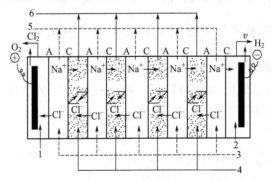

图 4-4　多膜电渗析槽示意图

1—阳极室；2—阴极室；3—淡水室入口；4—浓水室入口；

5—淡水室出口；6—浓水室出口

的原水中的电解质离子作定向迁移，即阳离子向负极，阴离子向正极运动，由于离子交换膜具有选择透过性，当阳离子迁移到阴膜处时就受到阻止不能穿过；同样，阴离子迁移到阳膜处也不能穿透。因而，就形成了间隔交替的容留他室离子的浓水室和迁出离子的淡水室。将浓水排放，淡水即为除盐水。

为了使电流不断地通过，必然要发生电极反应。

其阳极反应为

$$2Cl^- - 2e \longrightarrow Cl_2 \uparrow$$

$$H_2O \Longleftrightarrow H^+ + OH^-$$

$$4OH^- - 4e \longrightarrow O_2 \uparrow + 2H_2O$$

阴极反应为

$$H_2O \Longleftrightarrow H^+ + OH^-$$

$$2H^+ + 2e \longrightarrow H_2 \uparrow$$

由上述反应可知，在电渗析过程中，阴极不断排出氢气，阳极不断有氧气或氯气放出。此时，阴极室水呈碱性，阳极室水呈酸性。两极室水引出后相互混合，使其酸、碱得以中和。

二、电渗析器设备的组成和除盐工艺流程

1. 设备的组成

电渗析器的结构包括压板、电极托板、电极、极框、阴膜、阳膜及隔板甲、乙等部件。将这些部件按一定顺序组装并压紧，即组成一定形式的电渗析器。

电渗析器的整体结构分为膜堆、极区、夹紧装置等三大部分。

（1）膜堆 一对阴、阳膜和一对隔板甲、乙交错排列，组成膜堆的最基本单元——膜对。电极间由若干组膜对堆叠一起即为膜堆。

① 离子交换膜　离子交换膜是电渗析除盐设备的关键材料。其质量的好坏，直接影响电渗析的除盐效果。离子交换膜是用具有交换能力的高分子材料（离子交换树脂）制成的一种薄膜，膜厚一般为 0.5～1mm。离子交换膜只允许离子通过，而水分子不易通过，并具有一定的弹性和强度，对电解质具有选择透过性。因为离子交换膜的固定基团具有强烈的电场，对带异性电荷的离子有吸引力，能使其通过，对同种电荷的离子具有排斥力，故不能透过。

按生产工艺分，离子交换膜又有均相膜和异相膜之分。均相膜具有电阻小、选择透过性高等优点，但有制造复杂、价格高等缺点。异相膜虽然不如均相膜，但能满足除盐要求，并且组装方便、价格低，故应用较多。选择交换膜时应注意：交换膜应有较好的离子选择透过性；要有较小的膜电阻；具有一定的化学稳定性；耐酸、碱、耐高温；要有一定的弹性和强度；厚度要均匀、平整，不允许有针眼和气泡。

② 隔板　用于隔开阴、阳膜的隔板，隔板上有配水孔、布水槽、流水通道以及搅动水流用的隔网。因为用以连接配水孔与流水通道的布水槽的位置有所不同，隔板分为甲、乙两种。隔板甲、乙分别构成了相应的淡水室和浓水室。

隔板要有足够的强度和化学稳定性；耐酸、碱，不导电；板面要平整，厚薄要均匀，并要求有大的有效膜面积；水在通道内流动时要形成紊流，以提高电渗析效率和防止结垢。隔板材料有硬质聚氯乙烯和聚丙烯两种，厚度为 0.8～2.0mm。隔板网除使阴、阳膜之间保持一定间隔形成水流通道以外，要使水流呈湍动状态，以便布水均匀，提高除盐效果。隔板网有鱼鳞状网、方格编织网、波状多孔网等形式。

（2）极区　上、下两端的电极区与整流区电源相连，并兼作原水进口、淡水、浓水出口以及极室水的通路。组装有共电极（即中间电极）的电渗析器，其共电极除了增加电渗析器的级数外，还兼有改换流水方向的作用。

端电极区由电极、极框、电极托板、橡胶垫板等组成。电极的作用是用以接通直流电源，使各个水室中离子作定向迁移，同时进行电极反应，完成离子导电和电子导电的转换过程。因此，用作电极的材料应满足以下要求：能承受阳极新生态氧和氯的腐蚀，电化学稳定性好；本身电阻小，导电性能好；有一定的机械强度；价格低廉，加工方便等。目前用作电极材料的有铅、石墨、不锈钢（作阴极），钛镀铂合金及钛镀钌合金等材料。极框较极板为厚，约 20mm，旋转在电极与阳膜之间，以防止膜贴到电极上去，保证极室水流畅通，及时排除电极反应产物，故极框也是极水的通道。电极托板用来承托电极并连接进、出水管。橡胶垫板起防漏作用。

（3）夹紧装置　夹紧装置用来把整个极区与膜堆均匀夹紧，使电渗析器在正常压力下运行时不致漏水，通常采用的夹紧装置是用由槽钢加强的钢板制成的上、下压板，四周用螺杆拧紧。

（4）电渗析器的辅助设备　电渗析器的辅助设备包括整流计、水泵、流量计、过滤器、水箱仪器仪表等。

2. 电渗析器除盐的工艺流程

（1）组装方式　电渗析器因制水量不同，外形尺寸各异。根据电极对数和水流方向，电渗析器有级和段之分。设置一对电极称为一级，设置两对电极称为二级；凡是水流方向一致的膜对或膜堆都称为一段，水流方向改变一次，就增加一段。

（2）工艺流程　电渗析器除盐的工艺流程，应根据原水水质和对淡水水质要求及产量来确定。一般分为连续式和循环式两种。

① 连续式　连续式除盐也称一次除盐或直流式除盐。适用于用水量大的工业用水。按其运行工艺不同，可分为一级一段、一级多段、多级多段等形式。

一级一段是指原水一次流往膜堆内部并联的膜对以后，就完成了除盐过程，直接制出淡水；一级多段是指原水一次流往膜堆内部串联的膜对以后，才完成除盐过程制出淡水；多级多段是指原水依次流往多台一级一段的电渗析器同时进行除盐，或者是原水流经中间设有几个共电极的电渗析器，进行多级多段串联除盐。

② 循环式　循环式除盐是指浓水和淡水分别通过各自的循环通路，进行循环除盐，达到要求的淡水水质指标，然后再换一批水进行循环除盐。或者以一部分淡水（或浓水）进行循环除盐，并连续向外供给淡水。故其只适用于用水量不大的场合。

原水经电渗析器处理后，除盐率可达 81.6%。

三、运行中应注意的问题

1. 极室的气体和沉淀物

在电极电流的作用下，阴极室有 H_2 放出，使水中 OH^- 浓度增加，并与水中阳离子生成 $CaCO_3$、$Mg(OH)_2$ 沉淀和 $NaOH$，使阴极室水呈碱性；在阳极室进行氧化反应，放出 O_2 和 Cl_2，使阳极室水中 H^+ 浓度增高而使其呈酸性。

电极反应容易引起电极的腐蚀和与电极相邻的膜的损坏，应予以重视。极室通水，主要起导电和排气作用，并可不断地将极室中产生的沉淀物随水冲出。

2. 沉淀的产生、消除和防止

由于水中离子在膜中的迁移速度要大于在水溶液中的速度，

而且淡水室膜面上离子浓度总是低于溶液中的浓度。如果电流密度越高，浓度差也就越大，当电流密度上升到某一数值时，膜面上的离子浓度会低到零，这时发生在膜面上大量水的电离现象，称为极化现象。特别是在阴膜极化时，水电离产生的 OH^- 将迅速迁移到浓水室，并与 Ca^{2+}、Mg^{2+} 生成沉淀。防止极化产生沉淀的方法有四种。

① 极限电流法　要严格控制电渗析器的工作电流，使始终低于产生极化时的极限电流，从而避免极化的产生。

② 倒换电极法　定时倒换电极，使离子迁移方向改变，从而使浓、淡水室也相应改变，约 $2\sim4h$ 倒极一次，这样，即使有轻微沉淀也会得到消除。

③ 清洗法　定期用 $1\%\sim2\%$ 浓度的盐酸，循环清洗 1h 左右，并使沉淀物清除排出。

④ 拆洗法　电渗析器经半年或一年运行之后，将装置拆开，把隔板和膜片等清洗干净。

3. 极限电流密度

电渗析器运行时单位面积膜通过的电流称为电流密度。极限电流密度就是阳膜表面滞流层中的离子浓度接近于零时的电流密度，它是表征电渗析器极化现象的一个重要指标。

对于同一电渗析器，当水质条件一定时，极限电流密度与流速成正比；当流速一定时，极限电流密度随着进水含盐量增加而变大；当电渗析器为多段串联而各段膜对数相同时，各段出水的对数平均浓度逐渐减小，极限电流密度也依次降低。

4. 电流效率

电流效率也就是脱盐效率，它是实际脱盐量与理论脱盐量的比值。

当电渗析器的处理水量与进水浓度不变时，随着电压（或电流）的上升，电流效率会下降。当处理水量和电压一定时，除去的盐量越多，电流效率就越高；当除去的盐量较低时，电流效率也将较低。所以，将低浓度的水深度脱盐是不经济的。

5. 最佳电流密度

电渗析器的除盐费用包括造价和运行费用两项。设计中采用的电流密度是一个重要数据。在处理水量、水质要求一定的情况下，采用较大的电流密度，可以减少膜的对数，即降低造价。然而电能消耗大，运行费用相应增加；反之，造价高，运行费用可降低。当造价与运行费之和为最小时的电流密度，即为最佳电流密度。

四、运行要点及停运操作

1. 运行要点

（1）进入电渗析器的原水，浑浊度要求在 5mg/L 以下，含铁量 0.3mg/L 以下。

（2）开始运行时必须先通水后通电，然后调整操作电压至规定值，待淡水水质合格后，方可并入给水系统，一般为 5~10min。

（3）运行中，应经常巡视整流器的工作情况。流量计应保持稳定。当流量变化时，操作电压要相应变化，并按规定时间取样化验淡水质量。选用电导率、硬度、氯离子等作为控制项目，并做好记录。

（4）倒换电极时，先调好浓、淡水阀门，降低操作电压，再倒换电极，最后慢慢升高电压至额定值。

（5）运行中，如果发现淡水质量下降，电压增大，随之出现电流下降，说明电渗析器已产生沉淀，应倒换电极后再运行。上述情况严重时，需要停止运行，进行酸洗。倒换电极及酸洗后，化验水质合格，才能开启淡水阀门并入给水系统。如果采取上述处理措施后，水质仍无明显改善，应解体检查：若电极或膜有损坏，应更换；若膜上有积垢，应用稀酸溶液进行浸泡清洗。

（6）电渗析器系带电设备，运行中应注意安全，加强对漏电现象的检查。

2. 停运操作

（1）在停止运行之前，应先将整流器的电压降低后再断电，最好先倒换一下电极。

（2）停止运行时，要先断电后停水，关闭淡水阀门，严禁停水不停电。

（3）如果停运时间较长，应注意保持膜的湿润。

五、电渗析除盐的进展

1. 离子交换树脂电渗析器

普通电渗析器用于制备初级纯水，其最大优点是不用大量酸、碱，对含盐量大或水质波动较大的原水也能适应，但除盐不彻底，无法直接制得高纯水。因为随着电渗析器出水纯度的提高而会产生极化现象，极化的结果不仅导致结垢的产生，而且使部分电能消耗在与脱盐无关的水的电离上，致使电能效率降低而水质提高很小，很不经济。为此人们设想在电渗析器的隔板中充填离子交换树脂，借解离出离子的电迁移来降低电渗析器的电阻，减少极化作用。按照这一设想，在淡水室的隔板中充填了混合阴、阳离子交换树脂。这种充填了离子交换树脂的电渗析器，就简称为离子交换树脂电渗析器，也就是电除盐，是电渗析和离子交换技术的结合、性能优于两者的一种新型膜分离技术。其特点是：

（1）利用水解离产生的 H^+ 和 OH^- 自动再生填充在淡水室中的离子交换树脂，因而不需使用酸碱，实现清洁生产；

（2）设备运行的同时就自行再生，因此相当于连续获得再生的离子交换柱，从而实现了对水连续深度除盐；

（3）产水水质好，日常运行管理方便。

电除盐目前广泛应用的是在电渗析淡水室的阳膜和阴膜之间充满混合离子交换树脂，水中离子首先因离子交换作用而吸着于树脂颗粒上，然后在直流电场的作用下经由树脂颗粒构成的"离子传输通道"迁移到膜表面并透过膜进入浓水室。由于交换树脂不断发生交换作用与再生作用，形成离子通道，淡水室中离子交换树脂的导电能力比所接触的水要高 2～3 个数量级，结果使淡水室体系的电导率大大增加，提高了电渗析的电流。电除盐装置在极化状态下运行，膜和离子交换树脂的界面层会发生极化而使水解离，产生 OH^- 和 H^+，这些离子除部分参与负载电流外大多数对树脂起再生作用，使淡水室中阴、阳离子交换树脂再生，保持其交换能力。故电除盐装置就可以连续生产高纯水。

电除盐的工作过程是在直流电场、离子交换树脂、离子交换膜的共同作用下，完成脱盐过程。

含盐水进入电除盐后，首先与离子交换树脂进行离子交换，改变了流道内水溶液中浓度分布。在此，离子交换只是手段，不是目的。在直流电场作用下，使阴、阳离子定向迁移，分别透过阴膜和阳膜，使淡水室离子得到分离。在流道内，电流的传导不再单靠阴、阳离子在溶液中运动，也包括了离子的交换和离子通过离子交换树脂的运动，因而提高了离子在流道内的迁移速度，加快了离子的分离。

在淡水室流道内，阴、阳离子交换树脂因为可交换离子不同，有多种存在形态，如 $R(—SO_3)_2Ca$、$R(—SO_3)_2Mg$、RSO_3Na、RSO_3H、$R_4N^+HCO_3^-$、$R_4N^+Cl^-$、$R_4N^+OH^-$ 等。关于离子交换树脂的再生，是电除盐在极化状态下运行，膜及离子交换树脂表面（甚至包括树脂通道内表面）发生极化，水解离成 OH^- 和 H^+，对树脂起再生作用，这个再生作用是与离子交换一起进行的，所以是连续的，它可以使离子交换树脂在运行中一直保持良好的再生态。

电除盐中，离子交换、离子迁移和离子交换树脂的再生这三个过程同时进行、相互促进。当进水浓度一定时，在一定电场作用下，离子交换、离子迁移和离子交换树脂的再生达到某种程度的动态平衡，使离子得到分离，实现连续去离子效果。

在电除盐的操作过程中，水解离是电除盐的核心问题。控制操作参数使操作过程中发生一定程度的水解离是电除盐持续稳定运行的必要条件。采用的隔板形式应确保离子交换树脂没有明显分层，淡水室进出压降为 0.4MPa，产水水质为 17.8MΩ·cm。恰当的流程长度，根据进水的水质，优选出适当的运行膜对电压和恰当的水线流速，控制好浓淡水室的浓度差，防止浓水室离子向淡水室反迁移而影响出水水质，控制运行水温，保障树脂的交换能力优良。此外，弱电离物质不易被树脂交换，并且膜堆电压对它们的迁移推动力也很弱，因而难于被去除，故而它在产水中含量较高。例如，电除盐的产水中 SiO_2 很难降至 $20\mu g/L$ 以下。

纯水的制备，过去的几十年中一直以离子交换法为主。随着膜技术的发展，膜法配合离子交换法制取纯水的应用很广泛。电除盐技术的开发成功，则是纯水制备的又一项变革，它开创了三膜处理（超滤＋反渗透＋电除盐）来制取高纯水的新技术。与传统的离子交换相比，三膜处理则不需要大量酸碱，运行费用低，无环境污染问题。

电除盐作为电渗析和离子交换结合而产生的技术，主要用于以下场合。

① 膜脱盐之后替代复床或混床制取纯水；

② 在离子交换系统中替代混床；

③ 用于半导体等行业冲洗水的回收处理。

电除盐技术与混床、反渗透、电渗析相比，可连续生产，产水品质好，制水成本低，无废水、化学污染物排放，有利于节水和环保，是一项对环境无害的水处理工艺。但电除盐要求进水水质要好（电导率低，无悬浮物及胶体），最佳的应用方式是与反渗透匹配，对反渗透出水进一步纯化。但电除盐用于离子交换（或其他类似处理方式）后面，即使进水电导率低，电除盐初期出水水质好，但由于进水中胶体杂质没有彻底清除净，电除盐极易受悬浮物及胶体污染，造成水通道堵塞，产水量减少，出水水质下降。

2. 高温电渗析器

用电渗析法除盐制水成本较高，如改用高温电渗析器则可降低费用，并可望其制水成本与蒸馏法相当。高温电渗析器的优点是能使水溶液的黏度降低和扩散速度提高，膜和溶液的电导变大，从而可以提高电流密度，降低制水成本。这对有余热可供利用的工厂更为适宜。

目前所用的电渗析器的部件——离子交换膜和隔板等，只能在 40℃ 以下使用；若要进行 80℃ 高温电渗析时，必须对这些部件加以改进。如膜中加入耐高温的高分子补强材料或嵌入耐高温的衬网，也可考虑用无机离子交换膜。隔板可用硅橡胶制造，以便耐高温而又有必要的弹性，隔网可选用聚丙烯编织网等。还要注意辅件的耐腐蚀和确定适当的工艺条件等。

第三节 反渗透法除盐

一、渗透与反渗透

1. 渗透与渗透压

采用一种特殊性能的膜，将一个盛水的容器隔开，这种膜只允许水透过而不允许溶质透过，这种膜称为半透膜。在膜的一侧注入稀溶液，另一侧则注入浓溶液，注入时两液面等高，且同处于大气压力下。然后注意观察就可以发现，稀溶液一侧的液面逐渐下降，而浓溶液一侧的液面逐渐升高，说明稀溶液中的水自发地通过半透膜而流入浓溶液中去，这种现象称为渗透。经过一段时间，两液面不再变动，保持一定的液位差，这一水力压头 H 就称为渗透压 π。如图 4-5(a)、(b) 所示。

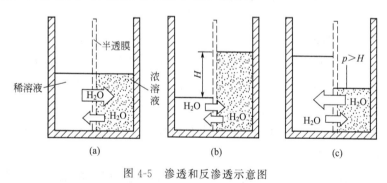

图 4-5 渗透和反渗透示意图

2. 反渗透与反渗透压

如果在浓溶液一侧的液面上施加压力 p，且 $p > \pi$ 时，浓溶液的溶剂向稀溶液一侧渗透，而使稀溶液一侧的液面升高。这种在外力的作用下，浓溶液的溶剂通过半透膜向稀溶液中渗透的现象，称为反渗透。反渗透所需的压力 p 称为反渗透压。如图 4-5 (c) 所示。反渗透除盐处理就是应用反渗透原理，在含有盐分的原水中施加比渗透压更大的压力，把原水中的水分子压到半透膜的另一边，变成除盐水，达到制取除盐水的目的。

在渗透和反渗透过程中，溶剂迁移的推动力是浓度差和压力差，半透膜两侧的浓度差愈大，要达到反渗透施加的压力也就愈大。为了不致采用很高的压力来克服浓度差引起的反作用，进行反渗透处理的原水的浓度不宜过高。

二、反渗透膜

反渗透膜是一种具有不带电荷的亲水性基团的半透膜，是实现反渗透膜分离过程的关键部件。良好的反渗透膜应具备以下特点：a. 透水量大；b. 机械强度高，多孔支撑层的压实作用小；c. 化学稳定性好，耐酸、耐碱、耐微生物侵蚀；d. 结构均匀，使用寿命长，性能衰减小；e. 制膜容易，价格便宜，原料易得。

1. 反渗透膜种类

具有上述特点的膜只能用人工合成。膜的种类很多，按其用途分为海水膜、咸水膜及用于废水处理、分离提纯的特种膜。按其结构形态分为对称性结构膜和不对称性结构膜。按其形状分为平板膜、中空纤维膜、管状膜。按其成膜材料分为醋酸纤维素膜、芳香聚酰胺膜、磺化聚砜膜、玻璃纤维膜等。目前在水处理工艺中应用较多的是醋酸纤维素膜和聚酰胺膜。

(1) 醋酸纤维素膜（简称 CA）　是以醋酸纤维素为原料，由极薄致密的表皮层和多孔支撑层复合的具有实用价值的醋酸纤维素膜。其表皮层厚度约为 $0.25\mu m$，膜的总厚度为 $100\mu m$，在表皮层中由于发孔剂的作用形成极多的微孔，孔径为几百纳米，支撑层由硝酸纤维素和醋酸纤维素制成的，其中孔既多，孔径又大（约几十微米）。

在反渗透制水时，盐水必须先经表皮层才能起到分离盐分的作用，这种非对称结构的膜，具有透水量大，除盐率高的特点。表皮层愈薄，透水量愈大。所以近来研制的五种复合型薄膜（膜厚 $0.04\mu m$），$101MPa$ 下处理海水时，通过一次反渗透就可制成饮用水，其透水性能长期稳定在 $1m^3/(m^2 \cdot d)$，脱盐率在 99.5% 左右，水回收率 $>50\%$。

（2）芳香聚酰胺膜 用芳香聚酰胺制取的中空纤维膜。其外径一般在 $30\sim150\mu m$ 之间，有足以承受反渗透操作压力的壁厚（一般为 $7\sim40\mu m$）。中空纤维膜外径与内径之比为 $2:1$，实际上是一种厚壁圆柱体。这种膜采用溶液纺丝法制成极细的中空纤维，其体积小，膜面积大，具有良好的透水性能和较高的脱盐率，较强的机械强度，化学稳定性好，耐压，能在 pH 值为 $5\sim9$ 范围内长期使用。由它制成的反渗透器具有体积小、产水量大的优点，因此发展很快。

2. 半透膜的性能

（1）方向性 反渗透膜具有不对称结构，所以在反渗透操作中，必须使表皮层与原水接触，才能达到预期的除盐效果，决不能将膜倒置使用。

（2）选择透过性 反渗透膜对溶液中不同的溶质的排除作用具有较高的选择性。根据反渗透膜除盐效果的实验结果可得出如下规律：有机物比无机物易分离；电解质比非电解质易分离；电解质的离子价数越高或同价离子的水合离子半径越大，除盐效果越好（如对阳离子，$Al^{3+}>Fe^{3+}>Mg^{2+}>Ca^{2+}>Li^+>Na^+>$

K^+；对于阴离子，则 $PO_4^{3-} > SO_4^{2-} > HCO_3^- > Cl^- > Br^- > I^-$）；非电解质的相对分子质量越大，越易分离；气体容易透过膜，故对氨、氯、二氧化碳和硫化氢等气体去除效果较差。

3. 影响反渗透膜性能的因素

（1）pH 值的影响　　pH 值影响膜的化学稳定性，尤其是醋酸纤维素膜，当 pH＞7 时，易于水解；二是防止某些溶解物质在膜表面上沉积结垢而堵塞膜孔。因此，在通常情况下，醋酸纤维素膜长期工作的 pH 值范围为 3～7，聚酰胺膜的 pH 值为 5～9。

（2）操作压力的影响　　在反渗透过程中，透水量随着操作压力的提高而增加，但提高压力又会使膜受到压实作用而导致透水量下降，这对醋酸纤维素膜最为显著。因此，应根据膜的性能、原水的浓度和水的回收率来选用反渗透膜的操作压力。

（3）温度的影响　　水的黏度随温度的升高而减小，所以膜的透水量随水温度升高而增加。但温度过高时会加速膜的水解。一般高分子有机膜由于温度升高而软化，易被压实。因此这种膜的工作温度应控制在 20～30℃左右。

（4）浓差极化的影响　　在反渗透过程中，由于水不断透过膜，引起膜表面溶液的浓度升高，从膜表面到溶液之间形成了浓度差，引起膜表面的盐类向外扩散，这种现象称为浓差极化。

浓差极化后会引起局部区域的渗透压增加，导致有效推动力降低，这就要求提高操作进水压力来抵消这个影响。但渗透压力增加后会导致膜的透盐量增加，使成品水中溶质浓度增加；与此同时，某些有害物质（如 $CaSO_4$ 等）在膜表面浓缩沉淀，使水的回收率降低，并且加快了膜的变质速度。为了避免发生浓差极化，须使进水水流保持湍动状态，即提高进水流速，以防止膜表面浓度的增加。

4. 反渗透膜的保护和清洗

天然水中一般都含有悬浮物、胶体颗粒和微生物及有机物等杂质，这种水不能直接用来进行反渗透工艺处理，必须先进行严格的预处理，如混凝、澄清、普通过滤、活性炭过滤、精密过滤等。为了防止膜的水解和表面结垢，还需将进水的 pH 值调节至 5.5～6.5。

反渗透膜长期使用后，膜表面易被一层沉淀物所覆盖，膜孔被堵塞，透水量下降，故必须定期清洗膜面。通常采用稀盐酸（pH 值 2～3）冲洗，或用各种配合剂如柠檬酸、过硼酸钠、亚硫酸氢钠、六偏磷酸钠等，防止铁、锰盐以及硫酸钙沉淀的形成。

三、反渗透装置

反渗透膜不能直接用来制取淡水，还必须以膜为主要部分形成组件（称滤元）。膜的透水量与膜的面积成正比，所以膜组件在可能的范围内，膜的充填密度应该尽量的大，而在设计上类似于蒸发器传热面的形式，应让原水与膜表面充分地接触。目前采用的反渗透装置有板框式、管式、螺旋卷式、中空纤维式和槽条式。但应用较多的有螺旋卷式和中空纤维式。

1. 螺旋卷式

螺旋卷式组件是在两层反渗透膜之间夹入一层多孔支撑材料，并用黏胶封闭其三面边缘，使之成为袋状，以便使盐水和淡水隔开，开口边与多孔淡水收集中心管密封连接。在袋状膜下面铺上一层盐水隔网，然后将这些膜和网沿着钻有孔眼的淡水收集中心管卷绕。依次叠好的多层组装（膜/多孔支撑材料/膜/盐水隔网）就构成一个螺旋卷式反渗透膜组件，如图4-6所示。将组件串联起来装入封闭的容器内，便组成螺旋转式反渗透器。

这种反渗透器运行时，盐水在高压下从组件的一端进入后，通过由盐水隔网形成的通道，沿膜表面流动，淡水透过膜并经袋中多孔支撑材料，螺旋地流向淡水收集中心管，最后由中心管一端引出，浓盐水也从膜组件的一端流出。

多孔淡水收集中心管一般可采用聚氯乙烯、不锈钢管或其他塑料管材制成；多孔支撑材料可采用涤纶织物等材料；盐水隔网可采用聚丙烯单丝编织网等材料。

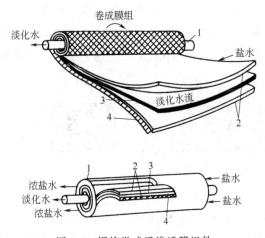

图 4-6　螺旋卷式反渗透膜组件

1—多孔淡水收集中心管；2—反渗透膜；3—多孔支撑材料；4—盐水隔网

膜愈长，产水量愈大。但过长的膜，其透过水必须流经很长的多孔支撑层，然后到达中心管，水流阻力就会增大。因此，通常在一个膜组件内采用几组膜，即几组依次叠好的多层材料一起卷绕在一个中心管上。这样既可增加膜的装载面积，又能降低透过水的阻力。

螺旋卷式反渗透器的优点：单位体积的内膜装载面积大，结构紧凑，占地面积小；缺点：容易堵塞，清洗困难。因此，对原水的预处理要求很严格。

2. 中空纤维式

中空纤维是一种比头发丝还细的空心纤维管。由数百万根中空纤维绕成 U 形，均匀而有顺序地排列在一根多孔配水管周围，U 形中空纤维的开口端是用环氧树脂浇铸在一起，并用激光切割成光滑的断面，使空心纤维管的端头全部均匀地分布在这一断面上；另一端也用环氧树脂黏合固定，以防中空纤维管束的偏移，然后把它装入一个由环氧玻璃钢制成的筒形承压容器中。在出口管板一端，依次装上多孔垫板和出入口端板，用圆形密封环加以密封，即组成了中空纤维式反渗透器如图 4-7 所示。

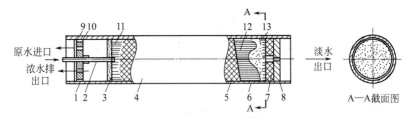

图 4-7　中空纤维式反渗透器结构

1—入口隔板；2—供水管；3—环氧树脂板；4—环氧树脂玻璃钢外壳；5—软塑料网；
6—定位套筒；7—多孔滤纸；8—出口密封圈；9—卡板环；10—圆形密封圈；
11—中心进水分散管；12—空心纤维管束；13—环氧树脂管板

高压含盐水通过中心多孔分配管，以辐射方式将水流散布于中空纤维管的外壁，水穿过管膜进入纤维管内，通过水管板汇集于出口，再用水管将淡水导出，如图 4-8 所示。

中空纤维式反渗透器的优点是装置紧凑，工作效率高，操作压力 2.8MPa 时除盐率为 90%～95%；操作压力 5.6MPa 时，其脱盐率可达到 98.5%。这是目前效率最高的反渗透器。这种反渗透器的缺点与螺旋卷式反渗透器相同，即膜孔容易堵塞，清洗

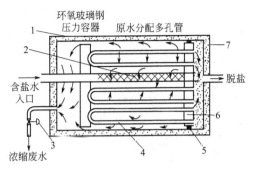

图 4-8 中空纤维式反渗透器制水过程示意图

1—环氧玻璃钢压力容器；2—原水分配多孔管；3—压力控制阀；4—中空纤
维膜；5—圆形密封圈；6—多孔管板；7—多孔支持板

困难，对水的预处理要求很高。

四、反渗透除盐系统

1. 反渗透除盐系统流程

原水经过反渗透装置后，出水有一种是净化水（淡水）。另一种是浓缩水（浓水）。如果淡水是一次反渗透制成，此系统就称为一级反渗透系统，如图 4-9(a) 所示；如果一次反渗透制出的淡水再次经反渗透装置净化，此系统就称为多级反渗透系统，如图 4-9(b) 为二级反渗透系统；如果将一级反渗透排出的浓水再次经反渗透装置净化，此系统就称为多段反渗透系统，如图 4-9(c) 为一级二段反渗透系统。多级反渗透系统用于提高淡水水质，而多段系统是为了提高水的回收率。

一级反渗透系统，工艺流程比较简单，设备少，运行成本低，但易产生浓差极化和膜被压实等现象；二级反渗透系统可允许第一级除盐较低（如 90%），第二级反渗透装置的操作压力也较低，因而设备材料没有第一级那样严格，但需经过二次反渗透

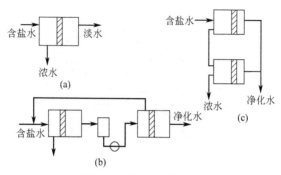

图 4-9 反渗透工艺流程

（a）一级反渗透系统；（b）二级反渗透系统；（c）一级二段反渗透系统

操作，能量消耗较大。

2. 反渗透除盐系统的应用

反渗透技术的应用从海水淡化开始，现已发展到许多方面。如硬水软化，制取高纯水，工业废水处理和回收金属盐类，维生素、抗生素、生物碱、激素等的浓缩，细菌、病毒等的分离，果汁、牛乳、咖啡、糖浆等的浓缩，以及宇宙航行生活废水的处理和回用等。此外，反渗透技术应用于预除盐也取得了较好的效果，能够使离子交换树脂的负荷减轻 90% 以上，使树脂再生剂消耗量也可减少 90%。这不仅节约费用，而且还有利于环境保护。反渗透技术还可用于除去水中微生物、有机物质、胶体质，对于离子交换树脂减轻污染，延长使用寿命都有着良好的作用。

近年来，随着反渗透膜质量的不断提高和反渗透装置的不断改进，反渗透除盐技术前景十分广阔，反渗透技术的应用必将越来越广，并日趋成熟。

五、纳滤

纳滤是 20 世纪 80 年代初，继反渗透复合膜之后开发出来的又一种分子级、介于反渗透和超滤之间的膜分离技术。早期被称为"低压反渗透"或"疏松反渗透"。纳滤也属于压力驱动型膜过程。操作压力通常为 $0.5\sim1.0MPa$，一般为 $0.7MPa$，最低为 $0.3MPa$，它适于分离相对分子质量在 $150\sim200$ 以上，分子大小为 1nm 的溶解组分，故被命名为"纳滤"，该膜称为纳滤膜。反渗透、纳滤、超滤的比较于表 4-4 所列。

表 4-4　目前工业反渗透、纳滤、超滤的比较

分离类型	膜类型	操作压力/MPa	切割相对分子质量	对一价离子（如 Na^+）脱除率/%	对二价离子（如 Ca^{2+}）脱除率/%	对水中有机物、细菌、病毒脱除
反渗透	无孔膜	$1\sim1.5$	<100	>98	>99	全部脱除
纳滤	无孔膜（约 1nm）	0.5	$200\sim1000$	$40\sim80$	95	全部脱除，少量小分子非解离有有机物透过
超滤	有孔膜	$0.1\sim0.2$	>6000			脱除大分子有机物、细菌、病毒

纳滤膜的一个特点是具有离子选择性：一价离子可以大量地渗过膜（但并非无阻挡），而多价离子（例如硫酸盐和碳酸盐）的截留率则高得多。对于阴离子的截留率按以下顺序上升：$NO_3^-<Cl^-<OH^-<SO_4^{2-}<CO_3^{2-}$；对于阳离子的截留率按以下顺序上升：$H^+<Na^+<K^+<Ca^{2+}<Mg^{2+}$。

在纳滤膜上或膜中有带电基团，它们通过静电相互作用阻碍多价离子的渗透而使其具有离子选择性。具体对纳滤膜来说，在透过膜来讲，在膜两侧的溶液不只化学位相等，而且必须是电中性的。在压力差的推动下，水分子可以通过膜，在浓度差的推动下，Na^+、Cl^-、Ca^{2+} 也应该通过膜，但由于膜本身带电荷（比如负电荷、带正电荷也一样），这时膜中正电荷离子多于负电荷

离子，也就是说正电荷离子可以在浓度差的作用下透过膜，但负电荷电子却受到带负电荷膜的阻滞，无法（或很少）透过膜达到淡水侧，由于电中性原理，又限制了正电荷离子向淡水侧扩散，这就达到了脱盐的目的。与一价离子相比，二价离子由于电荷多，电中性原理造成浓度差扩散的阻力更大，也更不容易透过膜，所以纳滤膜对二价离子的脱除率要大于对一价离子的脱除率。

由于无机盐能透过纳滤膜，使其渗透压远比反渗透膜低，因此在通量一定时，纳滤过程所需的外加压力比反渗透低得多；而在同等压力下，纳滤通量比反渗透大得多。此外，纳滤能使浓缩与脱盐同步进行。所以，用纳滤代替反渗透时，浓缩过程可有效、快速地进行，并达到较大的浓缩倍数。

目前纳滤膜可分为两大类：传统软化纳滤膜和高产水量荷电纳滤膜。最初为了软化，与反渗透膜几乎同时出现的传统软化纳滤膜的网络结构更疏松，对 Na^+ 和 Cl^- 等单价离子的去除率很低，但对 Ca^{2+} 和 CO_3^{2-} 等二价离子的去除率仍大于 90%。此特性使它在饮用水处理方面有其特殊的优势。因为反渗透在去除有害物质的同时也去除了水中大量有益的无机离子，出水呈酸性，不符合人体需要。而纳滤膜在有效去除水中有害物质的同时，还能保留一定的人体所需的无机离子，而且出水 pH 值变化不大。此外，此类纳滤膜的截留相对分子质量在 $200\sim300$ 之上，故其对除草剂、杀虫剂、农药等微污染物及染料、糖等低分子质量有机物组分的截留率也很高，能去除 90% 以上的 TOC。高产水量荷电纳滤膜是近年来开发的一种专门去除有机物而非软化的纳滤膜，对无机物的去除率只有 $5\%\sim45\%$，这种膜是由能阻抗有机物的材料制成，膜表面带负电荷，排斥阴离子，能截留相对分子质量 $200\sim500$ 以上的有机化合物而透过单价离子，同时比传统的纳滤膜的产水高。因此在某些高有机物水和废水处理中极有价值。

纳滤膜对有机物的去除依赖于有机物的电荷性，一般可以解离的带电有机物的去除率高于非解离有机物。因此截留相对分子质量就不是一个很确切的有机物的表征量了。

与反渗透膜一样，纳滤膜也是在致密的脱盐表层下有一个多孔支撑层，起脱盐作用的是表层。支撑层与表层可以是同一材料（如 CA 膜，称为非对称膜），也可以是不同材料（即复合膜）。目前使用的除少量醋酸纤维膜（CA 膜）之外，绝大多数都是复合膜，复合膜的多孔支撑层多为聚砜，在支撑层上通过界面聚合制备薄层复合膜，并进行荷电，就可得到高性能的复合型纳滤膜脱盐的表层。其按材料分有：芳香聚酰胺类；聚呱嗪酰胺类；磺化聚（醚）砜类；聚乙烯醇与聚呱嗪酰胺；磺化聚（醚）砜与聚呱嗪酰胺等组成的复合型纳滤膜；其他材料还有磺化聚芳醚砜（SPES-C）、丙烯酸-丙烯腈共聚物、胺与环氧化物缩聚物等。

纳滤膜（装置）的性能指标可以用反渗透膜的性能指标来评价，纳滤器（装置）也与反渗透相同，目前多用的为螺旋卷式。另外，纳滤膜也有本身的特殊性能指标。

（1）水通量 纳滤膜的水通量大约 $2\sim4L/(m^2 \cdot h)$（3.5% NaCl、25℃、Δp 为 0.098MPa），这个水通量大约是反渗透膜的数倍，水通量大，也说明纳滤膜比较疏松，孔大。

（2）脱盐率 纳滤膜对水中一价离子脱盐率为 40%～80%，远低于反渗透膜，对水中二价离子的脱盐率可达 95%，略低于反渗透膜，对水中的有机物有较好的截留能力。

（3）截留相对分子质量 对于纳滤膜的孔径，有时会套用超滤膜指标，用截留相对分子质量来表示。所谓截留相对分子质量是用一系列已知相对分子质量的标准物质（如聚乙烯醇）配制成一定浓度的测试溶液，测定其在纳滤膜上截留特性来表征膜孔径大小。纳滤膜的截留相对分子质量一般为 200～1000。

（4）水回收率　对纳滤膜，设计的单支膜水回收率基本与反渗透相同，一般为 15%。

（5）荷电性　纳滤膜是荷电膜。它的脱盐很大程度上依赖其荷电性，因此测量纳滤膜电荷种类、电荷多少直接关系到纳滤膜的性能。测定采用专门的装置，让膜一侧溶液在压力下透过膜，测量膜两侧电位差来判断膜的电性符号、荷电多少。

由于纳滤膜对水中二价离子（主要是 Ca^{2+}、Mg^{2+}）去除率较高，对一价离子（主要是 Na^+、K^+）去除率较低，而且对水中有机物质去除率较高，可以去除水中的有机物及氯化消毒时的副产物，保留一定的人体所需的无机离子，消除对人体有健康危害的有机物，而在饮用水处理中得到应用。还可以用于硬水软化及苦咸水的淡化。基本可使硬水软化的性能应用于工业循环冷却水的补充水的软化处理中，去除其硬度，提高循环冷却水的浓缩倍率，防止结垢；在一些需要软化水的场合（如低压锅炉、纺织印染用水等），代替离子交换进行水的软化处理。基于纳滤膜对水中有机物质去除率较高的性能，可应用于对高有机物废水进行浓缩，或者去除水中有机物及细菌后回收利用；还可以应用于制药工业、食品工业等工业产品的浓缩和纯化；果汁浓缩、多肽和氨基酸分离、糖液脱色与净化等方面。

六、超滤和微滤

超滤和微滤同属压力驱动膜型工艺系列，就其分离范围（即被分离的微粒或分子的大小），它填补了反渗透、纳滤与普通过滤之间的空白。

　　超滤是介于微滤和纳滤之间的膜过程，对应孔径范围为 1nm～0.05μm。超滤和反渗透一样，依靠压力推动力和半透膜实现分离。但超滤受渗透压的影响较小，能在低压下操作（一般 0.1～0.5MPa），适于分离相对分子质量大于 500，直径为 0.005～ 10μm 的大分子和胶体，如细菌、病毒、淀粉、树胶、蛋白质、黏土和油漆色料等；而反渗透的操作压力为 2～10MPa，一般用来分离相对分子质量小于 500，直径为 0.0004～0.06μm 的糖、盐等渗透压较高的体系。

　　超滤膜对大分子溶质的分离过程主要是：①在膜表面及微孔内吸附（一次吸附）；②在孔中停留而被去除（堵塞）；③在膜面的机械截留（筛分）。一般认为超滤是一种筛分过程。在超滤过程中，溶液凭借外界压力的作用，以一定流速在超滤膜面上流动，溶液中的水、无机离子、低分子物质透过膜表面，溶液中的高分子物质、胶体微粒及细菌等被半透膜截留，从而达到分离和浓缩的目的。超滤膜表面的孔隙大小及膜表面的化学性质是超滤过程的两个重要控制因素，溶质能否被膜孔截留还取决于溶质粒子的大小、形状、柔韧性以及操作条件等。

　　超滤膜多数为不对称膜，其孔径通常要求比反渗透膜要大（反渗透膜通常小于 10nm，而超滤膜孔径为 1～40nm）。目前，商品化的超滤膜主要有醋酸纤维膜（CA 膜）、聚砜膜（PS）、聚砜酰胺膜（PSA）、聚丙烯腈膜（PAN）、聚偏氟乙烯膜（PVDE）、聚醚砜膜（PES）等。

　　工业用超滤组件也和反渗透组件一样，有板框式、管式、螺旋卷式和中空纤维式四种。超滤的运行方式应当根据超滤设备的规模、被截留物质的性质及最终用途等因素来进行选择，另外，还必须考虑经济问题。膜的通量、使用年限和更新费用等构成了运行费用的关键部分，因而决定了运行的工艺条件。例如，若要求通量大、膜龄长和膜的更换费用低，则以采用低压层流运行方式较为经济。相反，若要求降低膜的基建费用，则应采用高压紊流运行方式。

在超滤过程中，不应有滤过的残留物在膜表面层浓聚而形成浓差极化现象，使通水量急剧减少。为此，应使膜表面平行流动的水的流速大于 $3\sim4m/s$，使溶质不断地从膜界面送回到主流层中，减少界面层的厚度，保持一定的通水速度和截留率。

超滤在水处理中应用很广。在污水处理中，超滤主要用于电泳涂漆、印染、电镀等工业废水及城市污水的处理；应用于食品工业废水中回收蛋白质、淀粉等十分有效，国外早已大规模用于实际生产。在给水处理中用于去除细菌及超纯水制取的预处理，如近十几年来，国内外已将超滤应用于饮用水的制备，推出了多种膜式净水器。

此外，目前超滤的应用还正在向非水处理体系扩展。超滤已成为蛋白和酶纯化、浓缩的高效过程。如：果汁浓缩利于运输和存放；低档茶叶加工成速溶茶等。特别引人注目的是应用于医药（中草药）制剂的澄清和浓缩。

微滤所分离的组分的直径为 $0.05\sim15\mu m$，主要去除微粒、亚微粒和细粒物质。微滤是以压力为推动力，利用筛网状过滤介质膜的"筛分"作用进行分离的膜过程，其原理类似于普通过滤，但过滤微粒在 $0.05\sim15\mu m$，是过滤技术的最新发展。

微孔过滤膜具有比较整齐、均匀的多孔结构，它是深层过滤技术的发展。在压力差的作用下，水和小于膜孔的粒子通过膜，比膜孔大的粒子则被截留在膜面上，使大小不同的组分得以分离，操作压力为 0.1MPa。

微滤膜的截留作用可分为：①对比膜孔径大或者相当的微粒的机械截留作用，即筛分作用；②受吸附和电荷性能的影响的物理作用或吸附截留作用；③微粒间架桥作用引起截留；④网络型膜的网络内部截留作用。

微孔滤膜属于筛网状过滤介质，其特点如下：

① 孔径均匀，空隙率高。例如平均孔径为 $0.45\mu m$ 的滤膜，其孔径变化范围仅在 $0.45\mu m \pm 0.02\mu m$，表面有无数微孔，约为 $10^7 \sim 10^{11}$ 个/cm^2，孔隙率约 $70\% \sim 80\%$，能将溶液中大于额定孔径的微粒全部截留，过滤速度快。

② 膜质地薄，大部分微孔滤膜的厚度都在 $150\mu m$ 左右，比一般过滤介质薄，吸附滤液中有效成分少，故可减少溶液中贵重物质的损失。

③ 微孔滤膜质地薄、空隙率高，流动阻力小，故驱动压力低，只需 0.1MPa 即可。但其近似于多层叠筛网，应防止被少量与其孔径相仿大小的微粒堵塞，以利其充分发挥作用，延长膜的使用寿命。

④ 膜的形态结构分为膜孔圆筒状垂直贯穿于膜面，孔型十分均匀的通孔型；微观结构与泡沫海绵类似，膜结构对称的网络型；可分为海绵型与指孔型的非对称型。

微孔滤膜主要有聚合物膜与无机膜两大类。具体材料有以下几种：

（1）有机类聚合物膜　聚四氟乙烯（PTFE，特富龙）、聚偏二氟乙烯（PVDF）、聚丙烯（PP）。

（2）亲水聚合物膜　纤维素酯、聚碳酸酯（PC）、聚砜/聚醚砜（PS/PES）、聚酰亚胺/聚醚酰亚胺（PI/PEI）、聚酯肪酰胺

（PA）、聚醚醚酮。

（3）无机类陶瓷膜 氧化铝（Al_2O_3）、氧化锆（ZrO_2）、氧化钛（TiO_2）、碳化硅（SiC）及玻璃（SiO_2）、炭及各种金属（不锈钢、钯、钨、银等）。

在工业上，微孔过滤广泛应用于将大于 $0.1\mu m$ 粒子从溶液中除去的场合。多用于半导体及电子工业超纯水的终端处理、反渗透的首端前处理，在啤酒与其他酒类的酿造中，用以除去微生物与异味杂物等；其过滤对象还有细菌、酵母、血球等。表 4-5 为微孔滤膜应用范围举例。

表 4-5 微孔滤膜应用范围举例

孔径/μm	用　途
12	微生物学研究中分离细菌液中悬浮物
3～8	食糖精制，澄清过滤，工业尘埃质量测定，内燃机和油泵中颗粒杂质的测定，有机液体中分离水滴（憎水膜），细胞学研究、脑脊髓液诊断、药液灌封前过滤，啤酒生产中麦芽沉淀量测定，寄生虫及虫卵浓缩
1.2	组织移植，细胞学研究，脑脊髓液诊断，酵母及霉菌显微镜监测，粉尘质量分析
0.6～0.8	气体除菌过滤，大剂量注射液澄清过滤，放射性气溶液胶定量分析，细胞学研究，饮料冷法稳定消毒，油类澄清过滤，贵金属槽液质量控制，光致抗蚀剂及喷漆溶剂澄清过滤（用耐溶剂滤膜），油及燃料油中杂质的菌量分析，牛奶中大肠杆菌的检测，液体中残渣的测定
0.45	抗菌素及其他注射液的无菌试验，水、饮料食品中大肠杆菌检测，饮用水中磷酸根的测定，培养基除菌过滤，航空用油及其他油料的质量控制，血球计数用电解质溶液的净化，白糖的色泽测定，去离子水的超净化，胰岛素放射性免疫测定，液体闪砾测定，液体中微生物的部分滤除，锅炉用水中氧化铁含量测定，反渗透进水水质控制，鉴别微生物
0.2	药液，生物制剂和热敏性液体的除菌过滤，液体中细菌计数，泌尿液镜检用水除菌，空气中病毒的定量测定，电子工业中用于超净化
0.1	超净试剂及其他液体的生产，胶体分析，沉淀物分离，生理膜模型
0.01～0.03	噬菌体及较大病毒（100～250nm）的分离，较粗金溶胶的分离

第四节　蒸馏法除盐

将含有盐类的水溶液加热使其沸腾，水变成蒸汽，将蒸汽冷凝便制得蒸馏水；盐类则残留在水中变成浓缩盐水，靠排污排掉。这种除盐处理的方法称为蒸馏法。

在离子交换法除盐之前，蒸馏法在工业上和实验室里使用得很广，由于蒸馏法除盐处理使用的设备仅有蒸发器，对于生产高温高压蒸汽或回收高压废蒸汽的工厂来说，采用这种方法的汽水系统比采用其他方法更为简便。使得蒸馏法在近几十年仍然得到发展。目前，蒸馏法除盐处理使用的是沸腾型和闪蒸型两类蒸发器。

一、沸腾型蒸发器

最简单的沸腾型蒸发器如图 4-10 所示。工作时，蒸发器内不断输入的原水被热源加热至沸腾，产生蒸汽，蒸汽经冷却凝结成为蒸馏水。若以蒸汽为热源，输入到蒸发器作为热源的蒸汽称为一次蒸汽，原水受热蒸发而得到的蒸汽称为二次蒸汽，二次蒸汽冷凝后就得到蒸馏水。为防止蒸发装置受热而结垢，对原水应预先进行离子交换软化处理。

沸腾型蒸发器又分为三

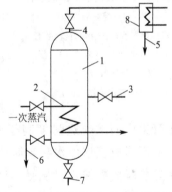

图 4-10　最简单的蒸发装置示意图
1—蒸发器壳体；2—受热部件；3—给水导入管；4——二次蒸汽引出管；
5—蒸馏水引出管；6—排污；
7—放空管；8—冷凝器

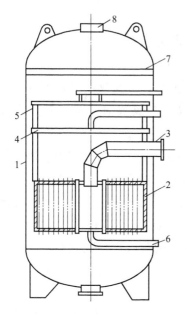

图 4-11　立式表面沸腾蒸发器

1—壳体；2—受热部件；3——次

蒸汽导入管；4—给水洗汽装置；

5—凝结水洗汽装置；6—凝

结水引出管；7—百叶窗；

8—二次蒸汽引出管

种。一种是表面式沸腾蒸发器，其特征是水的蒸发在位于水容积中受热部件的表面上进行；一种是表面式外置蒸发器，其特征是水的蒸发在外置受热部件表面上进行，以减弱受热面的结垢强度；另外一种是膜式蒸发器，其特征是水的蒸发在受热部件的膜表面进行。

立式表面沸腾蒸发器结构如图 4-11 所示。它是由圆柱形壳体、受热部件和二次蒸汽的分离及清洗装置等主要部件所组成。受热部件由套筒和焊接在套筒上的两块管板组成。在管上碾压入一定数目的钢管形成管束，其管壁就是蒸发器的主要传热面。将一次蒸汽送入受热部件管束间，把热量传给管束内和套筒外的水。由于管束内的水受热强度高于套筒外的水，温度较高，密度较小，从而形成管束内水和套筒外水之间的自然循环。一次蒸汽在管束外冷凝成凝结水，从受热部件底部排出。形成二次蒸汽的，脱离装置的水容积部分进入蒸汽容积部分，通过多孔板给水洗汽装置，洗去蒸汽中机械携带的水滴。当蒸馏水水质要求较高时，还可以使蒸汽通过凝结水洗汽装置，进行二次清洗。最后，将蒸汽通过百叶窗分离器，以减少蒸汽中所含的水分。

蒸发器中的连续和间断排污管路，分别用来排除浓缩水和水渣；水位自动调节器用以保持正常的蒸发水水位。

采用单级（一台）表面式蒸发器，要制取 1kg 蒸馏水，在理论上约需 1kg 一次蒸汽，但实际上由于各种热量损失，约需 1.1kg 一次蒸汽，为提高经济性，也可几台蒸发器串联或几级使用，在多级蒸发系统中，1kg 一次蒸汽可产生 1kg 以上的蒸馏水。如二级蒸发系统，1kg 一次蒸汽可产生 1.5～1.8kg 蒸馏水，六级蒸发系统的 1kg 一次蒸汽则可产生约 4.2kg 蒸馏水。

在工艺上把多级蒸发系统每小时所产生的蒸馏水总量 W，与每小时消耗的一次蒸汽量 D 之间的比值 R（即 $R=W/D$），称为造水比。

显然，蒸发系统的级数越多，造水比越大。蒸发系统的级数主要取决于总的温降、各项热损失及设备投资等。因此，汽水损失不大于 $2\%～3\%$ 的凝汽式发电厂只需单级蒸发系统，而热电厂才采用多级蒸发系统。

蒸发器制取的蒸馏水的含盐量，一般可低达 1mg/L。

二、闪蒸型蒸发器

表面式蒸发器结垢的可能性较大，需要对其给水进行离子交换软化处理，故人们又从实践中研制出了闪蒸型蒸发器。闪蒸型蒸发器的工作原理如图 4-12 所示。预先将水在一定压力下加热到某一温度后，将其注入一个压力较低的扩容室中，这时由于注入水的温度高于该室压力下的饱和温度，一部分水急速汽化（即"闪蒸"）为蒸汽，与此同时水温下降，直到水和蒸汽都达到该温度下的饱和状态。在闪蒸型蒸发器中，因水的加热和蒸汽的形成是在不同的部件内进行的，所以大大降低了结垢的可能性。运行

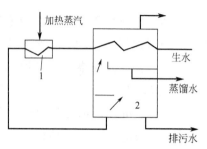

图 4-12 闪蒸型蒸发器工作原理示意

1—加热器；2—扩容室

经验表明，对闪蒸型蒸发器的给水只作简单的加酸处理，当给水温度为 120℃时，蒸发器内也不会结垢。闪蒸型蒸发装置可以是单级的，也可以是多级的，闪蒸型蒸发装置的二次蒸汽量主要取决于循环水流量和装置的温降。

立式闪蒸型蒸发器的结构如图 4-13 所示，它主要由扩容室、冷凝器和分离装置等组成。闪蒸型蒸发器的结构特征是在一个总的壳体中设置许多隔板和管件，其内部即因这些隔板和管件而形成若干扩容室和凝结器。从图 4-13 可以看出，整个蒸发器的扩容室及其相应的凝结器并排直立放置，中间用隔板分开。级与级之间也用隔板分开。给水从一个扩容室送到另一个扩容室，二次蒸汽从扩容室送到冷凝器，蒸馏水从一级输送到另一级。在扩容器上部设有汽水分离器，以减少蒸汽带水。扩容室入口设有节流孔和可调孔板。冷凝器结

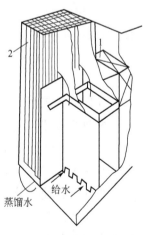

图 4-13 立式闪蒸型蒸发器

1—汽水分离器；2—管束冷凝器

构一般与管式热交换器大致相同，图 4-13 中冷凝器管道采用直立式布置，但目前以采用水平布置为多。

在级数很多的闪蒸型蒸发器内，相邻两级间压力降都很小，在闪蒸过程中，汽水流动平稳，因此，蒸汽带水而污染蒸馏水的可能性就大大降低。此外，再加上装有汽水分离装置等措施，使出水水质比沸腾型蒸发器好，凝结水的含盐量一般小于0.1mg/L。

由于闪蒸型蒸发器的工作温度较低，其汽化过程又不在加热面上进行，而且管内含盐水可以维持适当的流速，所以即使不加化学药品处理，结垢现象也比沸腾型蒸发器轻微得多。

为了防止含盐水在凝结器的传热面上结垢，可将凝结器含盐水一侧的压力保持高于其最高温度所对应的饱和蒸汽压。在此压力下二氧化碳不能从水中逸出，从而碳酸氢盐的热分解不能进行，也就是不会有碳酸钙和氢氧化镁水垢形成。这样，碳酸氢盐的分解仅仅在含盐水进入第一级扩容室压力降低时才发生。在扩容室中形成的沉淀物不会变成水垢，因为在这里没有受热面，这些沉淀物是在水中形成的，所以，它们随着含盐水通过各级扩容室，最后由排污排走一部分，使含盐水中的沉淀物保持在一个适当的浓度。因此，如在运行过程中控制得好的话，闪蒸型蒸发器有可能用生水作为给水。

实验表明，在原水中含盐量大于 500mg/L 时，闪蒸型蒸发器的运行费用就会低于离子交换法的运行费用。因此，含盐量大于 500mg/L 的原水除盐，对于有高压的热电厂或其他工厂来说，采用蒸馏法还是简便而有利的。

习　　题

1. 什么叫混合床？试说明其除盐效果好的原因。为什么混合床一般都设置在除盐系统的最后边？

2. 阳床、阴床和混合床运行时，可用哪些指标来监督其是否失效？

3. 在化学除盐系统中，阳床、阴床、混合床和除碳器应如何布置？为什么？

4. 化学除盐对进水水质有哪些要求？其原因是什么？

5. 简要说明离子交换淡化工艺的几种方法的除盐原理。

6. 什么叫双层床？它与混合床有什么区别？有什么优点？

7. 用示意图说明电渗析除盐技术的原理。

8. 电渗析的极化沉淀如何防止和消除？

9. 什么叫电渗析的电流密度、除盐效率和电流效率？

10. 简要说明电渗析器进行操作的要点。

11. 离子交换树脂电渗析器为什么能长期稳定地制取高纯水？

12. 什么叫渗透、反渗透？它们产生的条件是什么？

13. 反渗透的压力对脱盐效率有何影响？

14. 螺旋卷式反渗透膜组件与中空纤维膜组件在结构上有何不同？

15. 反渗透效率是由哪些指标来确定？排除率和除盐是否相同？

16. 反渗透技术有什么用途？

17. 反渗透与电渗析的级和段各是如何定义的？增加级或段的作用是什么？

18. 什么叫闪蒸型蒸发器？为什么这种蒸发器比沸腾型蒸发器的结垢要轻微得多？

第五章　循环冷却水处理

工业生产中，冷却水的使用是相当普遍的，量大面广是其最显著的特点。但是，由于所含各种盐类和碱度的影响，冷却水在换热设备中受热，就会产生无机盐垢附着在传热表面上，大大降低传热效率。与此同时，还会产生严重的腐蚀问题。为此，必须对冷却水进行相应处理，以解决冷却水结垢，悬浮固体沉积和腐蚀等影响冷却效率的问题。

第一节　工业生产中的循环冷却水系统

一、冷却水系统

工业生产中需要大量的冷却用水。例如生产 1t 烧碱，大约需要 100t 冷却水；一个年产 48 万吨尿素的氮肥厂，每小时冷却水用量约为 2 万吨。依据冷却用水的流程特点，冷却水系统可分为直接冷却和间接冷却两种方式。当采用直接冷却时，冷却水与被冷却的物料直接接触，使排出的冷却水中含有工业物料，而成为被污染的工业污水。间接冷却对水不与物料直接接触。根据冷却用水的供应以及工艺流程特点，间接冷却方式可分为直流冷却和循环冷却两种类型。

1. 直流冷却水系统

直流冷却水又称一次冷却水，常被简称为直流水或一次

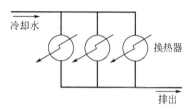

图 5-1　直流冷却水系统

水等。

直流冷却水系统通常用水量很大。一般都是由供水装置直接取自水井、湖泊、水库、河流、小溪、港湾、海洋以及城市供水系统。通过冷却系统后排入下水道或作其他用途。在直流冷却水系统中，冷却水只被利用换热一次。图 5-1 是直流冷却水系统的示意图。

在一般情况下，直流冷却水水源（例如水井、海洋）的温度较低，且较为恒定，故冷却效果较好。采用直流水，冷却设备的尺寸可以较小，水经换热后的温升很小，水中所含的盐基本上不浓缩。在有大量可供使用的低温水且水费便宜的地区一般都采用直流水。但这种系统用水量太大，水资源消耗多，冷却水的大量排放会造成水体的污染；且由于用水量大，用缓蚀剂来控制冷却设备的腐蚀往往很不经济。因此，采用淡水的直流冷却系统是一种落后的、应该被淘汰的冷却方法。随着淡水资源的日趋紧张，使用淡水资源的直流冷却水系统已逐步被循环冷却水系统所取代。

2. 循环冷却水系统

循环冷却水系统又分为密闭式和敞开式两种。

（1）密闭式循环冷却水系统　图 5-2 所示是一个简单的密闭循环系统。密闭式循环冷却水系统，就是水在一个闭合回路中循环而不暴露于空气中，循环冷却水的再冷却是以一定类型的换热设备用其他的冷却介质进行冷却的，冷却水损失极小，基本上不浓缩。因此，对于蒸发的影响、暴露在大气中的影响和其他能够改变系统中水的化学性质的影响，都可以忽略不计。在此系统

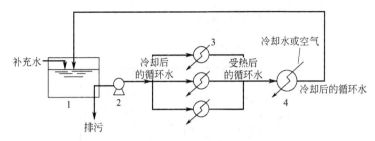

图 5-2　密闭式循环冷却水系统
1—贮水槽；2—泵；3—换热器；4—二次冷却器

中，被交换下来的热量首先传到密闭的冷却水回路，然后再由第二个换热器从密闭回路中传入第二个冷却回路系统。第二个冷却回路可以是蒸发式的，也可以是一次直流冷却水系统，或者为风冷。这个系统常需高浓度的处理药剂，由于只需补加少量的补充水，因此也还是经济的。通常补加的补充水是含盐量低的水，以便使冷却系统达到最佳操作状态。

密闭式循环冷却水系统的优点是可以减轻或防止工艺物质（例如放射性物质）对环境的污染；冷却水系统中的腐蚀、结垢、沉积和微生物生长等问题比较容易控制。但是，整个系统的结构比敞开式循环冷却水系统更加复杂，不适宜于用水量大的装置，常用于冷却要求高的部位。

（2）敞开式循环冷却水系统　如图 5-3 所示。该系统常用冷却塔作为水的冷却设备，当水通过需要冷却的工艺设备后水温便提高，热水经冷却塔曝气与空气接触，由于水的蒸发散热和接触散热而使冷却水的温度降低，冷却后的水再循环使用。这种系统在工厂中得到广泛应用。

由于这种系统在循环过程中要蒸发掉一部分水，故要补充一定量的新鲜水和排出一定浓度的浓缩水，以维持循环水中含盐量

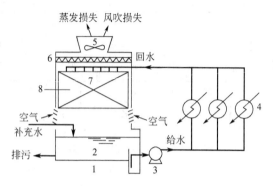

图 5-3　敞开式循环冷却水系统

1—冷却塔；2—集水池；3—泵；4—换热器；5—风机；

6—收水器；7—淋水装置；8—填料

或某一离子的含量在一定值上。比较起来，循环冷却水系统补加的补充水是很有限的，一般为直流冷却水系统用水量的 1/40 左右；这样，废水的排放量也随之大大减少。因此，不论是从节约水资源，还是从经济效益和环境保护的观点出发，各类工厂都应设法降低的冷却水用量，限制使用直流冷却水系统，推广采用敞开式循环冷却水系统。

二、敞开式循环冷却水系统

1. 循环系统容积

如图 5-3 所示，敞开式循环冷却水系统中，冷却水由循环泵送往系统中各换热器以冷却工艺介质，冷却水本身温度升高成为热水，送往设有栅栏、过滤设施的集水池，再用泵将集水池中除浊的热水送入冷却塔顶部，由布水管道喷淋到塔内填料上。空气则由塔下部的百叶窗中进入塔内，被塔顶风扇抽吸上升，与落下的水滴和填料上形成的水膜相遇，进行热交换，水滴和水膜在下降过程中逐渐变冷，当到达冷却塔水池时，水温正好下降到符合冷却水要求的温度。冷却水经过药剂处理和旁流处理后再循环使用。

在此系统中，把冷却塔集水池、旁滤池、循环冷却水管道、工艺冷却设备、集水池等空间体积统称为循环冷却水系统容积。系统容积的大小，对水处理药剂在系统中的停留时间有很大影响。如果系统容积过小，则每小时水在系统内循环次数就增加，因而水被加热的次数就增多，药剂分解的概率越高；如果系统容积过大，则药剂在系统中停留的时间长，药剂分解的概率也会高，同时初始加药量多，特别是间断投加的杀菌剂消耗大。因而系统容积不可太大，也不可过小。一般系统容积（V）按循环水量的 1/3 或 1/2 确定。也可按所投加的药剂允许停留时间计算求得。为了使各种药剂在系统内保持应有的效力并防止沉淀，一般防腐防垢药剂在系统中停留时间应不超过 50h 左右。如采用聚磷酸盐药剂，其在系统中停留时间太长，不仅使药剂失效，而且水解后能直接转化为正磷酸盐，形成磷酸钙沉淀，从而增加了热交换器的热阻。此外水在系统中停留时间愈长，微生物也愈易繁殖。但停留时间过短，则会引起药剂还没有发挥作用就被排放掉，造成药剂的浪费。所以停留时间是选择水处理药剂时需注意的重要因素。

2. 循环水的冷却

（1）循环水的冷却原理　换热后温度升高的冷却水，其冷却是通过水与空气接触，由蒸发散热、接触散热和辐射散热三个过程共同作用的结果。

① 蒸发散热　水在冷却设备中形成大大小小的水滴或极薄的水膜，扩大其与空气的接触面积和延长接触时间，可加强水的

蒸发。冷却效果与水的蒸发量有直接联系，当蒸发量为循环水总量的 1% 时，冷却水约降低 5.6℃；当蒸发量为循环水量的 2% 时，冷却水的温度可降低 11.2℃。另外，水汽也能带走一定的热量，使循环水冷却。

② 接触散热 借传导和对流传热的现象称为接触散热。由水与空气存在的温度差而引起，温度差越大，散热效果就越好。当水面与较低温度的空气接触时，使热水中的热量传递到空气中，水温因此而降低。

③ 辐射散热 辐射散热不需要传媒介质的作用，而是由一种电磁波的形式来传播热能的现象。辐射散热只是在大面积的冷却池内才起作用。在其他类型的冷却设备中，辐射散热可以忽略不计。

这三种散热过程在循环水的冷却中所起的作用。随空气的物理性质不同而有差异。如在春、夏、秋三季，室外气温较高，表面蒸发起主要作用，最炎热的夏季的蒸发散热量可达总散热量的 90% 以上，故夏季水的蒸发损失量最大，需要补充的水量也最多。而在冬季，由于气温降低，接触散热的作用增大，从夏季的 10%～20% 增加到 40%～50%，严寒天气甚至可增加到 70% 左右。故在寒冷季节，水的蒸发损失量减少，补充水量也就随之降低。

（2）在循环过程中冷却水的损失量与补加水量

① 循环水的流量（Q） 循环水的流量是经泵送至整个冷却回路的冷却水流量，它是依据工业生产工艺过程中所需要的冷却水的总用量来确定的，并由此配备相应的循环水泵的工作容量。循环水的流量可以实测，也可根据循环水泵铭牌上的数据估出。实际的循环水的流量一般不会比铭牌上所指示的高，而经常可能

低 $10\%\sim20\%$。也可测量泵的出口压力，并借制造厂提供的泵特性曲线预计出较准确的流量。

② 蒸发损失 E　指循环水在冷却过程中蒸发到大气中而损失的水量。可用下式计算

$$E=\alpha(Q-B)(\mathrm{m}^3/\mathrm{h})$$

$$\alpha=C(T_1-T_2)$$

式中　α——蒸发损失率，%；

　　　B——排污损失，m^3/h；

T_1，T_2——为循环冷却水进、出冷却塔的温度，℃；

　　　C——损失系数，与季节和温度有关，夏季（$25\sim30$℃）为 $0.15\sim0.16$；冬季（$-15\sim-10$℃）为 $0.06\sim0.08$；春秋季（$0\sim10$℃）为 $0.10\sim0.12$。

在实际应用中，蒸发损失 E 的粗略计算是以冷却塔进、出水温差为 5.5℃ 时，E 取循环水流量的 1% 来进行的。

③ 风吹损失 D　由于空气流动而被空气带走的部分水滴。对于强制通风冷却塔，风吹损失 D 为循环水流量的 0.1%。由于风吹走的液滴中含有溶解的盐类，故其在实际上属于排污的一部分。

④ 排污损失 B　冷却水循环过程中，为了控制因蒸发损失而引起的浓缩过程，必须人为地排掉部分水量。排污损失量可由下式计算

$$B=E/(K-1)$$

式中　K——浓缩倍数。

⑤ 渗漏损失 F　在管道和贮水系统中因渗漏而损失的水量。一般情况下渗漏损失水量较小，可以忽略不计。渗漏损失的水中也含有溶解盐类，也应属于排污的一部分。

⑥ 补加水量 M　在敞开式循环冷却水系统，为维持系统水量平衡，补加的水量 M 应是冷却水在循环过程中总的损失量，即为蒸发损失、风吹损失、排污水量和渗漏损失之和（$M=E+D+B+F$）。

实际上，风吹损失与渗漏损失可属于排污水量的一部分，故补加的水量可简化为蒸发损失与排污水量之和。

⑦ 浓缩倍数 K　循环冷却水经过冷却塔时水分不断蒸发，而所含盐类仍留在水中，随着蒸发过程的进行，循环水中的溶解盐类不断被浓缩，含盐量不断增加。为了将水中的含盐量维持在某一个浓度，必须排掉一部分冷却水；同时要维持循环过程中水量的平衡，就要不断地补加补充水。补充水的含盐量和经过浓缩过程的循环水的含盐量是不相同的，两者的比值 K 称为浓缩倍数，并用下式表示

$$K=C_{循}/C_{补}$$

式中　$C_{循}$——循环水的含盐量，mg/L；

　　　$C_{补}$——补充新鲜水的含盐量，mg/L。

应用含盐量浓度计算浓缩倍数比较麻烦。在实际应用中，往往选择循环水中某种不易消耗而又能快速测定的离子浓度或电导率，来代替含盐量进行浓缩倍数的计算。例如，常以 Cl^- 浓度来代替含盐量进行浓缩倍数的计算。若循环水中采用液氯作杀菌剂时引入了 Cl^-，则不宜采用 Cl^- 来进行浓缩倍数的计算，故通常又有选用 SiO_2 或者 K^+ 等来计算浓缩倍数的。

根据循环水系统的水量平衡和物料衡算，浓缩倍数可按下式求得

$$K=M/(M-E)$$

经计算可以看出，当补加水量与蒸发损失的差值越小，即排污水量越小，浓缩倍数就越大，向系统补加的新鲜水量就越少。控制较高的浓缩倍数可以节约补加水量，但当浓缩倍数大于5～6后，节约补加水量的作用就不明显了。

提高浓缩倍数不但可以节约用水，而且也可减少随排水而流失的药剂量，因而也节约了药剂费用。敞开式循环水系统的浓缩倍数应尽量争取达到3～5倍，但究竟选用多大浓缩倍数应以浓缩后的水质情况为依据。如果水中有害离子氯根或成垢离子钙、镁等含量过高，并有产生腐蚀和结垢倾向，则浓缩倍数就不能提得过高，以免增加腐蚀或结垢。浓缩倍数高了，增加了水在系统内的停留时间，不利于对微生物的控制。操作时，若保持浓缩倍数不变，蒸发量增大时补充水量也要增大；若要保持水的平衡，增大补充水量 M 或排污量 B，都要影响浓缩倍数，造成它的下降，因而操作时，不能任意改变 M、B。

（3）循环冷却水系统装置

① 冷却塔　敞开式循环冷却水系统中主要设备之一是冷却塔。冷却塔用来冷却换热器中排出的热水，是循环冷却水蒸发降温的关键设备。在冷却塔中，热水从塔顶向下喷淋成水滴或水膜状，空气则由下向上与水滴或水膜逆向流动，或水平方向交错流动，在气水接触过程中，进行热交换，使水温降低。

冷却塔的形式很多，根据空气进入塔内的情况分自然通风和机械通风两大类。自然通风型最常见的是风筒式冷却塔，如图5-4所示。机械通风型分为抽风式和鼓风式两种；而根据空气流动方向机械通风型也可分为横流式和逆流式。目前最常见的机械通风型，其冷却塔是抽风逆流式或抽风横流式冷却塔，如图 5-5

所示。图 5-4 中，空气靠冷却塔筒体的高度，像烟囱一样自然拔风，将空气吸入塔内与水滴或水膜接触。图 5-5 中，空气由塔顶的抽风机抽吸进入塔内，空气流动速度 $90\sim210m/min$。

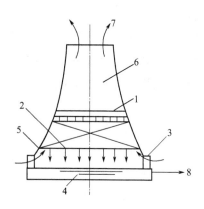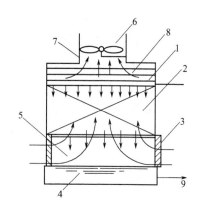

图 5-4　自然通风冷却塔

1—配水系统；2—填料；3—百叶窗；
4—集水池；5—空气分配区；6—风
筒；7—热空气和水蒸气；8—冷水

图 5-5　机械通风冷却塔

1—配水系统；2—填料；3—百叶窗；4—集
水池；5—空气分配区；6—风机；7—风
筒；8—热空气和水蒸气；9—冷水

目前市场上出售的一种玻璃钢冷却塔，如图 5-6 所示。其作用原理与机械通风冷却塔相似，所不同的是塔体外壳全部用玻璃钢预制成块状部件，运输到现场后再拼装而成。填料通常为聚氯乙烯材料压制成的波纹板式或 T 波式，根据需要还可采用铝合金。

玻璃钢塔目前已有系列化产品，其处理水量可为 $8\sim500m/h$，水温降幅为 $5\sim25℃$。表 5-1 为通常选用的玻璃钢冷却塔的规格型号。

由于玻璃钢冷却塔的生产已系列化，规格齐全，而且体积轻，占地面积小，排列灵活，可以拆迁，造价相对来说也较低，常为一些企业和单位在改建、扩建或新建循环冷却水系统时选用。

　　水和空气的接触面积直接影响冷却效果，因此冷却塔内装有填料增加以接触面积。常用的填料有两大类，一类是交叉排列的板条，水顺着板条逐排淋降而溅成水滴；一类是膜式填料，由纤维板、膜制聚苯乙烯、聚丙烯或石棉板制成，水在填料表面上以薄膜形式与空气接触。藻类、微生物等在

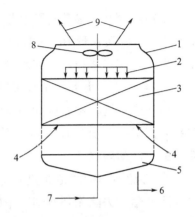

图 5-6　玻璃钢冷却塔
1—玻璃钢塔体；2—淋水装置；3—填料；
4—空气；5—接水盘；6—冷却水；7—热
水；8—排风扇；9—热空气和水蒸气

填料上的沉积，往往会使水形成水流而不形成水膜或水滴，从而降低了冷却效果。

表 5-1　一些玻璃钢冷却塔的规格型号

塔　型	处理冷却水量/(m³/h)		外形尺寸		轴流风机		
	水温降 10℃	水温降 20℃	最大外径 /mm	最大高度 /mm	风量 /(m³/h)	风机直径/m	风机功率/kW
10NB8	8	6.8	1300	2600	0.8	0.7	0.75
10NB15	15	12.75	2000	2980	1.48	0.9	1.5
10NB30	30	25.50	2500	3450	2.96	1.2	2.2
10NB50	50	42.50	3000	4010	5	1.4	4
10NB75	75	63.75	3400	4520	7.4	1.5	5.5
10NB100	100	85	4200	4600	9.87	2.5	5.5
10NB150	150	127.5	4700	5140	14.8	2.8	7.5
10NB200	200	170	5400	5540	19.7	3	10
10NB300	300	255	6600	6295	29.6	4	17
10NB400	400	340	7600	6945	39.5	5	18.5
10NB500	500	425	8300	7295	50	5	30

冷却塔的操作参数有贮水量 V、给水量 S、循环水量 R、蒸发水量 E、排污水量 B、风吹损失 D 和补充水量 M。在冷却塔操作过程中，应严格控制补充水量 M 和排污水量 B。

② 集水井　集水井是收集循环冷却水系统中回流热水的设施，在此通过栅栏和滤网除去粗大碎屑等杂质后，均衡水质，并在井内沉降一部分固体悬浮杂质，然后通过泵输送至冷却塔顶部，进行冷却降温。

③ 旁滤池　旁滤池是进行旁流处理的设施，在旁滤池中通过过滤处理，去除循环冷却水中的悬浮固体，滤清的冷却水再回流到循环冷却水系统中。旁滤池所用的过滤介质有几种类型，但用得最广的是砂子，为了提高效率，可用无烟煤或混合的过滤介质来代替。如果水中有油污存在，旁滤池是不适用的，因为油类很快地使过滤介质堵塞。

此外，还需根据处理水量、给水量及循环水量配备相应数量的水泵和风机。

3. 敞开式循环冷却水系统存在的问题

水资源是发展国民经济的重要资源之一。我国淡水资源并不丰富，人均年拥有淡水量居世界第 88 位。随着工业的持续发展和人口增加，水的用量急剧增加，水资源已成为制约国民经济发展的突出问题，合理使用水资源，节约用水日益迫切。工业用水中，冷却水占很大比重，特别是某些石油化工企业和大型化工企业，几乎占总用水量的 $80\% \sim 90\%$。节约用水的最大潜力是节约工业冷却水，采用循环冷却水是节约水资源的一条重要途径。目前，工业上广泛采用敞开式循环冷却水系统。在该系统中，冷却水不断循环使用，由于水的温度升高，水流速度的变化，水的蒸发，各种无机离子和有机物质的浓缩，冷却塔和冷水池在室外受到阳光照射，风吹雨淋，灰尘杂物的进入，以及设备结构和材料等多种因素的综合作用，会产生比直流系统更为严重的沉积物的附着、设备腐蚀和菌藻微生物的大量滋生，以及由此形成的黏泥污垢堵塞管道等问题，威胁和破坏安全生产，甚至造成经济损失。因此，在采用敞开式循环冷却水系统时，必须要选择一种经济实用的循环冷却水处理方案，使上述问题得到解决或改善。

(1) 水垢附着 一般天然水中都溶解有重碳酸盐，这种盐是冷却水发生水垢附着的主要成分。在直流冷却水系统中，重碳酸盐浓度很低，但在敞开式循环冷却水系统中，重碳酸盐的浓度随着蒸发浓缩而增加，当浓度达到过饱和状态时，或者在经过换热器传热表面使水温升高时，会发生分解反应发生碳酸钙沉淀。

$$Ca(HCO_3)_2 =\!\!=\!\!= CaCO_3 \downarrow + CO_2 \uparrow + H_2O$$

冷却水经过冷却塔向下喷淋时，溶解在水中的游离 CO_2 逸出后，促使碳酸钙沉淀的生成。碳酸钙沉积在换热器表面，形成致密的碳酸钙水垢，其导热性能很差，从而降低换热器的传热效率，影响产量，严重时会使管道堵塞。

(2) 设备腐蚀 设备的腐蚀与水的特性及系统中金属的性质有关。腐蚀将使金属寿命缩短，腐蚀产物沉积也影响传热和水流量。冷却系统中，对于碳钢制成的换热器，长期使用循环冷却水，会发生腐蚀穿孔，其腐蚀原因是多种因素造成的。

① 冷却水中溶解氧引起的电化学腐蚀 敞开式循环冷却水系统中，水与空气能充分接触，水中溶解氧可达饱和状态。当碳钢与溶有 O_2 的冷却水接触时，由于金属表面的不均一性和冷却水的导电性，在碳钢表面会形成许许多多微电池，微电池的阳极区和阴极区分别发生氧化反应和还原反应。

在阳极区 $$Fe =\!\!=\!\!= Fe^{2+} + 2e$$

在阴极区 $\dfrac{1}{2}O_2 + H_2O + 2e \Longrightarrow 2OH^-$

在水中 $Fe^{2+} + 2OH^- \Longrightarrow Fe(OH)_2$

$Fe(OH)_2 + OH^- \Longrightarrow Fe(OH)_3$

这些反应，促使微电池中的阳极区的金属不断溶解而导致腐蚀。

② 有害离子引起的腐蚀 循环冷却水在浓缩过程中，重碳酸盐和其他盐类如氯化物、硫酸盐等也会增加。当 Cl^- 和 SO_4^{2-} 浓度增高时，金属上保护膜的保护性能降低，尤其是 Cl^- 半径小，穿透性强，容易穿过膜层，加速阳极过程的进行，从而会加速碳钢的腐蚀；此外，Cl^- 还可引起不锈钢制造的换热器的应力腐蚀。循环冷却水系统中如有不锈钢制的换热器时，一般要求 Cl^- 的含量不超过 $50\sim100mg/L$。

③ 微生物引起的腐蚀 循环冷却水中滋生的微生物新排出的黏液与无机垢和泥砂杂物形成沉积物附着在金属表面，形成浓差电池，促使金属腐蚀。此外，还使得一些厌氧菌得以繁殖，当温度为 $25\sim30℃$ 时，硫酸盐还原菌繁殖更快，它分解水中的硫酸盐而产生 H_2S，引起碳钢腐蚀。

$SO_4^{2-} + 8H^+ + 8e \Longrightarrow S^{2-} + 4H_2O + 能量（细菌生存所需）$

$Fe^{2+} + S^{2-} \Longrightarrow FeS\downarrow$

细菌能使 Fe^{2+} 氧化为 Fe^{3+}，并获得自身生存的能量，产生钢铁锈瘤。上述因素导致钢铁引起的腐蚀常会使换热器管壁穿孔，形成泄漏；或使工艺介质泄漏入冷却水中，损失物料，污染水体；或冷却水渗入工艺介质中，使产品质量受到影响。

（3）微生物的滋生和黏泥 冷却水中的微生物一般是指细菌

和藻类。在新鲜水中，细菌和藻类一般都较少，但在循环水中，由于养分的浓缩，水温的升高和日光照射，给细菌和藻类创造了迅速繁殖的条件。大量细菌分泌的黏液像黏合剂一样，能使水中飘浮的灰尘杂质和化学沉淀物等黏附在一起，形成黏糊状的沉积物黏附在换热器的传热面上。这种沉淀物有人称它为黏泥，也有人称它为软垢。

黏泥黏附在换热器管壁上，除了会引起腐蚀外，还会使冷却水流量减少，从而降低换热器的冷却效率；严重时，这些生物黏泥会将管子堵塞，迫使停产清洗。

冷却水的循环使用对换热设备带来的腐蚀、结垢和黏泥问题要比使用直流冷却严重得多。因此，循环冷却水如果不加以处理，则将使换热设备的水流阻力加大，水泵的电耗增加，传热效率降低，并使生产工艺条件处于不正常状况。在现代化工厂中，为了提高传热效率，换热器的管壁制作得很薄，并且严格控制污垢的厚度，一旦换热器发生腐蚀或结垢，尤其是局部发生腐蚀，将使换热器很快泄漏并导致报废，给生产带来巨大的损失。因此，必须对循环冷却水进行水质处理，以综合解决腐蚀、结垢和黏泥（微生物繁殖）三个问题。

4. 循环冷却水水质处理的意义

冷却水长期循环使用后，必然会带来金属腐蚀、结垢和微生物滋生这三种危害。循环冷却水水质处理就是使冷却水通过处理后减轻或消除这三种危害。这样做有如下好处。

（1）稳定生产　消除水垢附着、腐蚀穿孔和黏泥堵塞等危害，使系统中的换热器可以始终处于良好的环境中工作，除计划中的检修外，意外的停产检修事故就会减少，从而在循环冷却水方面为工厂长周期安全生产提供了保证。

（2）节约水资源　年产 30 万吨合成氨厂中，采用直流冷却系统，用水量为 23500m³/h；如果采用循环冷却水系统，其补充水量一般只需 550～880m³/h。节约的水量就非常可观（节约用水 96％～97.5％）。

（3）减少环境污染　循环冷却水系统可以大大减少冷却污水的排放量，因此仅需对排放的少量冷却污水，进行处理，就可达到所允许的排放标准，减少环境污染。甚至做进一步处理后，还可回收作系统补充水用。这样，循环系统就形成闭路循环，它不向外界排放污水，也就不会存在污染环境、破坏生态平衡的问题了。

（4）节约钢材和提高经济效益　冷却水的循环使用为进行冷却水水质处理提供了良好条件。通过处理可以减轻冷却水对金属设备，特别是换热设备的腐蚀。例如，东北某石油化工厂的一个循环冷却水系统，在未进行水质处理之前三年间共更换换热器 114 台；该厂对循环冷却水作了水质处理后，三年间仅更换了 50 台换热器，每年减少损耗 56％。若每台换热器以 2t 用料计，则每年可节约钢材 32t。如果把节约大量钢材和设备加工制造费用以及停产检修造成的经济损失，都从产品成本中扣除，则节约钢材和提高工厂经济效益的效果十分显著。

第二节　循环冷却水系统中的沉积物及其控制

一、循环冷却水系统中的沉积物

循环冷却水系统在运行过程中，会有各种沉积物沉积在换热器的传热表面。它们主要是由水垢、污泥、腐蚀产物和微生物沉积构成。冷却水系统中的沉积物不仅使传热效率降低，由于沉积物本身的腐蚀性或对缓蚀剂保护膜的干扰作用而产生的腐蚀也是一个严重的问题。

1. 水垢和污垢

（1）水垢的形成　在循环冷却水系统中，水垢是由过饱和的水溶性组分，即水中溶解的各种盐类，如重碳酸盐、碳酸盐、硫酸盐、氯化物、硅酸盐等形成的，其中溶解的 $Ca(HCO_3)_2$、$Mg(HCO_3)_2$ 最不稳定，当水流经换热器表面，特别是温度较高的表面时，它们极容易分解生成碳酸盐。

当循环水通过冷却塔，溶解在水中的 CO_2 会逸出，水的 pH 值升高，此时重碳酸盐在碱性条件下也会发生如下分解反应

$$Ca(HCO_3)_2 \xrightarrow{\triangle} CaCO_3 \downarrow + H_2O + CO_2 \uparrow$$

如水中溶有适量的磷酸盐与钙离子时，也将产生磷酸钙沉淀

$$2PO_4^{2-} + 3Ca^{2+} \Longleftrightarrow Ca_3(PO_4)_2 \downarrow$$

上述反应生成的 $CaCO_3$ 和 $Ca_3(PO_4)_2$ 等均属于微溶性的盐，它们的溶解度比 $Ca(HCO_3)_2$ 来要小得多；同时，它们的溶解度与一般盐类不同的是随着温度的升高而降低。因此在换热器的传热表面上，这些微溶性盐很容易达到过饱和状态而从水中结晶析出，尤其是水流速度小或传热面较粗糙时，这些结晶沉淀物就会沉积在传热表面上，形成通常所称的水垢。由于这些水垢结晶致密，比较坚硬，又称之为硬垢。常见的水垢组成为碳酸钙、硫酸钙、磷酸钙、镁盐、硅。

（2）污垢　污垢是除水垢以外的固形物的集合体，常见的污垢物有泥渣及粉尘、砂粒、腐蚀产物、天然有机物、微生物群体、一般碎屑、氧化铝、磷酸铝、磷酸铁。在敞开式循环冷却水系统中，存在上述常见的污垢物；在密闭式循环冷却水系统中，

常见的污物有腐蚀产生物和有机物，在直流冷却水系统中常见的污垢物有泥渣及粉尘、微生物群体和一般碎屑。

污垢物本身就能造成严重的问题，当它伴随结垢一起进入沉淀后，会加剧腐蚀，造成诸多危害：如使系统发生堵塞，导致传热损失严重、检修更加频繁，导致设备事故甚至停车等，故对污垢的沉积必须引起足够的重视。

2. 水垢析出的判断

（1）饱和指数，简写为 LSI。可通过下式计算

$$LSI = pH_{act} - pH_s$$

式中　pH_{act}——冷却水运行时的实际 pH 值；

pH_s——冷却水中碳酸钙呈饱和状态时的 pH 值。

当 LSI>0 时，水中的碳酸钙必定处于过饱和状态，就有结垢倾向；LSI=0 时，碳酸钙既不析出，原有的碳酸钙垢层也不会溶解，这样的水质称为稳定的水；LSI<0 时，水中的碳酸钙必定处于不饱和状态，则原来传热面上的碳酸钙垢层就会溶解掉，金属表面由于不能生成碳酸钙垢而发生腐蚀。

（2）稳定指数，简写为 RSI。可通过下式计算

$$RSI = 2pH_s - pH_{act}$$

稳定指数表明在特定条件下，一种水引起结垢或腐蚀的程度。用稳定指数可以对水质的倾向做出判断。RSI 为 4.5～5.0 的水质严重结垢；RSI 为 5.0～6.0 的水质轻度结垢；RSI 为 6.0～7.0 的水质基本稳定；RSI 为 7.0～7.5 的水质轻微腐蚀；RSI 为 7.5～9.0 的水质严重腐蚀；RSI>9.0 的水质极严重腐蚀。

与饱和指数相比较，稳定指数的判断较接近水质的实际倾向，但都不理想。例如用稳定指数判断后认为是结垢型或轻微腐

蚀的冷却水，实际上往往是一些腐蚀性较强的水，结果使冷却水系统遭受严重腐蚀。基于水的总碱度［A］比水的 pH 值能更正确地反映冷却水的腐蚀与结垢倾向。因此，用总碱度［A］去确定冷却水的平衡 pH（pH_{cp}），再用 pH_{cp} 代替稳定指数的 pH_{act} 而引出了结垢指数。

（3）结垢指数，简写为 PSI，可通过下式计算

$$PSI = 2pH_s - pH_{cp}$$

式中的 pH_{cp} 可查有关 pH_{cp} 与［A］的对应关系表来确定，也可以由总碱度［A］用下式算出

$$pH_{cp} = 1.465 lg[A] + 4.54$$

当 PSI＜6 时的水质结垢；PSI＝6 时的水质稳定；PSI＞6 时的水质腐蚀或不结垢。从形式上看，结垢指数与稳定指数十分相似，因此，结垢指数可以看成是修正了的稳定指数。当冷却水的 pH＞8 时，用结垢指数判断冷却水的腐蚀与结垢倾向特别成功。

用上述三种指数判断冷却水的腐蚀与结垢倾向均存在一定的局限性。因为它只反映了化学作用，没有涉及电化学过程和严密的物理结晶过程；没有考虑到水中表面活性物质或配离子的影响；忽略了其他阳离子的错综平衡关系；没有考虑到投加缓蚀剂和阻垢剂后的抑制影响；没有考虑其他设备材质的性能，只适用于对碳钢的腐蚀倾向；也没有考虑其他结垢物质的存在等。故在使用中还要考虑其他因素给予修正。

（4）磷酸三钙饱和指数，简写为 $LSI(PO_4)$，其计算公式如下

$$LSI(PO_4) = (17.30 + f_{pH} + f_t) - (f_{Ca} + f_{PO_4})$$

式中　$LSI(PO_4)$——磷酸三钙饱和指数；

　　　f_{pH}——pH 值指数；

f_t——温度指数；

$f_{(Ca)}$——钙硬度指数；

$f_{(PO_4)}$——磷酸根指数。

为计算方便，通常将有关数据制成图表，直接读出磷酸钙的饱和 pH 值。

当 $LSI(PO_4) > 0$，意味着有磷酸三钙水垢析出；$LSI(PO_4) < 0$，则意味着磷酸三钙会溶解；根据实际操作经验，往往 $LSI(PO_4) < 1.5$ 时，可防止在加入聚磷酸盐缓蚀剂后析出磷酸钙水垢。

二、结垢的防止方法

防止冷却水系统结水垢，一般采用以下几种方法。

1. 补加水的处理

根据所选用的处理方案和浓缩倍数的要求，首先将原水经过严格的预处理，去除水中悬浮物等不溶性杂质，必要时还应把补充水软化到一定程度，控制好水中钙离子及悬浮杂质的含量。

2. 在循环水中加酸或加二氧化碳

碳酸钙结垢是循环水系统中最常见的问题，也是认识最早的问题。因此，在过去循环水水质不太复杂，控制要求不太严的情况下，常以加酸或加二氧化碳的方法防止碳酸钙的结垢。

加酸处理一般是用硫酸，把碳酸盐硬度转化为非碳酸盐硬度，反应式如下

$$Ca(HCO_3)_2 + H_2SO_4 \Longrightarrow CaSO_4 + CO_2 \uparrow + H_2O$$

由于 $CaSO_4$ 溶解度大，所以可以防止产生结垢。

加二氧化碳处理是利用二氧化碳与水中碳酸钙反应生成重碳酸钙，由于重碳酸钙的溶解度要比碳酸钙大得多，所以避免了碳

酸钙结垢，反应式如下

$$CaCO_3 + CO_2 + H_2O \Longleftrightarrow Ca(HCO_3)_2$$

3. 使用阻垢剂

凡能控制产生泥垢或水垢的药剂称为阻垢剂，使用阻垢剂破坏 $CaCO_3$ 等盐类结晶增长过程，达到控制水垢形成的目的。早期采用的是天然阻垢剂，如磺化木质素、单宁等。近年来采用的阻垢剂有合成聚合物（聚丙烯酸、聚甲基丙烯酸、聚马来酸及丙烯酸、马来酸的共聚物）；无机聚合物（三聚磷酸钠、六偏磷酸钠等）；膦酸盐（HEDP、ATMP、EDTMP）；磷酸酯（多元醇磷酸酯、单元醇磷酸酯等）；磷羧酸等。天然阻垢剂的优点是价格便宜，在比较简易处理的系统也能达到要求；但缺点是天然产物规格不稳定，原料来源比较分散，产品质量不能保证，并且天然聚合物的阻垢剂效果不能满足生产上越来越高的要求，因此在浓缩倍数较高的冷却水系统不能单独用它作阻垢剂。

（1）阻垢剂作用机理　阻垢剂的作用机理可以分为三种类型。

一是用阴离子型或非离子型的聚合物把胶体颗粒包围起来，使它们稳定在分散状态，这类药剂称为分散剂。例如磷酸盐、聚丙烯酸钠，经过它们的吸附，离解的羧基提高了结垢物质微粒表面电荷密度，使这些微粒的排斥力增大，降低微粒的结晶速度，使晶体结构畸变而失去形成桥键的作用。如果循环水中这些聚合物的浓度足够的话，则会使结垢物质保持分散状态。

二是把金属离子变成一种螯合离子或配离子，从而抑制了它们和阴离子结合产生沉淀物，这类药剂称为螯合剂或配合剂。最典型的螯合剂为 EDTA（乙二胺四乙酸二钠）。EDTA 几乎可以同任何一种金属离子形成螯合物，金属离子和 EDTA 摩尔比为

1:1。由于循环水中产生结垢的金属离子的浓度都很高，采用螯合剂来防止结垢的办法就需要很多的剂量，这是不经济的；但用少量的分散剂，就足以抑制 Ca^{2+} 所产生的 $CaCO_3$ 和 $CaSO_4$ 结晶颗粒的长大，防止它们黏结在金属表面上，比采用螯合剂的办法要经济很多。

三是利用高分子混凝剂的凝聚架桥作用，使胶体颗粒形成矾花，悬浮在水中。例如聚丙烯酰胺，通过架桥作用把水中的悬浮物凝聚成较大的颗粒，中和了悬浮物的表面电荷，减少了颗粒总表面积，相对密度也相应下降了，于是絮凝物仍悬浮在水中，这些分散的或悬浮在水中的颗粒，经旁流系统处理或排污而被除去。

（2）阻垢剂的选择原则　　阻垢效果好，在水中含 Ca^{2+}、Mg^{2+}、SiO_3^{2-} 等量较大时，仍有较好的阻垢效果；化学稳定性好，在高浓缩倍数和高温情况下，与缓蚀剂、杀菌剂并用时，阻垢效果不会明显下降，也不得影响缓蚀效果和杀菌灭藻效果；无毒或低毒，容易被微生物降解；配制、投加、操作等简单方便；原料易得，制备简单，价格低廉，易于运输和贮备。

（3）阻垢剂　　阻垢剂是一种聚合电解质。根据聚合物主链上的不同特性基团在水中表现出来的性质，可将其分为三类。在水中电离后带正电荷的称为阳离子型，其典型特性基团是氨基和季铵离子；在水中电离后带负电荷的称为阴离子型，其典型特性基团是羧基和磺酸基；在水中不能离子化的称为非离子型，其典型特性基团是酰胺和醇。

这类化合物可分别作为分散剂、絮凝剂等用来阻垢。聚丙烯酸等聚合电解质能对无定形不溶性物质起到分散作用，使其不凝结，呈分散状态悬浮在水中，从而被水冲走。如聚丙烯酸和聚甲基丙烯酸是阴离子型聚合电解质，它们都有螯合作用和晶格歪曲作用。聚甲基丙烯酸的螯合能力优于聚丙烯酸，但在晶格歪曲作用方面聚丙烯酸优于聚甲基丙烯酸。适于作水处理药剂的聚丙烯酸的相对分子质量为 2000～10000，聚甲基丙烯酸的则为 500～2000。

聚马来酸（酐）同时具有晶格歪曲与临界效应两种作用，阻垢性能优良。可用于高 pH 值下的阻垢，有分散磷酸钙垢的效能，在 10^{-3} mg/L（$CaCO_3$ 计）的总硬度水中仍有阻垢作用；用它作阻垢剂，冷却水系统生成的垢很软，易被水冲掉；其热稳定性好，可使用于较高温度，在 300℃ 以下聚马来酸没有任何变化，在 300～350℃ 下有少量脱水现象而生成酐，在 350℃ 以上才会发生分解；与锌盐配合有良好的缓蚀作用。

常用的有机磷酸盐有亚甲基磷酸盐（ATMP）、乙二胺四亚甲基磷酸盐（EDTMP）、羟基亚乙基二磷酸盐（HEDP）。ATMP 和 EDTMP 两种磷酸盐，因为结构中有氮原子，当采用氯气等氧化剂杀菌时，容易被氧化而降低了其抑制水垢的效果；HEDP 中没有氮原子，其抗氧性比上述两种磷酸盐好。有机磷酸盐发展很快，并有水解稳定性好的优点，即使在较高温度下，也不会水解成正磷酸盐。消垢效果也比聚磷酸盐好，因此膦酸盐已愈来愈多地代替聚磷酸盐作为水垢阻垢剂。膦酸盐和聚磷酸盐混合使用时有明显的增效作用，因此在常用的配方中，一般都是将有机磷酸盐和聚磷酸盐混合使用。

4. 增设旁流设备

即使在水质处理较好、补充水的浊度也较低的情况下，循环水系统中浊度仍会不断增加，从而加重污垢的形成。可在系统中增设旁流设备，控制旁流量和进、出旁流设备水的浊度，就可保证系统在长时间运行下。浊度应维持在控制的指标内，以减少污垢的生成。

　　冷却水的旁流处理，是指取部分循环水量进行处理后再返回系统内，以满足循环水水质的要求。按处理物质的形态，旁流处理可分为悬浮固体处理和溶解固体处理两类。但是实际上，一般是处理循环水中的固体物质。因为从空气中带进系统的悬浮杂质以及微生物繁殖所产生的黏泥，常使循环水浊度增加，单靠排污不能解决，也不经济。如某工厂没有设置旁流处理，水的浊度经常在 $(2\sim3)\times10^{-5}$ mg/L，影响到传热和腐蚀；后设置了旁流处理，浊度就保持在 10^{-5} mg/L 以下，微生物及黏泥量也减少了。由此可见循环冷却水设置旁流处理是十分必要的。

　　循环水悬浮固体处理通常采用过滤处理。一般是在回水总管进冷却塔之前接出一支水管，这部分水经过旁滤池过滤处理后直接入冷却塔水池。旁流过滤设备与一般过滤设备相同，通常以石英砂或无烟煤作为过滤介质，可采用单层、双层或三层滤料。当循环水中的悬浮物含量在 $10\sim30$ mg/L 时，过滤可除去 $50\%\sim75\%$ 的悬浮物，当循环水中的悬浮物含量更高时，大约可去除 90%。但如果循环水中有油污，不能使用旁流过滤，因为油污会很快使过滤介质堵塞。

　　有的工厂，在冷却塔水池内增设斜管（板）来降低系统中循环冷却水的浊度，阻垢效果也较好。

第三节　循环冷却水系统中金属腐蚀的控制

冷却水处理要解决的问题之一是金属设备的腐蚀。

一、腐蚀及其危害

由于周围介质的作用，使材料（通常是金属材料）遭受破坏或使材料性能恶化的过程称为腐蚀。制作工艺设备的材料受到腐蚀后，不论是均匀腐蚀还是局部腐蚀，首先是影响材料的机械强度和传热效果，并产生不安全的因素，可能成为事故的隐患，直接威胁到生产的正常进行。严重的还会造成设备报废。所以，阻止或降低腐蚀速度，抑制腐蚀的发生是冷却水循环使用应该解决的问题之一。

冷却水系统中金属腐蚀形态有：均匀腐蚀、电偶腐蚀、缝隙腐蚀、孔蚀、晶间腐蚀、选择性腐蚀、磨损腐蚀和应力腐蚀等。

二、设备腐蚀的影响因素

1. 溶解氧

敞开式循环冷却水系统中，冷却水含有丰富的溶解氧，在通常情况下，水中含 O_2 4～6mL/L，溶解氧对钢铁有两个相反的作用，一是参加阴极反应，加速钢铁的腐蚀；二是在金属表面形成氧化膜，抑制钢铁的腐蚀。

一般规律是氧在低浓度时起去极化作用，加速腐蚀，随着氧浓度的增加腐蚀速度也增加。但达到一定值后，腐蚀速度开始下降，这时的溶解氧浓度称为临界点值。腐蚀速度减小的原因是由于氧使碳钢表面生成氧化膜所致。溶解氧的临界点值与水的 pH 值有关。当水的 pH 值为 6 时，一般不会生成氧化膜，所以溶解氧愈多，腐蚀愈快。当 pH 值为 7 时，溶解氧的临界点浓度为 20mL/L，pH 值升高到 8 时，其临界点浓度为 16mL/L。因此，碳钢在中性或碱性水中，腐蚀速度起先是随溶解氧的浓度增加而增加，但过了临界点，腐蚀速度随溶解氧的浓度的继续升高而下降，故钢铁在碱性水中腐蚀速度比在酸性水中要低。

一般说来，循环冷却水在 30℃ 左右时，溶解氧只有 8～9mL/L，往往不会超过其临界点值，所以溶解氧就成为加速腐蚀的主要因素。在热交换器中，当水不能充满整个热交换器时，在水线附近就特别容易发生腐蚀，这是因为在热交换器中水温升高，溶解氧逸到上部空间，而在水线附近产生了浓差电池，导致并加速了这种局部腐蚀现象。

2. 水中溶解盐类的浓度

水中溶解盐类的浓度对腐蚀的影响综合起来有以下三个方面。

① 水中溶解盐类的含量很高时，将使水的导电性增大，容易发生电化学作用，使腐蚀加剧；

② 影响 $Fe(OH)_2$ 的胶体状沉淀物下降，腐蚀速度减慢；

③ 可使氧的溶解度下降，进而使阴极过程减弱，导致腐蚀速度减慢。

上面综合作用的结果，一般来说是使腐蚀增加，而在盐溶液浓度大于 0.5mol/L 后，腐蚀开始减小。

关于水中不同离子与腐蚀的关系，一般有以下原则性认识。

（1）水中 Cl^-、SO_4^{2-} 等离子的含量高时，会增加水的腐蚀性。Cl^- 不仅对不锈钢容易造成应力损失，而且 Cl^- 还容易破坏金属上的氧化膜，因此，Cl^- 是使碳钢产生点蚀的主要原因。

（2）水中的 PO_4^{3-}、CrO_4^{2-}、WO_4^{2-} 等离子能钝化钢铁或生成难溶沉淀物而覆盖于金属表面，起到抑制腐蚀的作用。

（3）Ca^{2+}、Zn^{2+}、Fe^{2+} 等离子由于能与阴极产物 OH^- 生成难溶的沉淀沉积于金属表面，起到防腐蚀作用；而 Cu^{2+}、Fe^{3+} 等具有氧化性的阳离子，由于能促进阴极的去极化作用，因而是有害的。

3. 水的温度

像大多数化学反应一样，水的温度对腐蚀的影响，其速率随着水温的升高而成比例地增加。一般情况下，水温每升高 10℃，钢铁的腐蚀速率增加 30%。这是因为水温升高时有以下情况出现。

① 氧扩散系数增大，使得溶解氧更容易达到阴极表面而发生去极化作用；

② 溶液电导增加，腐蚀电流增大；

③ 水的黏度减小，有利于阳极反应的去极化作用而使得腐蚀速率增大。但是，水温的提高，可使水中溶解氧浓度减少，也呈现出对腐蚀的抑制作用。水温的影响也是一个综合影响过程。

在密闭容器内，腐蚀率随温度的升高而直线上升。但在敞开式循环系统中，起先腐蚀速率随温度上升而变大，到 80℃时腐蚀速率达最大；以后随着温度的上升而急剧下降。这是因为温度升高引起的反应速率的增大，不如溶解氧浓度减少所引起的反应速率的下降来得大。

4. 水的pH 值

在自然界正常温度下，水的 pH 值一般在 4.3～10.0，碳钢在这样的水溶液中，它的表面常常形成 $Fe(OH)_2$ 覆盖膜，此时碳钢腐蚀速率主要决定于氧的扩散速度而几乎与 pH 值无关；在 pH 值为 4～10，腐蚀速率几乎是不变的。pH 值在 10 以上时，铁表面被钝化，腐蚀速率继续下降。当 pH 值低于 4.0 时，铁表面保护层被溶解，水中 H^+ 浓度因而发生析氢反应，腐蚀速率将急剧增加。

实际上，由于水中钙硬的存在，碳钢表面常有一层 $CaCO_3$

保护膜。当 pH 值偏低时，则在碳钢表面不易形成有保护性的致密的 $CaCO_3$ 垢层，故 pH 值低时，其腐蚀速率要比 pH 值偏高时高些。

5. 水流速度

碳钢在冷却水中被腐蚀的主要原因是氧的去极化作用，而腐蚀的速度又与氧的扩散速度有关。流速的增加将使金属壁和介质接触面的层流变薄而有利于溶解氧扩散到金属表面。同时流速较大时，可冲去沉积在金属表面的腐蚀、结垢等生成物，使溶解氧更易向金属表面扩散，导致腐蚀加速，所以碳钢的腐蚀速率是随水流速度的升高而加大。随着水流速度的进一步升高，腐蚀速率会降低，这是因为流速过大，向金属表面提供的氧量足以使金属表面形成氧化膜，起到缓蚀作用。当流速很高时（大于 20m/s），腐蚀类型将转变为以机械破坏为主的冲蚀。

一般说来，水流速度在 0.6～1m/s 时，腐蚀速率最小，当然水流速度的选择不能只从腐蚀角度出发，还要考虑到传热的要求，流速过低会使传热效率降低和出现沉积，故冷却水的流速一般控制在 1m/s 左右。

三、冷却水处理系统中金属腐蚀的控制

1. 添加缓蚀剂

缓蚀剂又叫抑制剂。凡是添加到腐蚀介质中能干扰腐蚀电化学作用，阻止或降低腐蚀速率的一类物质都称为缓蚀剂。其作用是通过在金属表面上形成一层保护膜来防止腐蚀的。

（1）缓蚀剂的分类　缓蚀剂的种类很多，通常有以下三种分类方法。

① 按药剂的化学组成可分为无机缓蚀剂如铬酸盐、重铬酸

盐、磷酸盐、聚磷酸盐，硝酸盐、亚硝酸盐、硅酸盐等；有机缓蚀剂如胺类、醛类、膦类、杂环化合物等。

② 按药剂对电化学腐蚀过程的作用可分为阳极缓蚀剂如铬酸盐、亚硝酸盐等，阴极缓蚀剂如聚磷酸盐、锌盐等，以及阴阳极缓蚀剂如有机胺类三种。阳极缓蚀剂和阴极缓蚀剂能分别阻止阳极或阴极过程的进行；而阴阳极缓蚀剂能同时阻止阴、阳极过程的进行。

③ 按药剂的金属表面形成各种不同类型的膜则可分为氧化膜型、沉淀膜型和吸附膜型。

（2）缓蚀剂的特性　缓蚀剂的类型不同，反映出来的特性各异。故按类型分别作出介绍。

① 氧化膜型缓蚀剂　这类缓蚀剂能使金属表面氧化，形成一层致密的耐腐蚀的钝化膜而防止腐蚀。如铬酸盐在溶液中使碳钢表面生成一层 $\gamma\text{-}Fe_2O_3$ 的膜，它紧密牢固地黏附在金属表面，改变了金属的腐蚀电位，并通过钝化现象降低腐蚀反应的速度。氧化膜型缓蚀剂的防腐作用是很好的，但是这类缓蚀剂如果加入量不够，就不足以使阳极全部钝化，则腐蚀会集中在未钝化完全的部位进行，从而引起危险的点蚀，所以这类缓蚀剂用量往往较多。氧化膜缓蚀剂在成膜过程中会被消耗掉，故在投加这种缓蚀剂的初期需加入较多的量。待成膜后就可减少用量，加入的药剂仅用来修补破坏的氧化膜。氯离子、高温及水流速度高都会破坏氧化膜，故应用时要考虑适当提高药剂浓度。

② 沉淀膜型缓蚀剂　这类缓蚀剂能与水中某些离子和腐蚀下来的金属离子相互结合而沉淀在金属表面上，形成一层难溶的沉淀物或表面配合物，从而阻止了金属的继续腐蚀。由于这种防蚀膜没有和金属表面直接结合，它是多孔的，常表现出对金属的

附着不好。因此，从缓蚀效果来看，这种缓蚀剂稍差于氧化膜缓蚀剂。

③ 吸附膜型缓蚀剂　这类缓蚀剂都是有机化合物，在其分子结构中具有可吸附在金属表面的亲水基团和遮蔽金属表面的疏水基团。极性基团定向地吸附在金属表面，而疏水基团则阻碍水及溶解氧向金属扩散，从而达到缓蚀的作用。当金属表面呈活性和清洁的时候，这种缓蚀剂形成满意的吸附膜并表现出很好的防蚀效果。但如果在金属表面有腐蚀产物覆盖或有污垢沉积物，就不能提供适宜的条件形成吸附膜型防蚀膜。所以这类缓蚀剂在使用时可加入润湿剂，以帮助其向覆盖的金属表面渗透，提高缓蚀效果。

（3）常用的冷却水缓蚀剂

① 常用的铬酸盐缓蚀剂是 Na_2CrO_4、K_2CrO_4 和 $Na_2Cr_2O_7 \cdot 2H_2O$ 或 $K_2Cr_2O_7 \cdot 2H_2O$。这种缓蚀剂是阳极型或氧化膜型，起作用的是阴离子。当它加入到水中，可产生下列反应

$$CrO_4^{2-} + 3Fe(OH)_2 + 4H_2O \Longrightarrow Cr(OH)_3 + 3Fe(OH)_3 + 2OH^-$$

形成的两种水合氧化物，随后脱水生成 Cr_2O_3 和 Fe_2O_3 的混合物，在阳极上形成钝化膜，阻滞了阳极过程的进行。铬酸盐形成的钝化膜中含 10％的 Cr_2O_3 和 90％的 $\gamma\text{-}Fe_2O_3$。

铬酸盐是阳极缓蚀剂，在相当高的剂量时，是一种很有效的钝化缓蚀剂。但在低剂量使用时则有坑蚀危险，故一般单独使用铬酸盐时剂量都在 $1.5 \times 10^{-6} \, mg/L$ 以上。若与其他药剂如六偏磷酸钠、锌盐等配合，其剂量便可大大降低。

铬酸盐的使用范围较广，在碱性水中成膜效果最好，一般推荐 pH 值范围为 7.5～9.5。

使用铬酸盐最主要的问题是排放污水对环境引起的污染，因

为铬对水生生物和人体有毒性。国外许多国家规定，排放污水中 Cr^{3+} 的含量不能超过 $5×10^{-8}\,mg/L$。这是一般的污水处理方法所不易达到的标准。因此，铬酸盐作缓蚀剂虽然有缓蚀效果好、不易滋生菌藻的优点；但由于排水的污染问题，目前尚未在国内推广使用。

②　常用的聚磷酸盐缓蚀剂有三聚磷酸钠和六偏磷酸钠，后者使用最为广泛。聚磷酸盐除了作为缓蚀剂用外，还可以作为阻垢剂来使用。长期以来，认为聚磷酸盐是阴极型或沉淀型缓蚀剂，它与水中溶解的金属离子形成配合物，沉积在金属表面上形成保护膜而减缓腐蚀。因此，要使聚磷酸盐发挥较好的缓蚀作用，冷却水中要求有一定的两价金属离子，例如 Ca^{2+}、Fe^{2+} 或 Zn^{2+} 等。在 Ca^{2+} 含量很少的软水中不宜用聚磷酸盐作缓蚀剂用。水中 Ca^{2+} 含量对聚磷酸盐的缓蚀效果有很大的影响外，溶解氧的含量也影响其缓蚀效果。因为存在一定溶解氧能使聚磷酸盐形成含有氧化物的保护膜。反之，如果不含溶解氧，水中的聚磷酸盐会与铁形成可溶性配合物而促进腐蚀。因此，在选用聚磷酸盐作缓蚀剂时，必须满足对 Ca^{2+} 等二价金属离子和溶解氧含量的要求，否则不能获得良好的效果。一般说来，在敞开式循环冷却水系统中，溶解氧基本上是饱和的，因此关键还是水中要有足够的 Ca^{2+}。

聚磷酸盐易水解成正磷酸盐，后者是阳极缓蚀剂，但缓蚀效果较弱，用量不足反而促进腐蚀；而最要害的问题在于 Ca^{2+} 含量较高时，正磷酸盐会过多，以致容易形成难溶的磷酸钙水垢。所以在使用聚磷酸盐时，要注意减少其水解作用。影响聚磷酸盐水解的因素是药剂的停留时间、微生物、水的温度和 pH 值。高温、高 pH 值和低 pH 值都会促进聚磷酸盐的水解。因此，要针对水质情况选择最适宜的运行条件。

聚磷酸盐作缓蚀剂，其排污处理不像铬酸盐那么严格，因而在我国使用得较普遍。虽然其缓蚀效果不如铬酸盐，且有菌藻滋生的危险，但如果操作、管理得当，也可获得满意的缓蚀效果。

在聚磷酸盐中添加一些锌盐，不但可阻止聚磷酸盐的水解，并可加速膜的形成。膜的成分是 γ-Fe_2O_3、磷酸铁配合物、磷酸锌和氢氧化锌。其保护效果比单独使用聚磷酸盐形成的膜要致密，所以缓蚀效果得到提高。但加锌时要注意，当 pH>8.3 时，Zn^{2+} 浓度不宜大于 5×10^{-6}mg/L，否则锌盐有形成沉积的危险。

③ 在冷却水循环系统中，锌盐是最常用的阴极缓蚀剂，起作用的是锌离子。锌离子在阴极部位，由于 pH 值的升高，能迅速形成 $Zn(OH)_2$ 沉积在阴极表面，起了保护膜的作用。锌盐相应的阴离子一般不影响它的缓蚀性能，氯化锌、硫酸锌及硝酸锌等都可以选用。

锌盐的成膜比较迅速，但这种膜不耐久，因此，锌盐是一种安全但低效的缓蚀剂，所以不宜单独使用。它和其他缓蚀剂如聚磷酸盐、低浓度的铬酸盐、有机磷酸酯等联合使用时，可以取得很好的缓蚀效果。因为锌能加速这些缓蚀剂的成膜作用，同时又能保持这些缓蚀剂所形成膜的耐久性。

锌对水生物也有毒性，因此它的应用也受到限制。另外，在 pH>8.3 时，锌有产生沉淀的倾向。故目前国内工厂多采用 $[Zn^{2+}]<4\times10^{-6}$mg/L，使所用的锌离子浓度低于规定的排放标准。

有机磷酸盐如氨基亚甲基磷酸盐（ATMP）、乙二胺四亚甲基磷酸盐（EDTMP）、羟基亚乙基二磷酸盐（HEDP）等，具有良好的缓蚀性能，但又都是很有效的阻垢剂。它们都有配合金属离子的能力，能够与铁和钙等离子结合，在金属表面形成一层有抑制作用的保护膜。相比之下，有机磷酸盐阻垢性能比聚磷酸盐好，而聚磷酸盐缓蚀性能又比有机磷酸盐好。因此在实际应用时很少单独使用有机磷酸盐，而总是将有机磷酸盐和聚磷酸盐混合使用。为提高缓蚀、阻垢效果，再添加一些锌盐和聚丙烯酸等分散剂，这样的配方已成功地使用在高硬度、高碱性的系统中。

④ 巯基苯并噻唑（MBT）是循环冷却水系统中对铜及铜合金设备使用的最有效的缓蚀剂之一。因此，其复合药剂配方里经常含有 $(1\sim2)\times10^{-6}$ mg/L 的巯基苯并噻唑。巯基苯并噻唑的缓蚀作用主要是依靠其与金属铜表面上的活性铜原子或铜离子产生一种化学吸附作用，进而发生螯合作用，形成了一层致密而牢固的保护层，使铜设备受到良好的保护。

在使用铜材设备的冷却水系统，巯基苯并噻唑除了保护铜设备以外，也相应保护其他钢材设备。生产中，一旦铜设备因腐蚀严重时，致使水中铜离子超过一定浓度时，会引起钢材的电化学腐蚀和电偶腐蚀。因此，凡系统中含有铜材设备或原水中含有一定铜离子浓度时，一般都考虑投加 MBT 或类似的药剂。MBT 在水中的溶解度较小，固体 MBT 加入时，常发生漂浮于水面的现象，为此，常以它的碱性水溶液投加，因为 MBT 的钠盐溶解度大些。MBT 只有在水质的 pH 值为 $3\sim10$ 时才是有效的，由其测其 MBT 的投加浓度，一般为 $1\sim2$mg/L，有保障的浓度为 2mg/L。有人认为除非在磷系配方中加入锌盐，否则 MBT 会损害聚磷酸盐的缓蚀作用。另外，MBT 的抗氯性较差，当有氯存在时，易被氯氧化成二硫化物，使得保护膜被破坏。

⑤ 苯并三氮唑对铜及铜合金也是一种很有效的缓蚀剂，它的负离子和亚铜离子形成一种不溶性的极稳定的配合物。这种配

合物吸附在金属表面上形成了一层稳定的、惰性的保护膜从而使金属得到保护。苯并三氮唑的使用浓度一般为 1×10^{-6} mg/L。在 pH 值 5.5～10 时缓蚀作用都很好，但苯并三氮唑在 pH 值低的介质中缓蚀作用降低。尽管如此，在流动的、非氧化性的酸中，苯并三氮唑仍有效地抑制铜的腐蚀。

苯并三氮唑对聚磷酸盐的缓蚀作用不产生干扰，对氧化作用的抵抗力很强。但当它与游离性氯同时存在时，则丧失了对铜的缓蚀作用，而在氯消失后，其缓蚀作用便得到恢复，这是 MBT 未能具有的性质，但其价格较高，故其应用不如 MBT 广泛。

⑥ 作为缓蚀剂用的硅酸盐，主要是硅酸钠（即市场上的水玻璃，又称泡花碱）。硅酸钠在水中呈一种带电荷的胶体微粒，与金属表面溶解下来的 Fe^{2+} 结合，形成硅酸等凝胶，覆盖在金属表面起到缓蚀作用，故硅酸盐是沉淀膜型缓蚀剂，溶液中的腐蚀产物 Fe^{2+} 是形成沉淀膜必不可少的条件。因此，在沉膜过程中，必须是先腐蚀后成膜，一旦膜形成，腐蚀也就减缓。硅酸盐作为缓蚀剂，其最大优点是操作容易，没有危险；在正常使用浓度下完全无毒，不会产生排污水污染问题，药剂来源丰富，价格低廉。但在硬度高的水中会生成硅酸钙或硅酸镁水垢，一旦水垢生成则很难消除，故硅系缓蚀剂目前只在少数使用。

⑦ 钼系水质稳定剂采用钼酸钠等钼酸盐为缓蚀剂。钼酸盐与铬酸盐一样，也是阳极缓蚀剂，它在铁阳极上生成一层具有保护膜作用的亚铁-高铁-钼氧化物的配合物的钝化膜。这种膜的缓蚀效果接近高浓度铬酸盐或硝酸盐所形成的钝化膜，但在成膜过程中，它又与聚磷酸盐相似，必须有足够的溶解氧存在。

钼酸盐单独使用需要投加较高剂量才能获得满意的缓蚀效果。故为了减少钼酸盐的投加浓度、降低处理费用和提高缓蚀效果，它与其他药剂如聚磷酸盐、葡萄糖酸盐、锌盐等共用具有很好的缓蚀效能。

钼系水质稳定剂具有缓蚀效果好，尤其是和其他药剂共用可大大地抑制点蚀的发生；毒性较低，不像铬、锌对环境有严重的污染影响。但存在使用剂量大，成本较高的缺点，如能降低剂量和费用，钼系可能是具有前途的一类缓蚀剂。

⑧ 我国现在基本上使用磷系水质稳定剂，配方中主要用聚磷酸盐或有机磷酸盐作缓蚀阻垢剂，再加一些高分子化合物作分散剂。磷系配方所用的药剂都可立足国内生产，货源充足，并已积累了一定的使用和管理经验，如果操作和管理得当，可以收到良好的处理效果，且其使用的药剂量少，成本低廉，在排水上不会造成环境污染，故能在我国得到广泛应用。

磷系配方按其操作条件可分为酸性处理和碱性处理。

磷系配方的酸性处理又称低 pH 值高磷酸盐处理，处理一般加硫酸，将循环冷却水的 pH 值调至 6.0～7.0。在这个 pH 值范围内，可稳住 $Ca(HCO_3)_2$，而没有 $CaCO_3$ 析出的危险，从而防止换热器中水垢的形成。酸性处理将使结垢的可能性减小，但腐蚀的倾向却增加了，所以将缓蚀剂的用量增大来抑制腐蚀，一般要加入 $(20～40)×10^{-6} mg/L$ 的聚磷酸盐。酸性处理一般可以取得较好的缓蚀、阻垢效果，同时药剂费用也较低。但其缺点，一是加酸调 pH 值时，如果操作不慎可能会使 pH 值忽高忽低的波动而引起设备的腐蚀或结垢；二是高剂量的磷排放会引起对环境的污染；三是要求水中 Ca^{2+} 不能太高，Ca^{2+} 高了需要软化处理。

磷系配方的碱性处理又称高 pH 值低磷酸盐处理。碱性处理是使循环冷却水的 pH 值保持在碱性范围，一般控制 pH 值在

7.5～8.5。碱性处理与酸性体系相比，水的腐蚀性减轻但结垢可能性增加了，所以在碱性处理除了加酸量减少外，缓蚀剂量也减少了很多，一般用量为 $(5～20)×10^{-6}$ mg/L。此外，在碱性处理的配方中还加入高效的阻垢剂和分散剂以抑制水垢和污垢的形成。

由于碱性处理结垢是主要矛盾，且影响结垢的因素又较多，故操作应严格控制。同时在碱性环境下氯的杀菌效果较差，所以要特别注意对菌藻的控制。

（4）增效作用 当采用两种以上药剂组成缓蚀剂时，往往比单用这些药剂的缓蚀效果好且用量少，这个现象叫做缓蚀剂的增效作用或协同效应。例如单用铬酸盐为缓蚀剂时需要很高的剂量，而锌盐单作缓蚀剂时效果较差，但当两者联合低剂量使用时，$5～10$ mg/L 的 $Na_2Cr_2O_7$ 及 $5～10$ mg/L 的 Zn^{2+} 就可得到很好的缓蚀效果。由于复方缓蚀剂的增效作用，同时还节约了药剂，因此目前很少采用单一的缓蚀剂。如现在使用较普遍的磷系配方中，除了聚磷酸盐外，还添加有有机磷酸盐或锌盐等药剂。

（5）发展趋向 随着冷却水处理工艺的深入发展，对缓蚀剂的需求的数量越来越多，对其性能的要求也越来越高，给冷却水缓蚀剂的开发工作带来了新的机遇。缓蚀剂开发工作的趋向是，针对不同水质、不同工艺条件、不同材质和不同要求，开发复合缓蚀剂；开发各种能使锌盐和聚磷酸盐稳定在冷却水中的稳定剂；开发更耐氯的缓蚀剂；开发无毒或低毒的缓蚀剂。

2. 提高冷却水的pH值

提高冷却水的 pH 值或采用碱性水处理可使循环冷却水系统中的金属腐蚀得到控制。随着水 pH 值的增加，水中氢离子的浓度降低，金属腐蚀过程中氢离子去极化的阴极反应受到抑制，碳钢表面生成氧化膜的倾向增大，故冷却水对碳钢的腐蚀随其 pH 值的增加而降低。在循环冷却水系统中，一般采用不加酸调节 pH 值的碱性水处理，敞开式冷却水系统是通过水在冷却塔内的曝气过程而提高 pH 值的。

冷却水的 pH 值提高后会带来三方面的问题，一是使水中的碳酸钙的沉积倾向增加，易于引起结垢和垢下腐蚀；二是在 pH 值为 8.0～9.5 时运行，碳钢的腐蚀速率虽有所下降，但仍然偏高，三是给两种常用的缓蚀剂聚磷酸盐和锌盐的使用带来了困难。这些问题可以通过在冷却水中添加复合缓蚀剂来解决。

除上述方法外，循环冷却水系统中金属腐蚀还可通过采用耐腐蚀材料的换热器及防腐涂料涂覆换热器的办法来控制。

第四节　微生物的控制以及循环冷却水的综合治理

一、微生物的控制

1. 冷却水中微生物的危害

循环冷却水是一个特殊的生态环境。水温为 25～30℃，pH 值为 6.5～8.5，恰好是多种微生物最适宜生长的范围；加之冷却塔、凉水池露置室外，日照充足，喷淋过程使水的含氧量达到饱和；同时微生物生长所需的营养源（如有机物、碳酸盐、硫酸盐等）因循环浓缩而增加，其中磷酸盐是微生物很好的营养盐，这些都给微生物生长提供了良好的条件。因此，由补充水与空气带进系统的各种微生物在循环冷却水中会很快地繁殖起来，最终使冷却水颜色变黑，发生恶臭，污染环境；而且会形成大量黏泥，使冷却效率降低，设备材质腐烂。黏泥沉积在换热器内，使传热效率迅速降低，水的压头损失增加；沉积在金属表面的黏泥会引起严重的垢下腐蚀，同时还隔绝了药剂对金属的作用，使药剂不能发挥应有的缓蚀阻垢效能。从而导致冷却水系统不能长期安全运转，影响生产，造成严重的经济损失。因此，微生物对冷却水系统的危害与水垢、腐蚀的危害一样严重。三者比较起来，可以说控制微生物的危害是首要的。

（1）微生物黏泥及其危害　　微生物黏泥又称软泥或污泥，是冷却水系统中换热器、管道、冷却塔、水槽等壁上的胶状沉淀物。这种沉淀物可能由微生物群体及其排泄物与化学污染物、泥浆等组成。黏泥与垢有所区别。从成分上看，黏泥的灼烧减量（即有机物）在 20% 以上，一般是 40%～60%；而垢的灼烧减量一般都小于 20%。从形成速度上看，黏泥形成较快，在短时间内就能形成；而垢是慢慢形成的。从外形上看，黏泥软而有黏性，垢硬而无黏性。黏泥除构成沉积物外，还能黏住在正常情况下可以保持在水中的其他悬浮杂质，形成泥团。在黏泥团的周围和黏泥团的下部因缺氧而成为活泼的阳极，铁不断地被溶解引起严重的局部腐蚀。

微生物黏泥除加速垢下腐蚀外，有些细菌在代谢过程中，生成的分泌物还会直接对金属构成腐蚀。如好气性硫细菌的氧化产物硫酸，可使局部的 pH 值降到 1.0～1.4，对这部分金属直接发生氢的去极化作用，加快了金属的腐蚀；又如厌氧性硫酸盐还原菌，其还原产物 H_2S 可直接腐蚀金属，生成硫化铁；硫化铁沉淀在钢铁表面与没有被硫化铁覆盖的钢铁又构成一个腐蚀电池，加速金属的腐蚀；铁细菌则直接将亚铁氧化成高铁，在阳极表面上直接起了阳极去极化作用，从而加速了腐蚀。因此，细菌促进腐蚀过程是多种多样的，在大多数情况下，可以认为细菌引起的腐蚀，常是各种细菌共同作用的结果。

藻类在日光的照射下，会与水中的 CO_2、HCO_3^- 等碳源起光合作用，吸收碳素营养而放出氧，故当藻类大量繁殖时会增加水中溶解氧含量，有利于氧的去极化作用，腐蚀过程因此而加速。

（2）冷却塔中木材的破坏是冷却水中存在的各种真菌作用的结果。木材由纤维素、半纤维素和 $20\% \sim 30\%$ 木质素所组成。纤维素是一种多糖物质 $(C_6H_{10}O_5)_n$，是木材细胞壁的组成部分；木质素是一种黏合剂，能将纤维素黏合在一起；而真菌是一种不含叶绿素的单细胞或呈丝状的一种简单植物，真菌没有叶绿素，不进行光合作用，大部分菌体都是寄生在动植物的遗骸上，菌丝则以此为营养而生长。菌丝有数微米大小，大都无色，少数呈暗色。它在污染了的冷却水中常形成软泥，引起管道堵塞。真菌中的子囊菌和半知菌容易寄生在连续浸泡于水中的木材上，它们分泌出的消化酶能将纤维素作为碳源而消耗破坏掉，木材中的纤维素被破坏了，只留下起黏合作用的木质素，因而降低了木材的结构强度。当木材表面细胞被水冲掉时，它就失去基本部分。如果木材仍处于潮湿状态，将出现易碎和变黑现象；而木材在干燥时则会出现裂缝现象。这种破坏发生在木材表面，称之为木材的"软腐病"。而"白腐病"和"棕腐病"则是木材内部受到侵蚀、腐烂，这也是真菌如担子菌寄生的结果，它们可以破坏木质素或纤维素，使木材变朽。有些真菌能利用木材的纤维素作为碳源，将其转变为葡萄糖和纤维二糖，从而破坏木材的结构。

（3）循环冷却水中的细菌及其危害　细菌的种类很多，但在冷却水系统中常见并能造成危害的细菌也不过十几种。细菌极其微小，其直径或长度一般只有 $0.5 \sim 1.0 \mu m$，少数也可达 $80 \sim 150 \mu m$。它们的形状各异，有球状的、杆状的、弧状的和螺旋状的。它们通常都是以单细胞或多细胞的菌落生存。细菌细胞由夹膜（或黏液膜）、细胞壁、鞭毛、细胞膜、细胞质、细胞核以及芽孢等构成，对生存条件的要求有很大的差别，如对温度的要求，有的喜冷（0～25℃），有的喜热（45～75℃），喜中等温度（20～45℃）更多；又如对空气的需要，有的需空气，有的则厌气，而有的是兼性的，有空气能生存，没有空气也能生存。细菌的繁殖非常快，其繁殖靠细胞分裂，一般每隔20～30min分裂一次，在24h内可获72代，如果条件适宜，经过10h就可繁殖数亿个。

按照营养来源，细菌可分为自养菌和异养菌。自养菌（无机营养型）是直接利用无机物（如空气中二氧化碳）及无机盐类作为营养源，合成细胞所需要的碳源微生物。自养菌又分光能自养菌和化学能自养菌。如藻类和含叶绿素的细菌可利用叶绿素吸收光能，从二氧化碳合成所需化合物的微生物叫光能自养菌；而化学能自养菌能氧化一定的无机化合物，利用所产生化学能还原二氧化碳，合成有机碳化物。这类细菌如硝化细菌、铁细菌、硫细菌等。自然界中化学能营养菌的分布较光能营养菌普遍，对于自然界中氮、硫、铁等物质的转化有很大作用。

利用环境中的有机物进行氧化发酵而得到细菌所需营养物的菌种叫异养菌。它可以是不含叶绿素的，其中有些细菌生活在动植物尸体上吸收养料，这种营养方式叫腐生；有些细菌生活则在活动的动、植物上吸收养料，这种营养方式叫寄生。

① 铁细菌　铁细菌一般能生活在溶有较多铁质和二氧化碳的弱酸性水中，在碱性条件下不易生长。它们能将细胞内吸收的亚铁氧化为高铁而获得能量。其反应为

$$4FeCO_3 + O_2 + 6H_2O \longrightarrow 4Fe(OH)_3 + 4CO_2 \uparrow + 167.5J$$

式中碳酸盐为碳素来源，反应产生的能量很小。为了满足它们对能量的需要，必须要有大量的高铁如 $Fe(OH)_3$ 的形成，这种不溶性铁化合物排出菌体后就沉淀下来，并在细菌四周形成大量的棕泥，从而引起管道堵塞。与此同时在铁管管壁上还形成锈瘤细节，产生点蚀。有铁细菌繁殖的冷却水中，常出现浑浊和色度增加，有时 pH 值也发生变化，铁含量增加，溶解氧减少，水管等设备中有棕色沉淀物，发出异臭，水的流量减少。

② 硫细菌　硫细菌为一种好气性细菌，在无氧情况下不能生长，在氧非常多的环境中也不能生长。一般在常有氧与硫化氢同时存在的微好气环境中发现。硫细菌特别是硫杆菌属能把硫、硫化物或者硫代硫酸盐氧化成硫酸，甚至在局部区域中生成相当于 10% 的硫酸，使 pH 值降到 $1.0 \sim 1.4$，从而对铁管或水泥管产生腐蚀破坏。硫细菌也常与铁细菌共存。硫细菌产生的黏膜也可能堵塞管道，并使水发臭。

③ 硫酸盐还原菌　硫酸盐还原菌是一种弧状的厌氧性细菌，在它的体内有一种过氧化氢酶，能将硫酸盐还原成硫化氢，从中获得生存能量，其反应式如下

$$H_2SO_4 + 8H^+ + 8e \longrightarrow H_2S\uparrow + 4H_2O + 能量$$
$$CaSO_4 + 8H^+ + 8e \longrightarrow Ca(OH)_2 + 2H_2O + H_2S\uparrow + 能量$$

由于过氧化氢酶需在还原状态下才能存活，因此氧会使它们致死，故硫酸盐还原菌在有氧的情况下是不会繁殖的，所以它常生存在好气性硫细菌的沉积物下面。

冷却水系统中如果有大量硫酸盐还原菌繁殖生长时，则会使系统发生严重的腐蚀，因为这种菌还原硫酸盐生成的 H_2S 会腐蚀钢铁，形成有臭味的黑色硫化铁沉淀物。这些沉淀物又会进一步引起垢下氧的浓差电池腐蚀和电偶腐蚀。当这种菌大量繁殖

时，仅加入氯气杀菌是不行的，因 Cl_2 会与 H_2S 起反应而消耗掉，所以必须投加其他杀菌剂。

④ 硝化细菌 硝化细菌分为亚硝酸细菌和硝酸细菌。亚硝酸细菌将氨氧化为亚硝酸，硝酸细菌将亚硝酸氧化为硝酸。这两类细菌有强烈的好氧性，不能在强酸性条件生长，适宜于中性或碱性环境，生活时不需要有机养料，是自养菌。硝化细菌的危害主要是硝化菌群能使氨氧化成亚硝酸根，而亚硝酸根为还原性物质，它影响氯的杀菌能力。当循环水中有亚硝酸根存在进行通氯杀菌时，只有将亚硝酸根全部氧化成硝酸根之后，才有余氯出现，否则水中就根本不会有余氯，因而也就不能控制微生物。当水中亚硝酸根含量大于 $10mg/L$ 时，通氯杀菌困难很大，往往出现氯的消耗高、余氯加不上、化学耗氧量（COD）增长、浊度上升、水变黑、系统黏泥量增加等，造成水质恶性循环。在这种情况下，使用氧化型杀菌剂的效果就很差，应该改用非氧化型杀菌剂使水质恢复正常，亚硝酸根下降后再用氯杀菌。

2. 微生物的控制方法

对循环冷却水系统中微生物的控制一般采用如下几种方法。

（1）改善水质 冷却水系统的污染程度与补充水的水质有密切的关系。常用的补充水水源——地面水的微生物污染程度是相当高的，因而对原水进行处理非常必要。使用混凝、澄清方法，不仅可降低浊度，而且一般可使细菌总数量降低到 10^3 以下，如果在澄清中投加氯杀菌则效果更好。

（2）投加杀生剂 在循环冷却水系统中，投加杀生剂是目前抑制微生物的常用方法。杀生剂常以各种方式杀伤微生物，有的可穿透细胞壁进入细胞质中，破坏维持生命的蛋白质基团；有些表面活性剂可起到破坏细胞的作用，细胞被摧毁，微生物也就被杀死；有的药剂则能抑制细菌中酶的反应，使酶的活性丧失，导致细胞迅速死亡，最终杀死微生物。

（3）采用过滤方法　补充水进入冷却系统前，可经过滤池过滤。过滤池装有石英砂或无烟煤、活性炭等滤料。过滤可除去水中藻类等悬浮杂质。在循环水系统中还可用旁流过滤处理方法，除去系统中悬浮物、污泥和微生物的尸骸，使循环水浊度降低。据一些工厂经验，增设旁滤池后可使循环水浊度降低到10^{-5} mg/L 以下。

3. 杀生剂及其选择原则

（1）氧化型杀生剂　通常是一种强氧化剂，具有强烈氧化性的杀生药剂，对水中微生物的杀生作用很强。卤素中的氯、溴和碘，还有氯的化合物，臭氧等都是氧化型杀生剂。溴和碘由于成本太高，无法用于大规模工业生产上，工业上常用的是氯、次氯酸钠和次氯酸钙等。氧化型杀生剂对水中其他还原性物质能起氧化作用，故当水中存在有机物、硫化氢和亚铁离子时，会消耗一部分杀生剂，降低了它的杀生效果。这时如果采用的是氯及其化合物，则会因需氯量的增加而提高氯耗。氯气溶解在水中按下式水解

$$Cl_2 + H_2O \rightleftharpoons H^+ + Cl^- + HClO$$

$$HClO \rightleftharpoons H^+ + ClO^-$$

氯气水解后，系统中存在着游离氯、次氯酸或次氯酸根离子，且随溶液中 pH 值的变化，其存在形式也发生变化，次氯酸和次氯酸根之和称为游离有效氯。氯是很强的氧化剂，它能和水中存在的许多杂质，如氨、氨基酸、蛋白质、含碳的物质、Fe^{2+}、Mn^{2+}、S^{2-} 和 CN^- 等起反应。和这些物质起反应时所需氯的总量叫做需氯量。

当水里面有氨时，氯和氨起反应生成三种不同的氯胺，反应如下

$$HClO + NH_3 \rightleftharpoons NH_2Cl + H_2O$$

$$2HClO + NH_3 \rightleftharpoons NHCl_2 + 2H_2O$$

$$3HClO + NH_3 \rightleftharpoons NCl_3 + 3H_2O$$

水中氯胺所含氯的总量称为化合性氯。当水中的 HClO 因消毒消耗后，上述反应向左进行，继续供应消毒所需的 HClO，故氯胺也有杀虫性能。游离有效氯的消毒效能比化合性氯高，一般氯胺的作用比氯慢，但当水中的 pH>10 时产生更好的效果，氯胺在水系统中有更好的持久性。当水中含氨量过高，游离有效氯不能保持时，可暂时采用其他杀菌剂如非氧化型。

氯加入水中主要消耗在藻类或黏泥等产生的有机物上，还要被含活性氮的化学物质如氨、聚丙烯酰胺等所消耗而形成氯胺，因此，只有满足了这些需氯的消耗后，水中才会出现游离有效氯。这个过程称为"转效点氯化"。只有过了转效点后，加入的氯才会产生多余的游离有效氯（常称为余氯）。为了保证杀生效果，在冷却水系统中要保持一定的余氯量和维持一定的接触时间，余氯量和接触时间要视系统的情况而定，一般余氯量要保持在 $(0.4 \sim 1.0) \times 10^{-6}$ mg/L。

余氯量大于 2×10^{-6} mg/L 时，容易破坏冷却塔中的木材，故必须注意。

投氯方式有连续式和间歇式两种。连续加氯是在冷却水中经常保持一定的余氯量，其杀生效果好，但费用较大，故一般采用间歇式加氯，即在一天中，间歇加氯 1~3 次，每次达到规定余氯量后维持接触时间 2~3h。必须注意的是加氯要按规定的时间进行，切莫中断，若加氯不及时，容易引起微生物的迅速繁殖，

待微生物形成危害后，就很难加以控制了。

余氯的监测应在系统终端进行，即在入塔的回水管上采样，因为终端如能保持一定的余氯量，则在整个系统都可以保证有余氯存在。氯加入系统时，会与碱中和。而消耗于有机物产生的 H_2S 和 SO_2 时，会产生氢离子。因此在加氯过程中，为避免循环水中 pH 值过低，必须中断或减少为调 pH 值而投加的酸量。

二氧化氯杀菌能力强，是一种黄绿色气体，有刺激性气味，性质不稳定，并具有爆炸性，故使用时必须在现场有关溶液中产生。用于水处理时，常通过亚氯酸溶液与氯的溶液或稀硫酸反应来产生。二氧化氯对孢子和病毒的杀伤更有效，其溶解在水中时并不与水起反应，水的 pH 值对二氧化氯杀菌效果没有多大影响，所以在高 pH 值时二氧化氯效果比起氯来要有效得多。由于二氧化氯不与氨和其他大多数胺起反应，所以其实际消耗量比氯少，对于合成氨、炼油厂来说，容易受氨、酚等污染，用二氧化氯代替氯可能更好些。但二氧化氯成本较高，故其使用也受到一定限制。

（2）非氧化型杀菌灭藻剂　在系统中，非氧化型杀菌灭藻剂控制微生物机理与氯是不同的。如在含有机物质或氨浓度高的水系中，它的活性与 pH 值无关，持久，对真菌、细菌及藻类等有机体均能控制等特点。可依据应用确定配方。

在循环冷却水系统中使用最多的非氧化型杀生剂是氯酚、五氯酚钠和三氯酚钠。国内使用较普遍的氯酚杀菌剂为 NL-4，它的主要成分为 2,2′-二羟基-5,5′-二氯-二苯基甲烷（二氯酚）。其使用浓度为 10^{-4} mg/L。它对于循环水中异养菌、铁细菌、硫酸盐还原菌等菌类及藻类均有很强的杀灭和抑制作用，对真菌的杀灭效果尤为显著。对木质冷却塔进行定期喷药处理，可防止真菌对木材的腐蚀。

氯酚毒性大，对人眼、鼻等黏膜和皮肤有刺激，使用时要注意防护。氯酚对鱼类具有较高的毒性，因此排入湖泊中受到了限制，一般在使用时，冷却水系统停止排污，待氯酚在系统中充分降解后才能进行排水。

季铵盐是一种含氮的有机化合物，对藻类和细菌的杀灭最有效。季铵盐在水中电离后带正电荷，是一种阳离子型的表面活性剂，具有渗透至微生物生长物内部的性能，而且容易吸附在带负电荷的微生物表面。微生物的生活过程由于受到季铵盐的干扰而发生变化，这就是季铵盐类的杀菌原理。循环水中许多带负电荷的物质如灰尘、油污和一些有机物质都会与季铵盐的正电荷相吸，使季铵盐的活性降低，从而失去杀菌作用。季铵盐对孢子没有什么作用，在较高浓度如 $(1\sim3)\times10^{-4}$ mg/L 下，对一些真菌有作用。季铵盐类的缺点是使用剂量比较高，这样往往会引起起泡现象，但没有什么害处。

目前国内经常使用的洁而灭（十二烷基二甲基苄基氯化铵）和新洁而灭（十二烷基二甲基苄基溴化铵）是季铵盐化合物，它们是广谱杀生剂，对藻类、真菌和异养菌等均有较好的杀生效果，还能对污泥有剥离作用，使用浓度一般为 $(5\sim10)\times10^{-5}$ mg/L。季铵盐用于循环水系统，多数选用两种以上的药剂交替使用，或选用复合配方，因而扩大了季铵盐类药剂的应用。但是在应用中要注意，季铵盐类与阴离子表面活性剂共用时，会产生沉淀有失效；但与非离子型活性剂共用时，无不良影响。

二硫氰基甲烷 $CH_2(SCN)_2$ 是一种浅黄色或接近于无色的针状结晶，有恶臭和刺激味。它是一种广谱杀生剂，对细菌、真菌、藻类及原生动物都有较好的杀生效果，它比一般杀菌剂杀菌能力都强，特别是对硫酸盐还原菌效果最好。其使用浓度较低，约 5×10^{-5} mg/L 即可，并且在 6h 内可以连续获得 98%～99% 的高杀生率。

二硫氰基甲烷中的硫氰酸根可阻碍微生物呼吸系统中电子的转移。在正常呼吸作用中，三价铁从初级细胞色素脱氢酶接受电子，硫氰酸根与高铁离子形成了弱盐 $Fe(SCN)_3$，而使高铁离子失去活性，从而引起细菌死亡。因此凡含细胞色素的微生物均能被杀死，硫酸盐还原菌含有含铁细胞色素，故而能被杀死。

二硫氰基甲烷适用的 pH 值范围为 7.5～8.5，它不易溶于水，通常在使用时要与一些特殊的分散剂和渗透剂共同应用，以增加药剂对藻类和细菌黏液层的穿透性。由于二硫氰基甲烷是离子型的，因而不会由于水系统有污染物而使其活性下降，但二硫氰基甲烷对鱼类毒性大，排入水域前必须要采取措施。

二、循环冷却水的综合治理

冷却水的水垢附着、腐蚀、微生物黏泥等危害的发生，大多是由多种因素综合作用的结果。所以有些问题若仅注意冷却水的化学处理，而忽视其他工作，是不能完全解决的，必须要注意每个环节的工作，讲究综合治理才能收到良好的效果。

综合治理必须注意以下几个方面。

（1）确保补充水的质量　如果补充水中存在较大颗粒的固体物质（如甲壳虫、塑料、木块等），会造成换热器的堵塞，并使化学处理失败；补充水的浊度过大，会在换热器上引起泥垢；微生物过多，会引起黏泥危害；水中成垢离子超过规定，就易结垢，必须考虑补充水的软化。此外，在澄清过程中选用絮凝剂时也应注意，以不使铁、铝离子转移而在冷却水系统中沉积下来为原则。

（2）冷却塔周围的环境，冷却塔附近的烟尘、灰沙、化学气体很容易进入水中，使冷却水的浊度或化学物质含量增加，因此对上述污染物质必须设法防治。在冷却水系统中增加旁滤池是降低循环冷却水浊度的一个好办法。

（3）优化换热器及选用合理运行参数　冷却水的化学处理的效果还与换热器的结构、金属材料、机械加工、操作条件等因素有密切关系。例如有些壳程换热器在结构上有很多折流板，再加上水的流速低，很难避免沉积和垢下腐蚀的发生，这种沉积和垢下腐蚀不是化学处理能解决的。对于这类换热器，目前有些工厂采用涂料保护方法；有些工厂则在操作中采用定期空气搅动吹扫，均获得较好的效果。此外，注意换热器的操作条件、选用适当的金属材质、注意加工方法等都是综合治理所要注意的。因此，在选择化学处理配方及运行条件（pH 值、浓缩倍数等）时，要综合分析全系统换热器的材质和运行条件，如有铜设备的，需防止氨腐蚀；有不锈钢设备的，需考虑氯根应力腐蚀。有热强度过高设备（如蒸汽冷凝器）的，应着重防止结垢，等等。

第五节　循环冷却水的操作技术和日常处理

水处理各个环节的衔接，冷却塔四周的环境，换热器的结构，水的温度和流速等各种因素都对冷却水的化学处理效果有所影响因此在操作过程中要掌握相关的技术，严格遵守操作规程，随时监测循环水的水质，及时调节和处理运行中的故障，认真做好运行过程中的各项管理工作，才能确保循环冷却水系统安全、经济地运行。

一、循环冷却水的操作技术

1. 清洗

（1）循环冷却水系统的清洗　清洗工作是循环系统开车必不可少的一个环节。对于新系统而言，设备和管道在安装过程中，难免会有碎屑、杂物和尘土留在系统之中，有时冷却设备的锈蚀和油污也很严重，这些杂物和油污如不清洗干净，将会影响下一步的预膜处理。对于老系统，冷却设备中常有结垢、黏泥和金属腐蚀产物，会严重影响设备的使用寿命和换热效率。因此，清洗工作对新系统，可以提高预膜效果，减少腐蚀和结垢的产生；对于已投产的老系统，可以提高换热效率，改善工艺操作条件，保证长的生产周期，降低消耗和延长设备的使用寿命。

根据冷却水系统的情况，可以采用不同的清洗剂或清洗配方。含有异丙醇、乙醇和表面活性剂磺化琥珀酸二乙基己酯钠盐，或以其为主要成分的混合液体，是一种阴离子表面活性剂，它能降低表面张力，增加溶液的润湿、渗透、乳化、分散等能力，所以当新系统开车时采用这种清洗剂，可洗下设备和管道中的油脂而取得很好的清洗效果。

有的工厂在老系统开车时，利用三聚磷酸钠或六偏磷酸钠清洗，可以取得较好的效果。还有的工厂使用按一定比例混合的分散阻垢剂溶液进行清洗，这种液体含有聚丙烯酸钠、HEDP 或 EDTMP。清洗时 pH 值控制在 6.0～7.5，投加量为 $(8\sim10)\times10^{-5}\,\mathrm{mg/L}$，清洗时间为 24h，效果较好。这种分散阻垢剂对除去磷酸盐等污垢是有效的。故对于使用聚磷酸盐为缓蚀剂的老系统，在运行一定时间后重新开车时，可以选用该种分散阻垢剂作为清洗剂。

对于锈蚀严重的设备，采用以上化学清洗方法是不适合的。

这时可采用单台酸洗的方法，有效地除去设备中的铁锈。

清洗工作开始之前，应先打扫和清理管道、冷却塔、冷却水池及冷却设备，然后向水池和循环系统补充水，开泵进行循环冲洗、排放。有些冷却塔还加有回水旁路管，这样回水可不经塔来进行清洗，水经过循环，待浊度稳定下来不再增加时，即可停止补水和排污，控制 pH 值为 5.5～6.5，然后再投加清洗剂进行化学清洗。

在化学清洗过程中，有时会出现大量泡沫，因此事先要准备好消泡剂。当大量泡沫产生时，可将消泡剂加入池内，不久，泡沫就可消除。化学清洗开始时，循环水的浊度和铁离子含量会迅速增加，待清洗一段时间后，浊度和铁离子含量的增加渐趋缓慢和平稳下来，待浊度连续 3h 不再增加和出入口水中铁离子浓度不变时，清洗工作可以结束。一般说来，清洗时间约需 24h 左右。清洗工作结束后，应尽可能地大量排水并大量补水进行系统置换，当浊度降到 10^{-5} mg/L 以下时，即可开始下一步的预膜处理。

（2）单台设备的酸洗　根据设备的材质可分别选用盐酸、硝酸、硫酸、磷酸、柠檬酸等，同时配合相应的缓蚀剂作为酸洗药剂。其中，盐酸价格低廉，溶解腐蚀产物和水垢的速度比同样浓度的硫酸快，故一般选用盐酸作酸洗剂。对不锈钢设备，则应选用 10％的稀硝酸或 15％的磷酸清洗较合适。

酸洗后如不能及时进行预膜处理，由于被酸洗后露出的新鲜金属表面很活泼，极易产生浮锈，影响预膜效果。因此，一般在酸洗后，除用 0.2％左右的 NaOH 溶液中和外，还要用清水冲洗，再进行钝化处理。目的是使洗净的金属表面保持干净，不产生浮锈，提高预膜效果。钝化方法是将洗净的设备浸泡在钝化液内 4h 以上即可。若浸泡时间长一些，钝化效果会更好。

（3）不停车清洗冷却器的垢和黏泥　冷却器的结垢会严重影

响换热效率，使工艺介质的温度升高，还会使蒸汽表面冷却器的真空度下降。如果冷却器的结垢是普遍情况，或者该结垢的冷却器不便于从系统中切出进行酸洗，则可进行不停车清洗。

对于以聚磷酸盐为缓蚀剂的冷却水系统的结垢，进行不停车清洗的方法是，将冷却水系统的 pH 值降低到 5.5，在此期间，要加大分散剂的用量，投加聚丙烯酸钠，浓度为 $(5\sim10)\times10^{-5}$ mg/L。为控制锌和正磷酸盐的含量，清洗时最好不加聚磷酸盐和锌，可增加有机磷酸盐浓度至 5×10^{-5} mg/L 左右。要加强对水中钙、锌和正磷酸盐的分析，据此观察清洗效果和决定清洗结束时间。清洗时还要加大排污量，以便将清洗下来的结垢物质从系统中排出。采用不停车清洗时要慎重，因为控制冷却水系统的 pH 值为 5.5 左右有时是困难的，一旦操作不慎，极易引起 pH 值降得过低而给系统带来危害。

不停车清洗以黏泥为主的污垢，可采用杀菌和分散的方法将生物黏泥清洗剥离掉。清洗剥离时间一般为 3～5 天。第一天以杀菌剥离为主，即在循环水中投加大剂量的杀菌剂，并通以大量的氯气，使余氯含量维持在 $(1\sim2)\times10^{-5}$ mg/L 左右，木质冷却塔则控制在 1×10^{-5} mg/L，同时将 pH 值降至 6～6.5；第二天以分散清洗为主，即在循环水中投加大量清洗剂和分散剂；第三天再加杀菌剂并通大量氯气；第四天又加分散剂和清洗剂。如此经过反复杀菌剥离和分散清洗，基本上可以洗去生物黏泥，但对硬垢和锈瘤的清洗则效果较差。除以上清洗剥离方法外，还有用次氯酸钠进行剥离的，每周一两次，连续几周后即可剥离黏泥；也有交替使用次氯酸钠和氯酚类药剂进行杀菌剥离的。在进行清洗、剥离生物黏泥的时候，循环水中要维持较大的药剂浓度，为了节约药剂和控制污水对环境的污染，一般不进行排污，故清洗剥离时循环水的浊度会增加。浊度太高，会影响清洗效果，最好是在每一步清洗工作结束前，进行一次排污置换，以降低浊度。

2. 预膜处理

循环水系统进行预膜处理是为了提高缓蚀剂的成膜效果。常在循环水开车初期投加较高的缓蚀剂量，待成膜后，再降低浓度以维持补膜（即正常处理）。这种预膜处理的目的是在金属表面很快形成一层保护膜，提高缓蚀剂抑制腐蚀的效果。实践证明，使用同样的缓蚀剂，经预膜处理与未经预膜处理，设备的缓蚀效果相差很大。因此，循环水开车初期的预膜处理工作必须给予高度重视。

除了在开车时循环水系统必须进行预膜处理外，发生以下情况时，也需进行重新预膜。①年度大修，系统停水后；②系统进行酸洗之后；③停水 40h 或换热设备暴露在空气中 12h；④循环水系统 pH<4 达 2h。

进行预膜处理时要停止冷却水系统的排水和补水，预膜剂可直接缓慢地加入水池。磷系预膜效果的影响因素较多，主要有以下几个方面。

（1）流速 循环水的流速大，必然会增加预膜剂和溶解氧的扩散，有助于迅速成膜；但流速过大会起冲刷作用，故流速不能超过 5m/s。若流速太低，在滞流区易形成沉积，造成成膜不够连续。因此对流速应加以控制。

（2）聚磷浓度 较低的剂量也可以成膜，最低可为 $(4\sim6)\times10^{-5}$ mg/L，但成膜速度慢，成膜效果也不好，膜不易覆盖完整。因此应选用适宜的浓度。

（3）Ca^{2+} 聚磷酸盐缓蚀很关键的一个因素便是要有足够的钙，预膜亦如此。一般来说，Ca^{2+} 含量至少要大于 8×10^{-5} mg/L，水中 Ca^{2+} 含量在 $(10\sim20)\times10^{-5}$ mg/L 时，预膜效果较好，低于 5×10^{-5} mg/L 时，预膜效果就欠佳。当 Ca^{2+} 浓度不足时，可在水中添加氯化钙。

（4）温度　水温高可缩短预膜时间，比如水温 50℃ 时预膜时间仅需 $4 \sim 8$h，常温预膜就要 $36 \sim 48$h。在 Ca^{2+} 含量高的情况下，温度高时还有成垢的危险，因此应选择适宜的温度。

（5）pH 值　预膜处理中 pH 值是最重要的因素，pH 值 5.5~6.5 时效果最佳。药剂浓度较高时，pH 值高，容易形成沉积而结垢；pH 值小于 5 时，预膜就溶解，腐蚀随即发生。故预膜时严格控制 pH 值至关重要。

（6）浊度和铁　水的浊度过高或含有较多的铁离子均会影响膜的质量，故一般要求浊度 $< 1 \times 10^{-5}$ mg/L，最好不含 Fe^{2+}。

（7）锌（Zn^{2+}）　锌是很好的增效剂，与聚磷酸盐联合使用会加速膜的形成，生成含有磷酸锌、聚磷酸锌、聚磷酸铁、磷酸铁等保护膜。

目前，在我国以聚磷酸盐为缓蚀剂的冷却水系统，基本上是应用六偏磷酸钠加硫酸锌为预膜剂。有的工厂使用单一的六偏磷酸钠为预膜剂，采用的浓度是正常加药量的 7 倍，但预膜效果不如复合预膜剂好。以六偏磷酸钠和硫酸锌为预膜剂的加药量一般是 8×10^{-4} mg/L；但也有一些工厂经过试验，发现较低浓度的预膜剂也能取得满意的效果。

3. 壳程换热器的有关处理技术

壳程换热器具有换热管外空间较大、平均水流速度都较低、运行中冷却水水流速度与方向不断改变等特点，易于产生沉积和沉积下的腐蚀，不锈钢材质的壳程换热器还存在缝隙腐蚀和电偶腐蚀的可能。以上问题都不是单纯用冷却水的化学处理技术所能解决的。为此一些工厂经过多方探索，采用了如下几种处理方法。

（1）空气扰动 在壳程换热器的滞流区增添空气管，定期地通以压缩空气，空气扰动的结果是可以将沉积下的黏泥和污泥随水流带出。特别是在夏季微生物黏泥增多时，此法效果明显，很多工厂采用了这个方法。

（2）涂料保护 由于冷却水处理技术不能彻底解决壳程换热器的腐蚀问题，故不少厂家使用涂料保护方法。性能好的涂料不仅具有良好的防腐作用，而且由于涂料表面光洁，不易形成污泥和黏泥的沉积。

（3）单台酸洗 采用单台酸洗，对清除壳程换热器内的沉积和结垢可取得良好的效果。由于酸洗过程加有缓蚀剂，故腐蚀轻微，不会损伤设备；另外，由于清除沉积物后消除了垢下腐蚀的隐患，使换热器的寿命得以延长。

（4）注意选材 壳程不锈钢换热器中的折流板与换热管材质往往不一致，两种不同材质的接触与偶合，组成宏观电偶腐蚀电池，使电位较负的碳钢折流板的腐蚀严重。故从防腐的角度来看，两者的材质最好选用一致。

（5）消除应力 应力的存在是应力腐蚀的内因条件，消除应力是减少应力腐蚀的必要措施。奥氏体不锈钢经过冷变形、加工或焊接，存在内应力，水中氯离子过高或氯离子的富集，都可以引起材料的应力腐蚀而破裂。消除应力后可使换热器的寿命大大提高。频繁的开停车，特别是突然停车，会造成非稳定性的热应力与拉力，此种应力很大。为了防止不锈钢设备的损坏，保持连续稳定的操作是很有意义的。

4. 水质处理的复合配方

一个完整的冷却水处理配方应当是一个包括缓蚀剂、阻垢剂和杀菌灭藻剂等组成的复合配方。下面介绍五种复合配方供使用时参考。

（1）铬酸盐-锌 铬酸盐是阳极型缓蚀剂，它与锌混合使用能明显增效。循环水中铬酸盐一般保持 $15\sim30mg/L$，Zn 为 $1\sim5mg/L$。在投加锌时，水的 pH 值必须保持在 8.0 以下，以防止氢氧化锌沉积。铬酸盐-锌配方一般比单独使用 $200mg/L$ 以上铬酸盐的缓蚀效果要好。铬酸盐-锌复合配方的最大缺点是使用了两种重金属，易污染环境。近年来，对这种复合配方的使用已有很大限制。

（2）铬酸盐-聚磷酸盐　铬酸盐与聚磷酸盐的复合配方兼具阳极控制和阴极控制的优点，在冷却水处理中是很有成效的。聚磷酸盐能提供良好的分散能力，使污垢得到较好的控制。聚磷酸盐比锌盐能更有效地对金属表面起清洁作用，从而使铬酸盐可以更容易到达裸露的金属表面而形成钝化膜。预清洗处理的质量对这种配方的实施效果有很大影响。使用此配方时的 pH 值为 $7.0\sim7.5$ 较好，因为这时可以防止聚磷酸盐水解转化。

（3）聚磷酸盐-锌盐　复合配方中的两个组分都属于阴极型缓蚀剂。两者复合使用所生成的保护膜，既有聚磷酸盐成膜的牢固性，又有锌盐成膜的快速性，兼有两种缓蚀剂的主要优点。所以这种膜虽然较薄，却具有更好的保护作用。使用这种复合配方时，水的 pH 值应控制在中性范围内。

（4）聚磷酸盐-锌-铬酸盐　这种复合配方由三种缓蚀剂组成。由于发挥了各个缓蚀剂的优点，故缓蚀及控制微生物生长的效果都较好。在这个复合配方中，铬酸盐可以控制在 $5mg/L$ 的低浓度，因而减少了环境污染问题，在此基础上如果再适当加入一些阻垢剂，就有可能在较高的 pH 情况下控制结垢。

（5）聚磷酸盐-有机膦酸盐-聚羧酸　近年来，这类复合配方的发展比较迅速，应用也较广泛。可以在较宽的 pH 值范围内使用。配方中的聚磷酸盐和有机膦酸盐都有缓蚀作用，其中有机膦酸盐主要起分散阻垢作用。有机膦酸盐和聚羧物（如聚丙烯酸、水解马来酸酐等）的结合作用，又能在循环水为碱性的情况下，有效地阻止碳酸钙和磷酸钙的沉淀，因此它不像阳极缓蚀剂那样，对加药量的不足并不敏感。在 pH 值高时，加入新型的聚羧物可以调节磷酸盐水解生成的正磷酸盐，还可以获得正磷酸盐固有的控制阳极过程能力的优点。因而这类复合配方得到了广泛应用。

目前，许多工厂直接与有关科研单位联合，针对当地水质和冷却水的工艺介质，研制出了专属的，具有缓蚀、阻垢和杀生性能的复合型水质稳定剂，对循环冷却水进行处理的效果相当好。

二、日常处理

当预膜处理完成后，水处理剂由高浓度转入低浓度，通常称其为日常处理，亦称正常处理。日常处理是在预膜处理的基础上，采用适当的水处理剂配方来稳定循环水系统的水质，以维持和修补系统内金属表面形成的保护膜，从而达到防腐、防垢和防止微生物生长的目的。

1. 日常处理的操作控制

冷却水系统经预膜处理转入正常运行后，应按设计严格控制各项工艺指标和不断监测系统中换热设备的结垢、腐蚀情况，以便及时发现问题加以解决。一般说来，国内外使用较多的是磷系水处理剂，其冷却水系统要控制以下项目。

（1）pH 值　磷系配方中，pH 值是一个极为重要的项目，必须严格按设计的指标加以控制，这有助于聚磷酸盐膜的生成和维持。pH 值过高，容易结垢；pH 值偏低，对膜有破坏作用，且使腐蚀倾向增加。因此，pH 值的控制应稳定，波动范围要小，如在系统中设置 pH 值自动记录仪和自动调节加酸装置，对提高处理效果会有很大的作用。

（2）Ca^{2+}　聚磷酸盐螯合物中的 Ca^{2+} 沉积在阴极表面，形成一层保护膜而起到缓蚀作用，故水中必须有足够的 Ca^{2+}，但 Ca^{2+} 浓度过高，易于生成碳酸钙和磷酸钙垢只有 Ca^{2+} 控制适当，才能达到缓蚀和阻垢的效果。

（3）Cl^-　Cl^- 含量高，对膜有破坏作用，易对不锈钢产生点蚀和应力腐蚀。应根据系统的具体运行条件和原水中含 Cl^- 情况来确定指标。

（4）浊度　浊度高是冷却水系统形成沉积的主要原因，因此要求浊度越低越好。由于浊度变化反映了冷却水水质的变化，若发现浊度有较大变化时，应及时查找原因，采取措施。菌藻的繁殖，补充水的水质都会影响浊度。

（5）总 Fe　循环水中总 Fe 的变化，反映了系统中腐蚀抑制情况，如总 Fe 不断上升，说明系统中铁在不断地溶解，腐蚀在加重，应引起注意。

（6）总无机磷、总磷和正磷　总无机磷反映了聚磷酸盐的含量，说明投加的药剂量是否适当；总磷是有机磷和无机磷的总和；正磷是聚磷酸盐的水解产物，正磷酸盐高了，容易结成磷酸钙垢。

（7）余氯　正确控制余氯量，对保证杀菌灭藻和保护木质结构塔具有重要意义。如果通氯后连续测不出余氯，则说明系统中出现异常情况，如有机物的增加、漏氨或者有 NO_2^- 存在，因为这些物质都会与氯作用而消耗大量的氯。因此通过余氯的测定，也可及时发现系统中的问题，便于及时采取措施。

（8）浓缩倍数　浓缩倍数的测定是依靠测定循环水和补充水中某些离子含量来实现的，浓缩倍数高于或低于规定值，应调整排污量，使其稳定在规定值范围内。控制好浓缩倍数对节约用水和降低药剂费用的意义很大。

（9）药剂测定　对加入的其他药剂，如聚丙烯酸钠、聚马来酸、杀菌剂等进行测定。

2. 冷却水的监测工作

监测工作就是依靠各种手段收集由生产中反映出来的有关信息，随时修正冷却水水质出现的弊病，并推知和考察运行结果。它是整个水质控制管理中的一个重要环节，也是冷却水处理正常运行的必要保证，只有通过长期、严格、细致的监测工作，才能掌握冷却水的运行情况，确保冷却水处理的良好效果。目前较为普遍应用的监测手段有以下几种。

（1）主要控制项目的监测　循环冷却水系统通常需测定的控制项目有pH值、碱度、浊度、溶解固体、氯离子、铁离子、钙离子、镁离子、二氧化硅、氨氮、钾离子、亚硝酸根、耗氧量、余氯、黏泥量、异养菌总数、铁细菌、硫酸盐还原菌、总无机磷酸盐、聚丙烯酸等。监测项目和分析方法应执行国家标准和原化学工业部标准中有关工业循环冷却水部分。表5-2列出的是工业循环冷却水的典型分析项目的监测频率；表5-3列出的是常用阻垢剂分析的常用方法。

表5-2　敞开式循环冷却水系统运行管理的水质分析项目和分析次数

分析项目	分析次数	
	补充水	循环水
浊度/度	1次/周	1次/周
pH值25℃	1次/周	1次/d
电导率/(μS/cm)	1次/周	1次/d
M碱度/(mgCaCO$_3$/L)	1次/周	1次/周
钙硬度/(mgCaCO$_3$/L)	1次/周	1次/周
氯离子(Cl$^-$)/(mg/L)	1次/周	1次/周
二氧化硅(SiO$_2$)/(mg/L)	1次/周	1次/周
总铁量(Fe)/(mg/L)	1次/周	1次/周
余氯(Cl$_2$)/(mg/L)		1次/d
COD$_{Mn}$/(mg/L)	1次/周	1次/周
水稳剂浓度		1次/d

表 5-3 常用阻垢剂的分析方法

药品(阻垢剂)名称	分 析 方 法	标 准 号
硫酸亚铁 $FeSO_4 \cdot 7H_2O$	酸性高锰酸钾滴定	GB 10531—89
硫酸铝(Al_2O_3)	EDTA 法	HG 2227—91
六偏磷酸钠	磷钼酸喹啉沉淀法	GB/T 10532—89
HEDP 二钠盐	磷钼酸喹啉沉淀法	GB/T 10537—89
HEDPA	磷钼酸喹啉沉淀法	ZB/TG 71002—89
		GB/T 10536—89
		ZB/TG 71003—89
EDPMPS	$CuSO_4$ 滴定法	ZB/TG 71004—89
多元醇磷酸酯	NaOH 滴定法	HG/T 2228—89
聚丙烯酸	质量法	GB/T 10533—2000
聚丙烯酸钠	质量法	GB/T 10534—89
水解聚马来酸酐	质量法	GB/T 10535—1997
洁而灭	滴定法	HG/T 2230—91
PBTC	NMC,质量法、滴定法	HG/T 3662—2000
AA/AMPS	NMC,质量法、滴定法	HG/T 3642—1999

表 5-2 所列应为日常运行管理规定必须达到的分析次数,特殊情况则应依据运行管理需要增加分析次数,以便及时进行调节操作,确保运行中循环冷却水的水质稳定。

(2)挂片 在水池或循环水管旁路上设置挂片,运行一定时间后取出,测定它的腐蚀速度。挂片管理简单,如将挂片安置在有机玻璃管里,观察起来更为方便和直观。缺点是挂片不带换热面,对生产设备的模拟性较差。

(3)监测换热器 监测换热器的运行条件较为接近生产实际,能同时取得腐蚀结果和垢样的数据。缺点是监测一台换热器难以反映不同条件下各台工艺换热器的实际情况。通常考虑设置两台换热器,分别监测两种有代表性的工艺换热器。

(4)工艺换热器的监测 在生产正常的情况下,循环水量、工艺介质流量、工艺介质进口温度一般是稳定的,因此,工艺介质出口的温度和进出口冷却水的温差，就可以直接反映换热器的换热效果，从而评定冷却水质量的好坏。这个方法简单适用，并且能直接反映生产的实际情况。

（5）微生物活动的监测　经常监测冷却水微生物的活动情况。此外，还可以采用测定冷却水中黏泥量的方法，综合评定微生物的活动情况，并借此判断其危害。

3. 加药处理

在冷却水处理过程中，正确加药是十分重要的。通常，按照设计配方与水质情况，将所用的缓蚀剂和阻垢剂配制成一定浓度的液体，一般用计量泵连续均匀地加入塔池。这种加药方式较好，可以保证冷却水中药剂浓度稳定，波动范围小。但也有每班或每天加 1～2 次的情况，这种投加方式药剂浓度不稳定，波动范围大，剂量低了影响缓蚀阻垢效果，高了易产生不良后果。

药剂加入时应注意不要靠近排水口，以免药剂直接被排走；药剂在塔池中需要有一个混合时间，使其混合均匀；不要靠近某一台泵的入口加药，以防造成药剂加入不均。加酸时更要注意这一点，因为酸的局部过量会使腐蚀加剧。总之要慎重选择加药地点。加药时，还必须充分了解药剂的性能，特别要注意药剂的共溶性，如新洁而灭和聚丙烯酸反应会生成沉淀；六偏磷酸钠用蒸汽或高温水溶化会水解为正磷酸盐而易形成水垢等。

三、设计规范要求的循环冷却水水质标准

中华人民共和国国家标准《工业循环冷却水处理设计规范》对敞开式循环冷却水的水质标准见表 5-4。日常管理时执行，以

便核查生产运行的具体情况，并采取恰当的处理措施，确保循环冷却水系统的正常运转。

表 5-4　循环冷却水的水质标准

项　目	单位	要求和使用条件	允许值
悬浮物	mg/L	根据生产工艺要求确定	≤20
		换热设备为板式、翅片管式、螺旋板式	≤10
pH 值		根据药剂配方确定	7.0～9.2
甲基橙碱度	mg/L	根据药剂配方及工况条件确定	≤500
Ca^{2+}	mg/L	根据药剂配方及工况条件确定	30～200
Fe^{2+}	mg/L		<0.5
Cl^-	mg/L	碳钢换热设备	≤1000
		不锈钢换热设备	≤300
SO_4^{2-}	mg/L	$[SO_4^{2-}]$ 与 $[Cl^-]$	≤1500
		对系统中混凝土材质的要求按现行的《岩土工程勘察规范》(GB 50021—94)的规定执行	
硅酸	mg/L		≤175
		$[Mg^{2+}]$ 与 $[SiO_2]$ 的乘积	<15000
游离氯	mg/L	在回水总管处	0.5～1.0
石油类	mg/L		<5(此值不应超过)
		炼油企业	<10(此值不应超过)

注：1. 甲基橙碱度以 $CaCO_3$ 计。

2. 硅酸以 SiO_2 计。

四、其他金属材料热交换器的循环冷却水系统运行管理

有一些热交换器所用的管材是铜合金、不锈钢和钛，如火力发电厂的循环冷却水系统的凝汽器所用的管材就是铜合金。铜合金采用的历史最久，应用最为广泛。由于这些金属

耐蚀性都比一般碳钢好，管材表面的清洁状况更是优于一般碳钢管，所以使用这一类材质的热交换器在运行初期，可以不进行清洗和膜处理，而在冷却系统运行后进行阻垢处理和微生物控制。

循环冷却水的水质对凝汽器管材的选择有着直接影响。在正确选用各种型号的前提下，对铜管质量的检查、对凝汽器铜管的维护管理和定期观测与清洗沉积物所采用的措施、凝汽器的启停方式等，都对防止铜管的腐蚀很重要。表 5-5、表 5-6 列出了凝汽器铜管选用的一些技术规定。

表 5-5　我国凝汽器管材选用的技术规定

管　材	冷却水质		允许最高流速 /(m/s)	其他条件
	溶解固形物 /(mg/L)	Cl⁻浓度 /(mg/L)		
H68A	<300 短期<500	<50 短期<100	2.0	
HSn70-1A	<1000 短期<2500	<150 短期<400	2.0～2.2	采用硫酸亚铁处理时允许溶解固形物 <1500mg/L Cl⁻<200mg/L
HA177-2A	1500～海水①		2.0	
B30	海水		3.0	

① 指在此范围内的稳定含量。

表 5-6　冷却水悬浮物和砂含量与选材的关系

管　材	悬浮物和砂含量① /(mg/L)	管　材	悬浮物和砂含量① /(mg/L)
H68A	<100	B30	500～1000 短期>1000
HSn70-1A	<300	钛	允许高浓度
HA177-2A	<50		

① 此处的砂含量是指悬浮物中砂含量百分比较高的情况，对于砂含量较少，含细泥较多的水，其允许量可适当放宽。各种黄铜管采用硫酸亚铁处理时，悬浮物的允许含量可提高至 500～1000mg/L。

铜合金和其他一些金属材质（如不锈钢和钛）的抗蚀性，主要决定于其表面氧化保护膜能否形成。所以为了延长这些金属材料的使用寿命和提高它们的运行可靠性，对凝汽器管，在基建、启动、运行和停用等各个阶段都必须认真管理和维护，使热交换器管始终处于洁净状态并维护好已形成的保护膜。

采用钛管的凝汽器，抗腐蚀能力很强。但在使用钛管时必须注意防止异物随水流进入，并应及时进行运行中清洗。此外，钛管也容易产生生物污染问题，所以应对循环冷却水进行严格的微生物控制。各种管材的抗生物污染情况见表5-7。

表5-7　热交换器管材相对的抗生物污染情况

管　　材	抗生物污染程度	管　　材	抗生物污染程度
砷铜合金	最好	90-10 铜镍	好
加砷海军黄铜	很好	70-30 铜镍	好
铝青铜	很好	不锈钢	差
铝黄铜	很好	钛	差

采用不锈钢管的凝汽器，抗腐蚀能力相对钛管要差一些，比铜合金要强一些，但对氯化物的耐蚀性要差，所以它只适用于在淡水中使用。此外，不锈钢管也容易产生生物污染问题，为了防止不锈钢管产生点蚀，最好使用非氯型杀生剂进行微生物控制。无论采用哪一种不锈钢管，都要求管子保持高度洁净。冷却水流速最好不低于 $2.4\sim2.7\text{m/s}$。在机组短期停用时，冷却水不应停止流动；在长期停用时，应将凝汽器内的水放尽，管子清洗干净和使之干燥，否则管子会很快损坏。

习　　题

1. 冷却水处理系统通常可分为哪几种形式？目前应用最广泛的是哪种形式？

2. 为什么工业用水要采取循环冷却水系统？

3. 冷却水循环使用后易带来什么问题？它给冷却水的水质稳定处理提出了什么任务？

4. 何谓缓蚀剂？循环冷却水处理中常用的缓蚀剂分为哪几类？

5. 冷却水系统中的水垢是怎样形成的？它对冷却水系统有什么危害？

6. 何谓阻垢剂？其作用机理是什么？选择阻垢剂要注意什么原则？

7. 微生物会给冷却水系统带来什么危害？

8. 循环冷却水中有哪些常见的细菌？它们各有什么特性和危害？

9. 控制冷却水系统中的微生物有哪些方法？如何选择杀生剂？

10. 为什么要进行循环冷却水的清洗和预膜处理？怎样进行冷却水系统的清洗和预膜处理？

11. 为什么冷却水的处理一定要注意综合治理？综合治理要注意哪些问题？

12. 以聚磷酸盐为缓蚀剂的冷却水系统，在正常运行时要控制哪些主要项目？

13. 为什么要加强冷却水系统的监测工作？冷却水系统的监测手段和项目有哪些？

14. 循环冷却水系统进行旁流处理的目的是什么？怎样进行旁流处理？

15. 如何解决壳程换热器的腐蚀和沉积问题？

16. 怎样正确地进行加药？

17. 其他金属材料的热交换器冷却水系统如何进行运行管理？

第六章 工业废水的一般处理方法

第一节 概 述

在生产过程中，工业用水由于使用中混进了各种污染物，而丧失了使用价值，被废弃外排的水称为工业废水。一般指工艺废水、冷却用水、厂区清洁用水和维护用水。

随着工业生产的产品、原料和生产方法的多样化，带来了工业废水的多样化，大量工业生产废水排出后对水源造成严重污染，危害人体健康，并使自然环境受到破坏。因此，必须对工业生产排出的废水进行相应的处理。

一、工业废水的污染来源

产生工业废水（污染水）的途径多种多样，归纳起来主要是以下几个方面。

1. 工艺反应不完全所产生的废料

工业生产过程中，一般的反应转化率只能达到 70％～80％，虽有部分未反应完的原料可以回收再利用，但最终总有一部分因回收不完全或不可回收而在不同环节转入废水、废气或废渣中。

2. 副反应所产生的废料

工业生产在进行工艺主反应的同时，往往还伴随着一些不希望产生的副反应。副反应的产物有的可以回收一部分，有的副产物虽数量不大，但成分较复杂，回收困难，回收费用很大。因此，只能将其作为废料排弃。

3. 工业物料的跑冒滴漏

工业物料在贮存、运输（送）以及生产过程中的"跑"、"冒"、"滴"、"漏"现象，不仅会造成经济损失，而且也可能造成严重污染。

4. 冷却水

工业生产过程中需要大量的冷却用水。一般有直接冷却和间接冷却两种方式。前者冷却水直接与被冷却的物料接触，很容易成为污染的工业废水；后者虽然不与物料直接接触，但因为冷却水中往往需要加入防腐剂、杀藻剂等化学物质，故排出的也是污染废水。

二、工业废水的特点

1. 有害性

工业废水中含有的一些有害物质，如氟、砷、汞、酚、镉、铅等，达到一定浓度后，会使水源具有毒性，毒害生物。

2. 耗氧性

工业废水有时会含有醇、醛、酮、醚、酯、有机酸及环氧化物等，进入水源后会发生化学氧化和生物氧化，这些反应需氧量很高，即化学需氧量（COD）和生物需氧量（BOD）都很高，从而消耗水中大量的溶解氧，直接威胁水中生物的存在。

3. 酸碱性

工业生产排放的废水，有时呈酸性，有时呈碱性，pH 值不稳定，对水中生物、水力设施及农作物都有危害。

4. 富营养性

工业废水中有时含有过量的磷、氮等，造成水的富营养化，使水中藻类和微生物大量繁殖。在水面上有时会漂浮着成片的"水花"或"红潮"，使水中的氧溶解量减少，造成水中严重缺氧；而藻类死亡后发生腐烂，也会使水质恶化、发臭。

5. 油覆盖层

石油工业废水中经常含有油类物质，它们比水轻，不溶于水，覆盖在水面上形成油覆盖层，会造成水中鱼类及食鱼类鸟的大量死亡。

6. 高温

工业生产中，许多化学反应是在高温下进行的，致使排放的废水温度也较高。带有大量热量的废水进入水源后，引起水温升高，使水中溶解氧降低，从而破坏了水生生物的生存条件。部分工业废水的污染状况如图 6-1 所示。

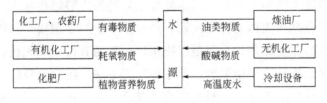

图 6-1　水的污染示意图

三、工业废水的一般处理方法

工业废水治理方法，一般可以分为物理法、物理化学法、化学法及生物化学法。

（1）物理法 主要是利用物理原理和机械作用，对废水进行治理，故也称机械法，其中包括沉淀、均衡调节、过滤及离心分离等方法。

（2）物理化学法 通过物理化学过程来处理废水以除去污染物质的方法。主要有吸附、浮选、反渗透、电渗析、超过滤及超吸附等方法。

（3）化学法 通过施用化学试剂或采用其他化学手段进行废水处理的方法，如中和、氧化、还原、离子交换等。

（4）生物化学法 是利用微生物的作用，去除废水中的溶胶物质及有机物质的方法。包括活性污泥法、生物转盘法、生物滤池法以及厌气处理等方法。

对于一定的工业废水，往往要进行实际试验、比较，才能确定出有效、经济合理的处理方案。有时要选用不同的方法进行组合处理，才能取得满意的效果。

废水处理也可分为一级处理，二级处理和三级处理。

一级处理主要是解决悬浮固体、胶体悬浮油类等污染问题，常用物理方法和中和法；二级处理主要是解决溶解在水中的有机物及部分悬浮固体的污染问题，经常采用生物处理法；三级处理为废水的深度处理，主要是解决难以分解的有机物和无机物，使水质达到排放或回用要求。常用的处理方法有活性炭吸附、离子交换、反渗透等方法。经过三级处理后，水质基本上可达地面水标准。

四、废水水质控制标准

经过处理的工业废水应达到相应的控制标准，废水水质控制的基本目的有三方面。一是满足废水再利用对水质的要求；二是满足物料回收工艺对水质的要求；三是满足废水排放对水质的要求。

各种生产过程对工业用水的水质提出了各自的标准，任何生产工艺过程对废水回用时的水质要求基本上与对工业用水的要求相同。同样，各种回收工艺也对废水水质提出各自的要求，不符合规定的则要通过相应处理进行水质控制。

工业废水排放时，必须符合中华人民共和国的有关标准，如《污水综合排放标准》的规定。根据水体的不同用途，提出不同的排放标准。对饮用水源和风景游览区的水质，要严禁污染；对渔业和农业用水，要保证动植物的基本生存条件，动植物体内有害物质残毒不得超过食用标准；对工业水源，不得影响对生产用水的要求。有害物质的排放标准分两类：一类是能在环境或在动植物体内蓄积，对人类健康产生长远影响的有害物质，称为第一类污染物。含此类有害物质的废水，在车间或处理设备出口处的浓度应符合表 6-1 的规定，但不得用稀释方法代替处理；另一类是长远影响小于前一类的有害物质即第二类污染物，在工厂排出口的水质应符合表 6-2 的规定。

表 6-1　第一类污染物最高允许排放浓度/（mg/L）

序号	污染物	最高允许排放浓度	序号	污染物	最高允许排放浓度
1	总汞	0.05	8	总镍	1.0
2	烷基汞	不得检出	9	苯并[a]芘	0.00003
3	总镉	0.1	10	总铍	0.005
4	总铬	1.5	11	总银	0.5
5	六价铬	0.5	12	总 α 放射性	1Bq/L
6	总砷	0.5	13	总 β 放射性	10Bq/L
7	总铅	1.0			

表 6-2　第二类污染物最高允许排放标准(摘录)/(mg/L)

(1998 年 1 月 1 日后建设的单位)

序号	污染物	范　围	一级标准	二级标准	三级标准
1	pH 值	一切排污单位	6～9	6～9	6～9
2	色度 (稀释倍数)	一切排污单位 染料工业①	50 50	80 180	— —
3	悬浮物(SS)	采矿、选矿、选煤工业	70	300	
		脉金选矿	70	400	
		边远地区砂金选矿	70	800	
		城镇二级污水处理厂	20	30	
		其他排污单位	70	150	400
4	五日生化需 氧量(BOD₅)	甘蔗制糖、苎麻脱胶、湿法纤 维板、染料、洗毛工业	20	60	600
		甜菜制糖、酒精、味精、 皮革、化纤浆粕工业	20	100	600
		城镇二级污水处理厂	20	30	—
		其他排污单位	30	30	300
5	化学需 氧量(COD)	甜菜制糖、合成脂肪酸、 湿法纤维、染料、洗毛、 有机磷农药工业	100	200	1000
		味精、酒精、医药原料药、 生物化工、苎麻脱胶、 皮革、化纤浆粕工业	100	300	1000
		石油化学工业(含石油炼制)	60	120	500
		城镇二级污水处理厂	60	120	—
		其他排污单位	100	150	500
6	石油类	一切排污单位	5	10	20
7	挥发酚	一切排污单位	0.5	0.5	2.0
8	总氰化合物	一切排污单位	0.5	0.5	1.0
9	硫化物	一切排污单位	1.0	1.0	1.0

续表

序号	污染物	范　　围	一级标准	二级标准	三级标准
10	氟化物	黄磷工业	10	15	20
		低氟地区（水体含氟量）	10	20	30
		一切排污单位	10	20	30
11	苯胺类	一切排污单位	1.0	2.0	5.0
12	硝基苯类	一切排污单位	2.0	3.0	5.0
13	总铜	一切排污单位	0.5	1.0	2.0
14	总锌	一切排污单位	2.0	5.0	5.0
15	有机磷农药以 P 计	一切排污单位	不得检出	0.5	0.5

①为 1997 年 12 月 31 日之前建设的单位执行标准。

第二节　物理处理方法

一、沉淀法

工业废水中若含有较多悬浮物，必须采用沉淀法除掉，以防止水泵或其他机械设备、管道受到磨损，并防止堵塞。沉淀池中沉降下来的固体，可用机械取出。

利用沉淀法除去工业废水中的悬浮固体是基于固体与水两者之间密度差异使固体和液体分离的原理。此法广泛地应用于工业废水的预处理，以减轻深层次处理的负荷。例如，在对工业废水进行生物化学处理之前，先要从废水中除去砂粒状固体颗粒以及一部分有机物质，以减轻生化装置的处理负荷。在生化处理前废水先要通过沉淀池进行沉淀，此沉淀池称为初级沉淀池，或称为一次沉淀池。生化处理之后的沉淀池叫做二次沉淀池，其用途是进一步清除残留的固体物质。

1. 沉淀的分类

沉淀分为自然沉淀和混凝沉淀两种。

（1）自然沉淀　依靠水中固体颗粒的自身重量进行沉降。此法仅适用于较大颗粒。

（2）混凝沉淀　其基本原理是在废水中投入电解质作为混凝剂，使废水中的微小颗粒与混凝剂结成较大的胶团，在水中加速沉降。

2. 影响沉淀的因素

影响沉淀效率的主要因素有三个方面，即污水的流速、悬浮颗粒的沉降速度、沉淀池的尺寸。

在污水流速一定的情况下，污水中悬浮颗粒直径或密度愈大，其沉降速度愈快，则沉降效率愈高。沉淀池的尺寸要选择恰当，保证池底的沉淀物不受水流冲击。

3. 沉淀设备

工业生产上用来对污水进行沉淀处理的设备叫沉淀池，根据池内水流方式可分为：平流式沉淀池、竖流式沉淀池、辐射式沉淀池、斜管式沉淀池和斜板式沉淀池。

在工业废水的预处理和后处理中，沉淀池的选型应综合考虑以下几个方面：

① 废水量的大小及处理要求；

② 废水中悬浮物的数量、性质及其沉降特征；

③ 废水处理场地情况；

④ 投资建造情况。

当废水量不大时，一般可采用竖流式沉淀池，其结构简单，效果较好。对悬浮颗粒量大的废水，需采用机械刮泥装置，不宜采用竖流式沉淀池。若废水量很大时，可采用平流式或辐射式沉淀池，为了提高生产能力时亦可采用斜板或斜管式沉淀池。

二、均衡调节法

均衡调节法是为了使废水达到后序处理对水质的要求而用清水加以稀释的方法。此法只能使污染物质的浓度下降而其总含量不变。现在用这种方法主要是进行废水的预处理，为以后的各级处理提供方便。由于各车间的产品不同，其生产的周期、工序也不同，导致工厂所排放的废水的水质和水量会经常变化，使得治理设备的负荷不稳定。为使其保持稳定，不受废水流量、碱度、酸度、水温、浓度等条件变化的影响，通常在废水处理装置之前设置调节池，用来调节废水的水质、水温和水量，使之均匀地注入废水处理装置。有时也可将酸性废水和碱性废水在调节池内进行混合，使废水得以中和，以达到调节 pH 值的目的。

调节池可以建成长方形，亦可以建成圆形，要求废水在池中能够有一定的均衡时间，以达到调节废水的目的；同时，不能有沉淀物下沉，否则池底还需增加刮泥装置或设置泥斗等，使调节池结构变得复杂。

调节池容积的大小，需要根据废水流量变化幅度、浓度变化规律以及要求达到的调节程度来确定。调节池容积一般不超过 4h 的排放废水量，但在特殊要求下，也有超过 4h 以上的。

在容积比较大的调节池中，通常还设置有搅拌装置，以促进废水的均匀混合。搅拌方式多采用压缩空气搅拌，也可以采用机械搅拌。

三、过滤法

废水中含有的微粒物质和胶状物质可采用机械过滤的方法除

去，以防止水中的微粒物质及胶状物质损坏水泵，堵塞管道和阀门等。过滤法常用作废水处理的预处理方法，另外也常用于废水的最终处理，滤出的水可供循环使用。

工业处理废水常用的过滤方法，可分为综合滤料过滤及微滤机过滤两种方法。

1. 综合滤料过滤法

此法是综合使用不同的过滤介质进行过滤的方法，一般是以筛网或格栅及滤布等作为底层的介质，然后在其上再堆积颗粒介质。常用的颗粒介质有石英砂、无烟煤粉和石榴石等。

无烟煤的相对密度为 1.55 左右，石英砂的相对密度为 2.56 左右，石榴石是钛铁矿石，其相对密度为 4.0 以上。在选择介质时，应注意有的介质除具有截留废水中颗粒物质的作用外，还具有吸附等物化作用，使过滤后的出水水质提高。例如，选用粉碎到粒径为 1.5～2mm 的硅藻土颗粒，用盐酸或硫酸进行处理，再在 300℃下进行活化，使之具有较高的吸附性能，能够去掉废水的色度，使废水变为清水。

2. 微滤机过滤法

微滤机是一种机械过滤装置，其构造包括水平转鼓和金属滤网。转鼓和滤网安装在水池内，水池中还设有隔板。转鼓转动的圆周速度为 30m/min，2/3 的转鼓浸在池水中。滤网为含钼的不锈钢丝织成，孔径有 $60\mu m$、$35\mu m$、$23\mu m$ 等三种，也有采用 $100\mu m$ 孔径的金属网丝，见图 6-2 所示。

此外，工业废水的过滤处理，还可采用离心过滤机或板框过滤机等通用设备。近年来，又有微孔管过滤机出现，由聚乙烯树脂或者多孔陶瓷等制成的微孔管代替金属丝网起过滤作用。它的特点是微孔孔径大小可以进行调节，微孔管调换比较方便，适用

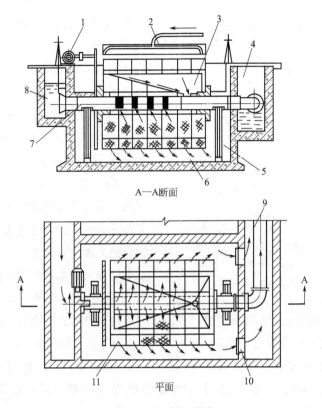

A—A断面

平面

图 6-2　微滤机总图

1—电机；2—冲洗设备；3—集水斗槽；4—集水渠；5—支承
轴承；6—水池；7—空心轴；8—进水渠；9—冲洗换水管；
10—溢流堰；11—带有金属滤网的转鼓

于过滤含有无机盐类的废水。

四、离心分离法

1. 离心分离原理

离心分离法处理废水是利用高速旋转所产生的离心力，使废

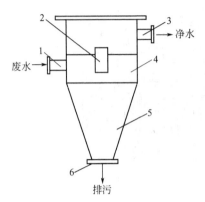

图 6-3　压力式水力旋转器

1—废水进水管；2—中央溢流管；

3—溢流出水管；4—圆筒；

5—锥形筒；6—底出口

水中质量大的悬浮固体颗粒被甩到外圈，沿离心装置的四壁向下排出，废水则由内圈向上运动而达到分离的目的。

2. 离心分离的方式

离心分离的方式有两种，即水力旋转和机械旋转。

（1）水力旋转的离心分离方法　水力旋转系指废水的旋转依靠水泵的压力，使废水由切线方向进入水力旋转器，产生高速旋转，压力式水力旋转器的结构如图 6-3 所示。在离心力的作用下，将固体悬浮物甩向器壁，并沿壁往下流到锥形底的出口。净化的废水则形成螺旋上升的内层旋流，由中央溢流管上端排出。

压力式水力旋流器具有体积小、处理水量大、构造简单、使用方便等优点。但由于水泵和设备磨损较严重，所以设备费用高，动力消耗也较高。

（2）机械旋转的离心分离方法　该方法是采用离心机处理废水，通过离心机的高速机械旋转，产生离心力，使水甩出转鼓，悬浮固体颗粒被截留在转鼓之内而被清除。离心机的种类很多，按分离系数的大小进行分类，可分为三种。

① 常速离心机，$\alpha < 2000$；

② 高速离心机，$2000 < \alpha < 12000$；

③ 超高速离心机，$\alpha > 12000$。

因为离心机转速高，所以分离效率也高，但设备复杂，造价较高，一般只用于小批量的有特殊要求的难以处理的废水。

五、机械絮凝法

机械絮凝法是依靠旋转桨板、搅拌器等机械搅拌装置，在外力作用下搅动废水，使废水中很细小的悬浮颗粒相互接触碰撞，合并成大的絮粒，然后在自身重力作用下沉降下来。图 6-4 为机械絮凝器示意图。

采用机械絮凝处理废水时，桨板搅动不能太快，否则会打碎絮粒；反之，太慢又会使絮粒的形成缓慢，不利于悬浮颗粒的分离。实验结果表明，絮凝器中桨板以 0.4～0.45m/s 圆周速度旋转，其分离效果较好。此方法适用于处理含纤维或油脂的废水。

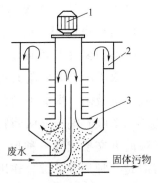

图 6-4　机械絮凝器示意图

1—电动机；2—出水口；

3—旋转桨板

第三节　物理化学处理方法

废水经过物理方法处理后，仍会含有某些细小的悬浮物以及溶解的有机物、无机物。为了去除残存的水中污染物，可以进一步采用物理化学方法处理，常用的物理化学方法有吸附、浮选、反渗透、电渗析、超过滤等。

一、吸附法

吸附法是利用多孔性固体物质作吸附剂，以其表面吸附废水中的某种污染物的方法。常用的吸附剂有活性炭、硅藻土、铝矾土、磺化煤、矿渣以及吸附用的树脂等。其中以活性炭最为常用，故对活性炭吸附法加以介绍。

1. 吸附过程原理

吸附法处理工业废水的吸附过程发生在液-固两相界面上，由于吸附剂表面张力的作用而产生吸附。在表面积一定的情况下，吸附剂要使其表面能减少，只有通过表面张力的减少来达到。如果吸附剂在吸附某种物质后能降低表面能，则此种物质能被吸附剂吸附，即吸附剂只能吸附那些能够降低它的表面张力的物质。依吸附剂与被吸附物质作用力的不同可形成物理吸附、化学吸附和交换吸附三种形式，废水处理过程中主要是物理吸附，有时是几种形式的综合作用。活性炭具有良好的吸附性能，价格便宜，来源方便，是处理工业废水最常用的吸附剂。活性炭吸附废水中污染物是基于活性炭具有松散多孔性的结构，并具有较大的比表面积（每克活性炭的总表面积为 $500\sim1000m^2$），孔隙容积为每克活性炭 $0.6\sim0.8cm^3$，在活性炭的表面上有很大的表面力，吸附过程就是废水中污染物分子在表面力场的作用下，从废水中转移到活性炭表面的过程。

2. 吸附流程

根据吸附所用活性炭粒径不同，吸附流程有两种不同方式，即粉状活性炭吸附和粒状活性炭吸附。

（1）粉状活性炭吸附　按其进料情况的不同分为湿式注入流程和干式注入流程。粉状活性炭吸附装置比较简单，操作方便，吸附速度快，吸附能力强，但活性炭粉的再生困难，往往只能使用一次，成本较高。这种工艺国内很少使用。

（2）粒状活性炭吸附　粒状活性炭虽然吸附能力较粉状活性

炭差，但容易与水分离，再生方便，因而逐步受到重视。按粒状活性炭与水接触方式的不同，一般可分为固定床、移动床和流化床三种操作流程。近年来流化床最受重视。这种流程活性炭的吸附和再生可以同时进行，使用的活性炭粒径也较小，活性炭与水逆流接触，能充分发挥活性炭与水之间的传质作用，吸附性能好，吸附速度快，通过调整，活性炭用量可以适应废水负荷在较大范围内的变化。另外，流化床设备紧凑，易于实现连续操作和自动控制。

3. 活性炭的再生

活性炭吸附污染物质达到饱和状态后，需要进行再生处理。活性炭再生有四种方法，即溶剂洗涤、酸或碱洗涤、蒸汽活化和加热再生。其中以加热再生及酸、碱洗涤再生法较为常用。

(1) 加热再生法　首先是将需再生的活性炭在 100℃ 下干燥，然后将温度升高到 815℃，使吸附的污染物质高温分解，再在 815℃ 以上将分解后的残炭氧化，从而使活性炭活化。

(2) 酸洗再生法　一般用 H_2SO_4 浸泡，酸的浓度为 5%～20%，酸的体积为活性炭体积的 2 倍，再生一般在常温下进行。再生后的活性炭还需用水洗涤，以便将被解吸的污染物质彻底清除。

(3) 碱洗再生法　一般用 NaOH 溶液浸泡，碱的浓度为 5%～20%，但以低浓度再生效果较好。碱液的体积也为活性炭体积的 2 倍。据有关资料报道，把碱液加热到 40℃ 左右再生，可以提高再生效果。

用碱液再生使污染物质的脱吸比较彻底。但为了防止再生后的活性炭吸附能力衰减，必须再用相应浓度的酸溶液来中和活性炭上残留的余碱，因而再生装置比较复杂。

4. 影响吸附效果的因素

吸附过程的物料系统包括废水、污染物及吸附剂，因此吸附属于不同相间的传质过程，其机理复杂，影响的因素也很多，但概括起来是吸附剂的性质、污染物性质以及吸附过程的条件等三个方面的影响因素。

（1）吸附剂的性质　吸附剂的物理及化学性质对吸附效果有决定性的影响。而吸附剂的性质又与其制作时所使用的原料、加工方法及活化条件等有关。如活性炭处理工业废水的吸附效果决定于它的吸附性（吸附速率）、比表面积、孔隙结构及孔径分布等。

（2）废水中污染物的性质　活性炭吸附废水中污染物的量要受污染物的溶解度、极性、分子大小、浓度及其组成情况的影响。

（3）吸附条件　当废水的吸附剂选定之后，吸附效果主要取决于吸附过程的条件，如温度、吸附时间、废水的 pH 值等。故需综合考虑，确定适当的温度条件，按适当的接触时间选择好设备装置，通过实验优选吸附的最佳 pH 值，以确保吸附效果。

二、浮选法

当工业废水中所含的细小颗粒物质不能采用重力沉降法加以去除时，可以采用浮选法进行处理。

此方法就是在废水中加入浮选剂和絮凝剂等通入空气，使废水中的细小颗粒或胶状物质等黏附在空气泡或浮选剂上，随气泡一起浮到水面后加以去除，使废水净化。浮选法主要是根据表面张力的原理，当空气通入废水中时，与废水中存在的细小颗粒物质共同组成三相体系。细小颗粒黏附到气泡上引起气泡界面能的变化。其差值用 Δw 表示。如果 $\Delta w > 0$，说明界面能减少了，减少的能量消耗于把水挤开的做功上，而使颗粒黏附在气泡上；若 $\Delta w < 0$，则颗粒不能黏附在气泡上。所以 Δw 又称为可浮性指标。只有 $\Delta w > 0$ 时，颗粒才有可能被浮选。另外，还与颗粒的密度有关，密度超过 $3g/cm^3$ 的颗粒也难以浮选。

1. 浮选剂

为了增强浮选效果，在浮选过程中往往加入浮选剂。浮选剂的种类很多，依其作用的不同可以分为以下几种。

（1）捕收剂　如硬脂酸、脂肪酸及其盐类或胺类等。其分子中既有亲水基团又有疏水基团。

（2）起泡剂　如松节油等。它作用在气-液接触面上，用以分散空气，形成稳定的气泡。

（3）pH 值调整剂　其作用是调节废水的 pH 值，使其在最适合的 pH 值下进行浮选，以提高浮选效果。

（4）活化剂　一般多是无机盐类。其作用是使原来不易被捕收剂作用的颗粒表面，变为易于被捕收剂吸附，可加强捕收剂的作用效果。

选加浮选剂的种类应根据废水的性质来确定，以提高浮选的效果。

2. 浮选法的流程及设备

常用的浮选方法有：加压浮选、曝气浮选、真空浮选、电解浮选和生物浮选等。

（1）加压浮选法　在加压的情况下，将空气通入水中，使空气溶解在水中达到饱和状态，然后由加压状态突然减至常压，使得溶解于水中的空气呈过饱和状态，水中空气将迅速形成微小的气泡不断向水面上升。气泡在上升过程中，捕集废水中的悬浮颗粒及胶状物质等一同带出水面，然后从水面上将其去除。

加压浮选法的工艺流程有两种：全部废水加压流程和部分废水加压流程。

① 全部废水加压浮选流程，其工艺过程见图 6-5。

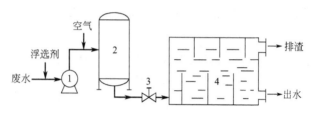

图 6-5　全部废水加压浮选流程
1—加压泵；2—溶气罐；3—减压阀；4—浮选池

它是将全部废水用加压泵加压，空气在压力作用下打入废水中，在溶气罐内空气完全溶解于水中呈饱和状态，然后通过减压阀将废水送入浮选池。废水中形成的较多小气泡黏附废水中的细小颗粒一同浮向水面，在水面上形成浮渣。最后用刮板将浮渣排入浮渣槽，经浮渣管排出池外，将净化的废水由溢流堰和出水管排出。

全部废水加压浮选法的特点是溶气量大，产生的气泡多，浮选效果好；在处理废水量相同的情况下，浮选池可小些，从而减少了建造投资费用；但加压泵容量大，溶气罐体积也要大，增加了设备投资和动力消耗。

② 部分废水回流加压浮选法，是对部分废水加压和溶气，其余废水添加浮选剂后直接进入浮选池，在浮选池中与溶气后的废水混合。也可以取一部分由浮选池流出的净水进行加压和溶气，然后通过减压阀进入浮选池，见图 6-6 所示。

部分溶气流程与全流程浮选法相比较，其所需加压泵容量要

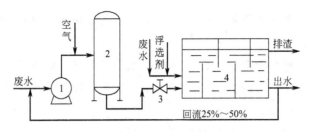

图 6-6　部分废水回流加压浮选流程

1—加压泵；2—溶气罐；3—减压阀；4—浮选池

小，故动力消耗降低。但浮选池的容积要大，这方面的投资有所增加。

（2）曝气浮选法　曝气浮选法是将空气直接打到浮选池底部的充气器中，空气形成较小的气泡，进入废水。而废水从池上部进入浮选池，与从池底多孔充气器放出的气泡接触，气泡捕集废水中的颗粒后浮到水面，由排渣装置刮送到泥渣出口处排出。净化水通过水位调节由出水管流出。图 6-7 为带有多孔充气器的浮选装置示意图。

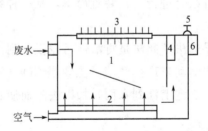

图 6-7　带有多孔充气器的浮选装置示意图

1—浮选池；2—多孔充气器；3—刮渣装置；4—泥渣
出口；5—水位调节器；6—出水管

曝气浮选法的特点是动力消耗小，但由于受到装置的限制，气泡还是不够细小，而又很难均匀，故浮选效果略差。同时操作过程中，多孔充气器需经常进行清理以防止堵塞，这些给操作带来不便。

（3）真空浮选法 该法是将废水与空气同时吸入真空系统后接触，在真空系统内，会产生大量空气泡。即气泡携带废水中的颗粒浮上水面，即可除去。

这种方法多用在油料生产工业废水的治理方面，去除悬浮物效果较好，装置体积较小，便于管理；但运转动力费用较高，机械传动部分运转不够稳定。因此国内采用的不多。

（4）电解浮选法 电解浮选是对废水进行电解，这时在阴极产生大量氢气，废水中的颗粒物质黏附在氢气泡上，随其上浮，从而达到净化废水的目的。同时在阴极上形成的氢氧化物，又起着混凝剂和浮选剂的作用，帮助废水中的污染物质上浮或下沉，有利废水的净化。

此法的优点是产生的小气泡数量很大，每平方米的电极可以在 1min 内产生 6×10^{17} 个小气泡；在利用可溶性阳极时，浮选过程和沉降过程可结合进行，其装置简单，是一种新的废水净化处理方法。

（5）生物浮选法 此法是将活性污泥投放到浮选池内，依靠微生物的生长和活动来产生气泡（主要是 CO_2 气体），废水中的污染物质黏附在气泡上浮到水面，加以去除而使水净化。

三、反渗透法

反渗透法是利用半透膜进行分子过滤的一种膜分离处理技术。目前，由于对膜的性能掌握不够充分，其机理尚在研讨中。随着反渗透膜研制技术的发展，反渗透法在废水处理上，还将展示出更为广阔的前景。

四、电渗析法

电渗析法用于除去水中盐分，使水淡化；还应用于处理含金属或酸的废水，图 6-8 是利用电渗析法处理含铁的酸洗废水示意图。

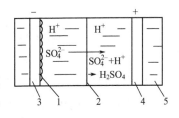

图 6-8　电渗析法处理含铁
的酸洗废水

1— 沉淀的铁离子；2—阴离子
交换膜；3—阴极；4—阳极；
5—电渗析池

电渗析池内装有含铁的酸洗废水，池中间装设阴离子交换膜，此膜可使 SO_4^{2-} 渗透过去，而阻止 H^+ 的渗透。通入直流电后，SO_4^{2-} 迅速地通过阴离子交换而进入膜的右侧溶液，与 H^+ 结合生成 H_2SO_4，而膜的左侧溶液只有 H^+ 存在，Fe^{3+} 沉淀在阴极上，这样即可达到水、铁、酸分离的目的。电渗析法应用在环境保护方面进行废水处理已取得很好的效果。但是由于其耗电量比较多，故多数还限于在以回收为目的情况下使用。

五、超过滤法

简称超滤法，这是与反渗透法很相似的一种膜分离技术，它同样是利用半渗透膜的选择透过性质，在一定的压力下，使水通过半渗透膜，而胶体、微小颗粒等则不能通过，从而达到分离或浓缩的目的。

超滤法装置和反渗透装置类同。我国目前普遍使用的是管式装置。国外除应用管式、卷式装置外，近来更多地使用空心纤维式装置。因为工业废水中所含的各种各样不同分子量的溶质，只用单一的超滤方法，常常不可能完全除去。一般多是将超滤法与反渗透法联合使用，或者与其他废水处理方法联合使用。

第四节　化学处理方法

该法是利用物质之间的化学反应进行工业废水处理的方法，分为中和法、氧化还原法、化学絮凝法三种。

一、中和法

中和法主要用于含酸或含碱的废水的处理。对含酸或含碱废水在4%（碱含量为2%）以下时，如果不能进行经济有效的回收、利用，则应通过中和，将pH值调整到使废水呈中性状态才可排放，而对浓度高的废水，则必须考虑回收并开展综合利用。

1. 中和酸性或碱性废水的方法

（1）酸性废水的中和处理

① 使酸性废水通过石灰石滤床；

② 与石灰乳混合；

③ 向废水中投加碱性物质，表6-3为中和酸所需消耗的碱性物质的质量；

表 6-3　中和酸所需消耗的碱性物质的质量

酸的种类	中和1kg酸所需碱性物质的质量/kg						
	CaO	Ca(OH)$_2$	CaCO$_3$	MgCO$_3$	CaMg(CO$_3$)$_2$	NaOH	Na$_2$CO$_3$
硫酸	0.57	0.755	1.02	0.86	0.94	0.815	1.08
盐酸	0.77	1.01	1.37	1.15	1.26	1.10	1.45
硝酸	0.455	0.59	0.795	0.668	0.732	0.635	0.84
醋酸	0.466	0.616	0.83	0.695		0.666	0.88

④ 与碱性废水混合，使pH值近于中性；

⑤ 向酸性废水中投加碱性废渣，如电渣、磷酸钙、碱渣等。

通常，尽量选用碱性废水（或渣）来中和酸性废水，达到以废治废的目的。

（2）碱性废水的中和处理

① 向碱性废水中鼓入烟道气；

② 向碱性废水中注入压缩 CO_2 气体；

③ 向碱性废水投入酸或酸性废水，表 6-4 为中和碱所需消耗的酸量。

表 6-4　中和碱所需消耗的酸量

碱类名称	中和 1kg 碱所需消耗的酸量/kg					
	H_2SO_4		HCl		HNO_3	
	100%	98%	100%	36%	100%	65%
NaOH	1.22	1.24	0.91	2.53	1.37	2.42
KOH	0.88	0.90	0.65	1.80	1.13	1.74
$Ca(OH)_2$	1.32	1.34	0.99	2.70	1.70	2.62
NH_3	2.88	2.93	2.12	5.90	3.71	5.70

用烟道气中和碱性废水，主要是利用烟道气中 CO_2 和 SO_2 两种酸性氧化物对碱进行中和，这是以废治废，开展综合利用的好办法。既可以降低废水的 pH 值，又可除去烟道气的灰尘，并促使 CO_2 及 SO_2 气体从烟道中分离出来，防止烟道气污染大气。

2. 酸性废水中和处理的方式和设备

（1）酸性废水与碱性废水混合　若有酸性废水和碱性废水同时均匀排出，且两者各自所含的酸、碱又能互相平衡，则可将两者直接在管道内混合，不需设中和池。但是，对于排水经常波动的情况，则必须设置中和池，在中和池内进行中和反应。图 6-9 即为酸、碱性废水的中和处理流程。

中和池一般是平行设计两套，交替使用。设计时应考虑废水在中和池内停留的时间为 15min 左右，根据具体情况，控制经中

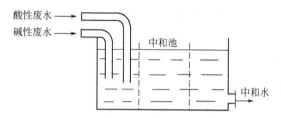

图 6-9 酸、碱性废水的中和处理流程

和后的出水 pH 值在 5～8 的范围内。

（2）投药中和 投药中和就是将碱性中和药剂如石灰、石灰石、电石渣、苏打等投入到酸性废水中，经充分中和反应，使废水得到治理。投药中和又分干投法和湿投法两种。

① 干投法是将固体的中和药剂按理论用量的 1.4～1.5 倍，均匀连续地投入到废水中，如图6-10所示流程。

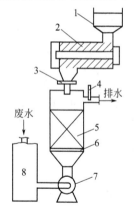

图 6-10 用石灰石中和酸性废水的干投法流程

1—石灰石贮槽；2—螺旋输送器；3—计量计；4—pH 计；5—石灰石床层；6—分配板；7—水泵；8—废水贮槽

② 湿投法即选用石灰消化槽，将石灰加水消化，制成40％～50％的乳液，在乳液槽中加水调配成5％～10％浓度的石灰水，然后用泵送到投入器，与废水共同流入中和反应池，反应进行澄清，使水与沉淀分离，流程如图 6-11 所示。湿投法所用设备较多，但反应迅速且较为安全，投药量为理论值的1.05～1.10 倍，比干法用量少。

二、混凝沉淀法

1. 混凝法处理工业废水的原理

在废水中投入混凝剂后，在所

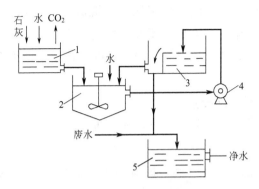

图 6-11　石灰湿投法流程

1—石灰消化槽；2—乳液槽；3—投入器；4—水泵；5—中和池

产生的胶团与废水中的胶体物质发生电中和，形成颗粒沉降。混凝沉淀不仅可以除去废水中粒径为 $10^{-3} \sim 10^{-6}$ mm 的细小悬浮颗粒和胶体颗粒，而且还能够除去色度、油分、微生物、氮和磷等营养物质、重金属以及有机物等。

2. 影响废水混凝沉淀效果的因素

（1）废水的 pH 值　不同的混凝剂，只适用于一定的 pH 值范围。如硫酸铝作混凝剂，在 pH 值为 $5.7 \sim 7.8$ 使用时效果较好，而 pH 值高于 8.5 时，则由于 $Al(OH)_3$ 被溶解生成 AlO_2^-，对废水中带负电的胶粒物不再发生吸收力，而失去处理废水的混凝作用。

（2）废水的温度　采用硫酸铝为混凝剂，温度以 $20 \sim 40℃$ 为宜，低于 15℃ 时，难于生成沉淀。

（3）搅拌　搅拌的目的是帮助废水与混凝剂混合均匀，以提高絮凝的效果，但搅拌过于激烈又会打碎已经凝聚的沉淀物，反而不利于沉淀。

（4）混凝的种类和用量　废水中所含污染物能否采用混凝沉

淀除去，首先决定于能否找到适宜的混凝剂。废水中所含的汞、镉、六价铬、硫、氟等都可用此法将它们除去。处理不同废水，采用不同的混凝剂，而混凝剂的用量则需按废水浓度及分离要求来确定。

3. 混凝剂和助凝剂

（1）混凝剂　可分三大类，即无机混凝剂、有机混凝剂和高分子混凝剂。

（2）助凝剂　有三类，即调节 pH 值助凝剂、活化剂和氧化剂。

① 调节 pH 值助凝剂，为了达到混凝剂使用的最佳 pH 值，通常多用石灰等。

② 活化剂　如活性炭，各种黏土及活化硅酸等。

③ 氧化剂　如氯等，用来破坏其他对混凝剂有干扰的有机物质。

4. 混凝处理流程及设备

混凝处理包括投药、混合、反应及沉淀分离几个步骤，如图 6-12 所示。

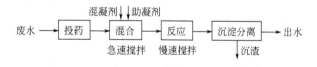

图 6-12　混凝沉淀处理工业废水流程

（1）投药　投药方法分为干投法和湿投法两种。我国北方冬季寒冷，如果使用石灰作混凝剂时，以采用干投法较为合适；其余普遍采用湿投法。投药设备包括投加和计量两部分，常采用的投加设备有耐酸水泵、真空泵及空气压缩机等；常用的计量设备有浮杯式计量器、孔板及转子流量计等。

（2）混合　废水与混凝剂、助凝剂的混合是否均匀，直接影响混凝沉淀的效果。混合形式分为两种，一种是通过水泵进行混合；另一种是混合槽内进行混合。混合槽内装有混合机械，常用的有机械搅拌混合槽及多孔隔板式混合槽。前者混合效果较好，但需要消耗较多动力；后者适应性较强，当废水量变化时可以通过调整板上被废水淹没的孔口数目，以适应废水流量的变化，但压力损失较大。

（3）反应　水和混凝剂及助凝剂在混合槽内进行部分反应，而最后全部反应是在反应池内进行，反应一般需 20～30min。

反应池的形式有隔板反应池、涡流反应池、悬浮加隔板反应池和机械搅拌的反应池。

一般处理大量废水时采用隔板反应池，其构造简单，施工方便，反应效果好，但压力损失大；涡流式反应池的优点是反应时间短，容积小，便于布置，适用于处理废水量较小的情况；机械搅拌式反应池，对大小水量均适用，压力损失小，但需要一整套搅拌装置，加工较繁，维修工作量大，故较少采用。

（4）沉淀分离　废水中生成的絮凝体经沉淀后，使之与水分离，达到水被净化的最终目的。

三、化学氧化法

废水经化学氧化处理，可使废水中所含有机物质和无机还原性物质进行氧化分解，不仅达到净化目的，还可达到去臭、去味、去色的效果。

1. 臭氧氧化法

自从 20 世纪初法国巴黎最先使用臭氧处理城市自来水以来，

臭氧氧化法呈现良好的发展势头。最近相继建成的一些臭氧处理废水的工业装置效果很好，但其用电量大，成本较高。目前国内很少采用此法。

（1）臭氧的性质 臭氧（O_3）在常温常压下是一种淡紫色气体，有特殊气味，其沸点为$-111.9℃$，在20℃及0.1013MPa下的密度为2.141g/L，为氧的1.5倍。它在水中溶解度比氧大10倍。此外，臭氧还具有以下一些重要性质。

① 不稳定性 臭氧非常不稳定，在常温下很容易自行分解成氧气，同时还放出热量，分解的速度与温度、臭氧浓度成正比；臭氧溶解在水中也不稳定，在较短时间内即分离为氧。溶解在蒸馏水中的臭氧的半衰期为15～30min；溶解在水中的臭氧的分解速度受pH值的影响也极为明显；在酸性废水中臭氧比较稳定；在碱性废水中则分解迅速。

② 溶解性 臭氧在水中的溶解度比纯氧高10倍，比空气高25倍，臭氧的溶解度还受其在空气中的浓度、环境压力的影响。

③ 毒性 臭氧在空气中的浓度一般为$0.1cm^3/m^3$时就可使人的眼、鼻和喉感到刺激，至$1～10cm^3/m^3$可引起头痛、恶心等。

④ 氧化性 臭氧可使有机物质被氧化，可使烯烃、炔烃及芳香烃化合物被氧化成醛类和有机酸；臭氧很容易破坏废水中所含有的酚，例如含$600cm^3/m^3$酚的石油废水在pH值为12时，用$1000cm^3/m^3$臭氧几乎可以使酚全部分解，达到残余酚量小于$0.015cm^3/m^3$的排放要求，在pH值为7时，要达到同样的处理程度，则需多消耗一倍的臭氧。一般臭氧的投加量为20～$400cm^3/m^3$时，酚的去除率可达96%。臭氧对石油废水中所含的硫醚、二硫化物、噻吩、硫茚以及其他致癌物质如1，2-苯并

蒽等均有很强的分解能力；臭氧也可以与无机物如氰化物等发生化学反应而放出氧。

（2）臭氧的制备　由于臭氧是不稳定的，因此通常多在现场制备。制备臭氧的方法很多，有电解法、化学法、高能射线辐射法和无声放电法等。目前工业上几乎都用干燥空气或氧气经无声放电来制取臭氧。

（3）臭氧在废水处理中的应用　由于臭氧及其在水中分解的中间产物氢氧基有很强的氧化性，可分解一般氧化剂难于破坏的有机物，而且反应完全，速度快；剩余臭氧会迅速转化为氧，出水无臭无味，不产生污泥；原料（空气）来源广，因此臭氧氧化法在废水处理中是很有前途的。

印染废水的色度高，用生物处理时除色效果差。用臭氧处理时，可以单独进行，也可与其他工艺（如絮凝过滤、活性炭吸附）结合使用。单独用臭氧处理人造丝染色废水时，脱色率可达90％；臭氧与絮凝过滤结合作用，脱色率可达99％～100％。对于一般印染废水，臭氧投量40mg/L，脱色率达90％以上；但去除COD的能力低，仅40％，对于凝聚法难以去除的水溶性染料，用臭氧接触3～10min，水就变得清澈无色。

臭氧处理含酚废水的效果也很好。据报道采用20～40mg/L的剂量，可使生物处理后（经二次沉淀）水中的含酚量中0.38mg/L降到0.012mg/L。采用臭氧处理焦化厂含酚废水，投量1000～2500mg/L，可使酚浓度由300～1500mg/L降到0.6～1.2mg/L。对于重油裂化废水，投量169～190mg/L，pH＝11.4时，除酚率达99.6％；pH＝10.2时，油的去除率达87％。炼油厂废水，经脱硫、浮选和曝气处理后，含酚0.1～0.3mg/L，含油5～10mg/L，硫化物0.05mg/L；再采用臭氧进行三级处理，柱高

5m，扩散板孔隙 20μm 左右，接触时间 10min，投臭氧 50mg/L，处理后的含酚量小于 0.01mg/L，含油量小于 0.3mg/L，硫化物小于 0.02mg/L，COD 去除约 60%，色度由 8～12 降到 2～4 度。

臭氧处理含氰废水的试验表明，对于重油裂解废水，pH＝11.4 时，臭氧投加量为 169～190mg/L，去氰效率达 79.3%；对于电镀废水，含氰浓度为 32.5mg/L 时，投加臭氧 60mg/L，去氰率达 98.9%；对于腈纶废水，含丙烯腈 102mg/L（未经生化处理），投臭氧 30mg/L，可完全去除丙烯腈。

臭氧氧化法也用于某些重金属的去除。为了除去水中重金属离子，先用石灰调 pH 值为 7～9，然后加臭氧到饱和，就可除去 99.5% 以上的镉、铬、铅、镍、锌、铁、锰、铝等，但除汞效果较差。

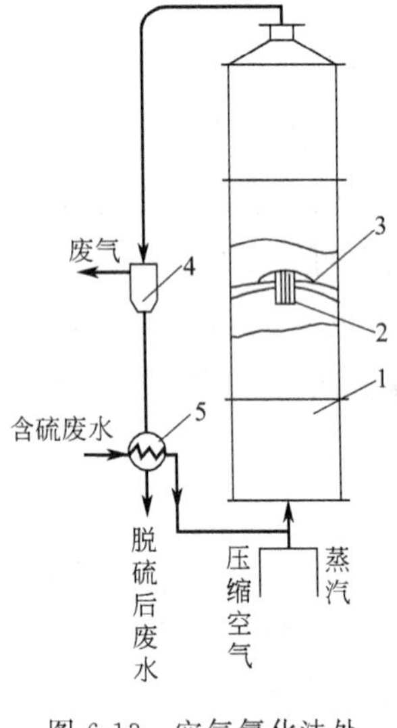

图 6-13 空气氧化法处理含硫废水流程

1—塔段；2—细缝式气-液混合器；3—喷嘴；4—分离器；5—换热器

2. 空气氧化法

空气氧化能力比较弱，主要用于含还原性较强物质的废水处理，如炼油厂含硫废水即空气氧化脱硫。该流程如图 6-13 所示。

最近，采用向废水中加入氯化铜和氯化钴或在活性炭上沉积氯化钾作催化剂的方法，收到很好的氧化效果，氧化速度有明显提高。

此法的缺点是废水中的硫化物被空气氧化后一部分转变为硫酸外，主要转变为硫代硫酸盐。硫代硫酸盐很不稳定，因此用此法对废水进行预处理时，对后面的处理方法带来不良影响。目前，空气氧化法有逐步被其他方法所取代的趋势。

3. 氯氧化法

氯氧化法主要是利用氯、次氯酸盐，二氧化氯等物质对含许多有机化合物和无机物的废水进行处理，主要用于含酸、含氰、含硫化物的废水治理。

（1）处理含酚废水　向含有酚的废水中加入氯，次氯酸盐或二氧化氯为 6：1 时，即可使酚完全破坏。但由于废水中存在的其他化合物也与氯发生作用，实际上氯的需要量超过理论量许多倍，一般要超出 10 倍左右，若氯的投加量不够，酚不能完全破坏，而且还会生成具有强烈臭味的氯酚，此外，氯化过程还应在 pH 值低于 7 的条件下进行，否则也会生成氯酚。二氧化氯的氧化能力为氯的 2.5 倍，而且在氧化过程中不会生成氯酚。但由于二氧化氯的价格昂贵，故仅用于低浓度酚的废水处理。

（2）处理含氰废水　用氯氧化法处理含氰废水时，是将次氯酸钠直接投入废水中，也可以将氢氧化钠和氯气同时加入废水中，氢氧化钠与氯反应生成次氯酸钠。由于这种氯氧化法是在碱性条件下进行的，故又称为碱性氯氧化法。

例如，用氯氧化法处理含氰化钠的废水，其反应分为两个阶段进行，首先氰化钠被氧化为氰酸钠，即

$$NaCN + Cl_2 + 2NaOH = 2NaCl + H_2O + NaCNO$$

此阶段反应很快，反应在 pH 值为 10 或更高的条件下，在几分钟内便可完成 $80\% \sim 90\%$ 的反应，一般氧化时间控制在 30min 左右，生成的氰酸钠为固体，为避免其沉淀对氯化产生影响，故在反应中要进行连续搅拌。

氰酸盐的毒性比氰化物低很多，约为氰化物毒性的 1% 左右，为了使水质更好地净化，还需进一步使氰酸盐分解为 CO_2

和 N_2。其反应式如下

$$2NaCNO+4NaOH+3Cl_2 \Longrightarrow 2CO_2\uparrow+6NaCl+N_2\uparrow+2H_2O$$

此反应较慢,若 pH 值在 10 以上时约需数小时,而将 pH 值降至 $8\sim8.5$ 时,氰酸盐的氧化可在 1h 内完成。

废水中含氰量与完成上述两个阶段反应所需氯的总量及 NaOH 量之比,理论上为 CN^-:Cl_2:$NaOH=1$:6.8:6.2,实际上,为使氰化物完全氧化,一般要投入氯的量为废水中所含氰量的 8 倍左右。

4. 湿式氧化法

此法是用空气将溶解于水中或悬浮于水中的有机物质完全氧化的方法(可看成是没有火焰的燃烧)。此反应必须在加压和一定温度下才能进行。一般压力为 $0.98\sim7.8MPa$,温度为 $230\sim300$℃。

此方法最初应用于纸浆黑液的处理,近来用于含氰化物废水的处理,氰化物的去除率几乎达 100%,此外,也用于处理己内酰胺产生的废液,收到很好的效果。

此法缺点是需要高压设备,基建投资大。

四、电解净化法

电解净化法是借助电解使污染物在电极上氧化或还原而变成无害物,从而达到净化废水的目的。电解净化法按照净化机理可分为电解氧化法、电解还原法、电解凝聚法和电解浮上法。电解净化法具有方法简单、快速、高效,设备紧凑,占地面积小,能一次性处理多种污染物的特点,因而在水处理中得到广泛的应用。

1. 电解氧化法处理含氰废水

废水中的 CN^- 可直接在阳极上直接电解氧化,也可以在废水中添加 NaCl，使 Cl^- 先在阳极上放电生成新生态的氯原子，并以它作为氧化剂氧化废水中的氰化物。电解一般采用石墨板作阳极，并用压缩空气搅拌，为了提高水的电导率，应添加少量 NaCl。为防止有害气体逸入大气，应采用全封闭式电解槽。

（1）直接电解氧化　废水中 CN^- 在阳极上直接电解氧化，其电极反应为：

$$CN^- + 2OH^- - 2e = CNO + H_2O$$

$$2CNO^- + 6OH^- - 6e = N_2 \uparrow + 2HCO_3^- + 2H_2O$$

$$CNO^- + 2H_2O = NH_3 + HCO_3^-$$

$$4OH^- - 4e = 2H_2O + O_2 \uparrow$$

上述反应表明，CN^- 的阴极氧化需要在碱性条件下进行，但 OH^- 的氧化反应却使电流效率降低。

（2）间接氧化　废水中添加一定量的 NaCl，使 Cl^- 在阳极上放电产生 Cl_2，Cl_2 水解生成 HOCl，OCl^- 氧化 CN^-，最终产物为 CO_2 和 N_2。这种借电解食盐溶液产生氯作为氧化剂间接氧化破坏 CN^- 的方法，被称为"电氯化法"。反应在 pH 为 10～12 的碱性条件下进行，能使有剧毒的 CNCl 迅速水解，减少其向空气中逸出的危险，反应过程如下：

$$CN^- \xrightarrow{OCl^-} CNCl \xrightarrow{pH>10} OCN^- \xrightarrow{30min} CO_2 \uparrow + N_2 \uparrow$$

提高阳极产物 OCl^- 的含量有利于 CN^- 的氧化。影响 OCl^- 产量的主要因素是 NaCl 的浓度和电流密度。故应依据不同废水的含氰浓度，可通过试验优选出最佳投盐量和运行电流密度，保障阳极有理想的 OCl^- 产量和稳妥的电能效率，同时避免过高的电流密度造成的石墨阳极损耗加剧。据资料介绍，处理含氰25～100mg/L 的废水，投加食盐量为 2～3mg/L；含氰 400mg/L 时，投加食盐量为 25mg/L。通常，电流密度都控制在低于 $9A/dm^2$。当废水浓度高，极板中心距小时，电流密度可取大些；反之，电流密度应小些。

在提高 OCl^- 浓度的同时应注意防止 OCl^- 在阳极放电，副产 ClO_3^- 和 O_2 而引起电流效率下降。因此，应在不同的食盐浓度和电流密度条件下，控制适当的 OCl^- 平衡浓度和一定的槽温。

目前，市面上已有多种定型化的次氯酸发生器，可直接用于各种给水、废水消毒和氧化处理。这种设备的特点是现场制取的 NaOCl 活性高，随制随用，处理效果好，操作安全可靠，不会发生逸氯或爆炸事故。

2. 电解还原法处理含铬废水

废水中铬（Ⅵ）通常以 $Cr_2O_7^{2-}$ 和 CrO_4^{2-} 的形式存在，若在废水中加入少量食盐，以铁板为阳极和阴极进行电解，在直流电的作用下，铁阳极溶解产生 Fe^{2+}，将六价铬还原成三价铬，阴极即有一部分六价铬直接被还原，同时还发生 H^+ 的还原并析出氢气。由于 H^+ 在阴极上的还原，废水由弱酸性变成弱碱性，使铬、铁以氢氧化物沉淀析出而被除去，主要反应如下：

阳极反应

$$Fe = Fe^{2+} + 2e$$

$$Cr_2O_7 + 6Fe^{2+} + 14H^+ = 2Cr^{3+} + 6Fe^{3+} + 7H_2O$$

$$CrO_4^{2-} + 3Fe^{2+} + 8H^+ = Cr^{3+} + 3Fe^{3+} + 4H_2O$$

$$4OH^- + 4e = O_2 \uparrow + 2H_2O$$

$$2Cl^- = Cl_2 + 2e$$

阴极反应

$$Cr_2O_7^{2-} + 14H^+ + 6e = 2Cr^{3+} + 7H_2O$$

$$CrO_4^{2-} + 8H^+ + 3e = Cr^{3+} + 4H_2O$$

$$2H^+ + 2e = H_2 \uparrow$$

Cr^{3+} 和 Fe^{3+} 的沉淀

$$Cr^{3+} + 3OH^- = Cr(OH)_3 \downarrow$$

$$Fe^{3+} + 3OH^- = Fe(OH)_3 \downarrow$$

显然，对于废水处理而言，铁阳极的氧化溶解以及 $Cr_2O_7^{2-}$ 和 CrO_4^{2-} 还原为 Cr^{3+} 是决定处理效果的关键。生成的 $Fe(OH)_3$ 沉淀具有凝聚作用，能促进 $Cr(OH)_3$ 迅速沉淀。但阳极上发生的析氧和析氯反应会对处理效果产生不利影响。为了达到最佳处理效果，必须严格控制电解条件。

(1) 电解时应投加适量度的食盐，以增加溶液电导。同时，氯离子可以减弱阳极的钝化，降低其超电势，促进阳极溶解。

(2) 废水应维持适当的 pH 值。废水的 pH 值较低时有利于铁阳极的氧化溶解。但 pH 值太低会使 Cr^{3+} 和 Fe^{3+} 沉淀不完全。若 pH 值较高，将促进铁阳极钝化，发生 OH^- 放电析出氧气，而且析出的氧气还可能消耗 Fe^{2+}，不利于六价铬的还原。运行实践证明，当废水含铬（Ⅵ）25～150mg/L 时，如进水的 pH 值为 3.5～6.5，则不需调节 pH 值，因随着电解的进行，H^+ 在阴极放电，引起 pH 升高可满足氢氧化物沉淀的要求。

电解还原法处理含铬废水，操作管理比较简单，处理效果稳定可靠，含铬电镀废水的六价铬可降至 0.1mg/L 以下。此法的主要缺点是阳极消耗大，污泥处理及利用不易解决。

3. 电解凝聚法和电解浮上法

(1) 电解凝聚法　废水采用铁、铝等金属为阳极进行电解时，阳极发生氧化作用，溶解出 Fe^{3+}、Al^{3+} 等离子，再经一系列的水解聚合或氧化过程，生成不溶于水的单核、多核羟基配合物以及氢氧化物。这些微粒对废水中的胶体粒子有很强的凝聚和吸附活性，使废水中的胶态杂质及悬浮杂质发生絮凝沉淀而分离的过程叫做电解凝聚，也称电混凝。

电解凝聚法的工艺流程如图 6-14 所示，已成功地应用于处理造纸、纺织印染、肉类加工、油漆涂料及建材加工等各类废水。表 6-5 列出了四种废水处理的工艺参数。

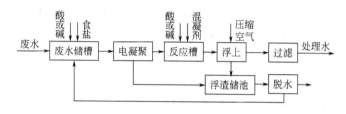

图 6-14　电解凝聚法的工艺流程

表 6-5　电解凝聚法对各类废水处理的参数

废水名称	pH 值	电量消耗/(A·h)/L	电流密度/(A/dm²)	电能消耗/[(W·h)/m³]	电解电压/V	电极金属消耗/(g/m³)	电极材料	极距/mm	废水电解时间/min
有机废水	8～10	0.1～0.3	1～2	0.6～1.0	3～5	150～200	钢板	20	20
油脂废水	8～9	0.08～0.12	1.0～2.2	1～1.5	5～6	50～110	钢板	10～20	20
重金属废水	9～11	0.03～0.15	0.3～0.5	0.4～2.5	9～12	45～150	钢板	10	20～30
生化处理前废水	5～8	0.03～0.15	0.5～1.0	0.2～0.4	8～12	8～14	铝板	20	20

（2）电解浮上法　废水电解时，由于水的电解及有机物的电解氧化，在电极上会有 H_2、O_2、CO_2、Cl_2 等气体析出，借助于这些电极上析出的微小气泡而浮上分离疏水性杂质微粒的过程叫电解浮上，也称电浮法。

电解浮上法水处理工艺流程如图 6-15 所示。电解浮上法除少数单位单独使用外，绝大多数与其他方法结合使用，如 pH 值

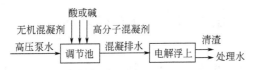

图 6-15 电解浮上法处理工艺流程

调整法＋电浮选法；电混凝法＋电浮选法；混凝剂法＋电浮选法等。在废水处理中，若采用可溶性阳极电解时，电解凝聚和电解浮上是同时进行的。利用电解凝聚和电解浮上作用，可以高度去除多种有机物、重金属以及油类等，还具有降低 BOD、COD、脱色、除臭、消毒的能力。目前电浮选法已成功地应用于食品废水、羊毛洗涤废水、水产加工，造纸与木材加工废水、印染和制药废水的处理。

电解浮上法对于印染、染色和化纤废水的处理效果十分显著。印染纺织行业排水量大，水中污染物繁杂，耗氧量大，呈深色。采用生化法，在降低耗氧量方面效果较好，但脱色效果较差。采用电浮选法凝聚处理，既能有效降低耗氧量，脱色效果也好，可使化学需氧量去除率达 50%～60%，色度去除率在 90% 以上。

化纤废水成分十分复杂，其中含有各种表面活性物质。它的主要污染物有硫化钠、硫酸锌、二氧化硫、硫化氢、硫及絮凝黏液、半纤维素及其他有机物。采用电解浮上法可一次性去除上述废水中的污染物，去除率高，在不添加任何化学物质的情况下去除 99% 的 $Zn(OH)_2$，降低有机物含量，并能完全去除二氧化硫和硫化氢等。处理前先调整 pH 值 8～9，氢氧化锌沉淀析出，分离除去 Zn^{2+}，过滤后的水再进行电解浮上法处理。工艺条件：阴极电流密度为 $5A/dm^2$，时间 10min，耗电量为 $0.4(kW \cdot h)/m^3$。

第五节　生物化学处理方法

工业生产发展初期，污染物主要是酸、碱等无机污染物质。可以采用物理法和化学法处理。有机工业发展以后，工业废水中含有大量的有机污染物质，采用物理和化学方法处理难于达到治理要求，因此生物化学处理方法逐渐得到发展。

生物化学处理方法，简称生化法，是利用在自然界大量存在的各种微生物来分解污水中的有机物质。在采用生化法处理污水过程中，主要是在微生物的催化作用下，依靠微生物的新陈代谢作用使污水中的有机物质氧化、分解，最终转化为较为稳定的、无毒的无机物而被去除。

实践证明，采用生化法处理污水效率高，运行费用低，设备简单，是一种比较经济、实用的方法。

生化处理方法有好多种，根据作用原理不同可以大致分类如下

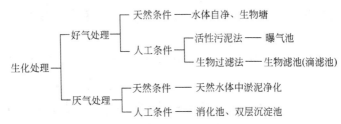

一、生物处理与微生物

1. 好气生物处理与厌气生物处理

根据生化处理过程中起主要作用的微生物种类的不同，污水生化处理可分为好气生物处理和厌气生物处理两大类。

（1）好气生物处理　好气生物处理是在有氧气的条件下，利用好气微生物的作用处理污水中的有机物。在处理过程中，主要是好气菌在起作用，细菌对污水中溶解的有机物质有吸收作用。对于污水中不溶解的悬浮有机物，细菌分解的外酶（单组分酶，在细胞外起作用，故称外酶），可将其分解为溶解性物质，然后再被吸收到细菌细胞内，在内酶（双组分酶，在细胞内起作用，故称内酶）的作用下进行氧化、还原、合成过程，使被吸收的有机物氧化成简单的无机物；还有一部分有机物合成为新的原生质，成为细菌自身生命活动所必需的营养物质，有机物的好气分解过程如图 6-16 所示。

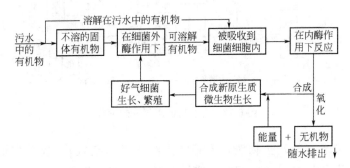

图 6-16　有机物的好气分解过程

此方法的缺点是对含有机物浓度很高的污水，由于要供应好气生物所需的足够氧气（空气）比较困难，需先对污水进行稀释，要耗去大量的稀释水，从而使处理费用比较高，但是对污水中的有机物除醚等有机物外，几乎所有的有机物都能被相应的微生物氧化分解，因此，好气生物法被广泛用于处理含各种有机物的污水。

（2）厌气生物处理　此法是在无氧条件下，利用厌气生物的作用，主要是厌气菌的作用来处理污水中的有机物。

厌气生物处理过程一般分为两个阶段，即酸性发酵阶段和碱性发酵阶段。污水中复杂的有机物在产酸细菌的作用下分解成简单的有机酸、醇、氨及二氧化碳等。由于生成的有机酸使污水的 pH 值小于 7，故称为酸性发酵阶段。由于所产生的氨对有机酸进行中和作用而使 pH 值逐渐上升到 7～8。同时，有机酸、醇类物质在甲烷细菌的作用下，进一步分解为甲烷和 CO_2，这一阶段称为碱性发酵阶段。污水中有机物的厌气分解过程如图 6-17 所示。

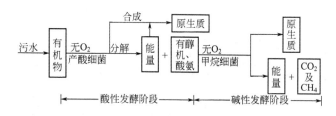

图 6-17　有机物的厌气分解过程

厌氧（气）生物法，不需要供给氧气（空气），故动力消耗少，设备简单，并能回收一定数量的甲烷气体作为燃料。其缺点是在发酵过程中，有时会有 H_2S 或其他一些硫化物产生，H_2S 与铁质接触会形成黑色的硫化铁，从而使处理后的污水既黑又臭，使此法的使用受到一定的限制。

2. 生化法对水质的要求

进行生化处理时，污水水质需要给微生物的生长繁殖提供适宜的环境条件。对污水水质的要求有以下几个方面。

（1）pH 值　在污水处理过程中，pH 值不能有突然变化，否则将使微生物的活力受到抑制，以至造成微生物的死亡。一般，对好气生物处理，pH 值可保持在 6～9；对厌气生物处理，pH 值应保持在 6.5～8。

（2）温度　温度过高，微生物会死亡；温度过低，微生物新陈代谢作用减弱，活力受到抑制。一般生物处理要求水温控制在 20～40℃之间。

（3）水中的营养物及有毒物质　微生物的生长、繁殖需要多种营养物质，其中包括碳源、氮源、无机盐类等。水质经过分析后，向水中投加所缺少的营养物质，以满足所需的各种营养物，并保持其一定的数量比例。

凡是对微生物具有抑制或杀害作用的有毒物质，必须限制在允许的浓度以下。

（4）氧气　对好气生物处理，污水中要有足够的溶解氧；但溶解氧过高，也不利生物处理，容易形成富氧化。一般溶解氧维持在 2～4mg/L 为宜。

（5）有机物浓度　进水有机物浓度高，将增加生化反应所需的氧量，往往由于水中含氧量不足造成缺氧，影响生化作用；但进水有机物浓度低，容易造成养料不够，缺乏营养也使处理效果受到影响，一般进水 BOD 值以 500～1000mg/L 及不低于 100mg/L 为好。

二、活性污泥法

活性污泥法是利用含有大量微生物的活性污泥，对污水中的有机物或无机污染物进行吸收和氧化分解，从而使污水得以净化的方法。由于此法处理水的能力大、效率高，已被广泛用于各种污水处理。

1. 活性污泥

活性污泥是由溶解氧、营养料和无数微生物组成的活性基团，看起来好像一堆污泥，而实际上是大量微生物聚集的地方，即微生物高度活动的中心，学名又称为生物絮体，俗称生物泥粒，或活性污泥。在处理污水过程中，活性污泥对污水中的有机物具有很强的吸附和氧化分解能力，故活性污泥中还含有分解的有机物及无机物等。污泥中的微生物，在污水处理中起主要作用的是细菌和原生质。

衡量污泥性能的好坏，常用以下几项指标。

（1）活性污泥的浓度（MLSS） 是以 1L 污水中所含活性污泥固体的质量（用 g 或 mg 数）来表示，用 mg/L 来表示活性污泥的浓度。

活性污泥浓度的高低，实质上反映微生物的多少，活性污泥浓度高，对有机物的氧化分解能力强，但浓度太高，使污水的黏度变大，对氧的吸收以及沉淀等也会带来困难。故一般以控制浓度在 2～4g/L 较为合适。

（2）污泥沉降比（SV%） 沉降比是指 1L 污水，静置沉淀 30min 后，沉淀污泥的体积为多少升，用%表示，它可反映污泥的沉淀和凝聚性能好坏。污泥沉降比愈大，愈有利于活性污泥与水迅速分离，性能良好的污泥，一般沉降比可达 15%～40% 左右。

（3）污泥指数（SVI） 污泥指数又称污泥容积指数，是指经 30min 后所得污泥的湿的体积，再除以污泥变干之后的质量，即每 1g 干污泥所占有的湿的体积，用 mL/g 表示。它实质是反映活性污泥的松散程度，污泥指数愈大，则污泥愈松散，这样可有较大的表面积，易于吸附和氧化分解有机质，提高处理效果。但污泥指数太高，污泥过于松散，沉淀性能差，故一般控制在 50～150mL/g。对不同的污水水质，适宜的污泥指数，需要通过试验加以确定。

以上三者之间的关系为 $SVI=SV\% \times 10/MLSS$

2. 活性污泥法处理污水流程

采用活性污泥法处理工业废水的大致流程可用图 6-18 所示。

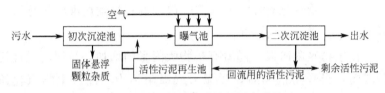

图 6-18　活性污泥法处理污水流程

污水必须先进行沉淀处理，首先在初次沉淀池内除去某些大的悬浮物及胶体物质，然后送入曝气池，曝气系统供给曝气池生物反应所必需的氧气，并起搅拌混合作用。在曝气池内污水与回流活性污泥进行混合，水中的有机物被活性污泥吸附氧化分解。处理过的污水与活性污泥一同流入二次沉淀池进行分离。上层清水不断排出。由于微生物新陈代谢作用，不断有新的原生质合成，所在系统中活性污泥量不断增加。沉淀的活性污泥部分回流，称为回流活性污泥。在活性污泥再生池中再生后回流到曝气池，以保证曝气池有足够的微生物浓度。多余的活性污泥应从系统中排出，这部分污泥称为剩余活性污泥。

活性污泥法具有净化效率高、占地面积少和臭味轻微的特点。但产生的污泥量大、对水质水量的变动比较敏感、缓冲能力弱。

活性污泥处理污水中有机物质的过程分为两个阶段进行，即生物吸附阶段和生物氧化阶段。

（1）生物吸附阶段　活性污泥对有机物具有强烈的吸附作

用。此作用使污水中的有机物转移到活性污泥上，然后被吸收进入到细菌体内，从而使污水中的有机物含量下降而得到净化。这一阶段进行得非常迅速，一般在 10～30min 内即可基本完成。生物需氧量的去除率可达 90% 左右。这一阶段除生物吸附作用外，还有生物氧化作用，但不是主要的。

（2）生物氧化阶段　被吸附和吸收的有机物质继续氧化所需时间很长，进行非常缓慢。

在生物吸附阶段，随着有机物吸附量的增加，污泥的活性逐渐减弱，当吸附饱和后，污泥失去吸附活力。经过生物氧化阶段，吸附有机物被氧化分解后，污泥失去的吸附活力得到恢复，又呈现出活性吸附能力。

3. 常用曝气方法

活性污泥法属好气生物处理方法。目前经常采用的曝气方法有以下几种。

（1）普通曝气法　普通曝气法也称为传统曝气法。其特点是污水处理过程中，生物吸附和生物氧化阶段在同一曝气池内连续进行。一般曝气时间需 5～8h，BOD 去除率可达 90%～95%。此法的污泥增长比较少，故需排除的污泥量也比较少，仅为回流污泥量的 1/10 左右。该法的缺点是，在需要处理的污水量很多时，主要曝气池的容积很大，占地面积大，投资费用高。另外，排放出的剩余污泥已在曝气池中完成了恢复活性的过程，排放掉很可惜，造成动力的浪费。另外，普通曝气法是将空气沿着曝气池长度平均分配，结果造成曝气池前段的供氧不足，后段供氧量过剩的情况。

（2）渐减曝气法和逐步曝气法　在曝气池的污水进口端，因污水中有机物多，BOD 高，生化反应进行得快；并且当污水沿着曝气池长度方向流动，污水中的有机物逐渐减少，需氧量也随之逐渐减低。

① 渐减曝气法　它的流程如图 6-19 所示。只是安装曝气池内的空气扩散设备时，沿着池子长度方向逐渐减少，使其供气量也相应逐渐减少。

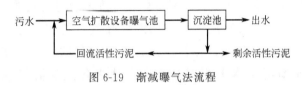

图 6-19　渐减曝气法流程

② 逐步曝气法　污水进入曝气池时，改成几个入口流入曝气池中（见图 6-20），可以使沿整个曝气池长度的需氧量变得均匀。

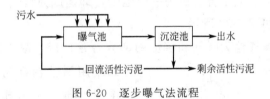

图 6-20　逐步曝气法流程

经实践证明，逐步曝气池可以提高空气利用率和曝气池工作能力。逐步曝气法适用于大型曝气池及浓度较高的污水。

（3）吸附再生曝气法　此法是将曝气池分为两个池子，使吸附和氧化过程分别在两个池内进行。吸附池又称接触池，氧化池又称为再生池。前面介绍过的图 6-16 流程即表示吸附再生曝气法流程。另外也可将一个曝气池从中间分隔开，成为前后两部分，见图 6-21 所示，前池为再生池，后池为吸附池，污水两池中间进入后池。

实践证明，采用吸附再生曝气法，对于含有大量悬浮物和胶

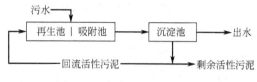

图 6-21　吸附再生曝气法流程

体物质等有机物的污水，效果良好，处理能力也比较强。

（4）完全混合曝气法　完全混合曝气法的特点是，使曝气池中的污水、空气及回流污泥进行充分均匀的混合，使池中各点的水质情况基本上相同。这样在池内各点的需氧量也是均匀的。

根据操作方式不同，完全混合曝气法又可分为加速曝气法和延时曝气法两种，其中加速曝气法最为常用。加速曝气池是将曝气和沉淀两个池子合建成为一个池子，即建成为曝气沉淀池，其标准形式如图 6-22 所示。

加速曝气池为曝气和沉淀两部分合建而成，故占地面积小，

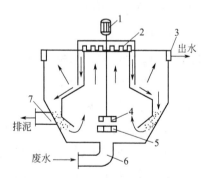

图 6-22　标准型加速曝气池
1—搅拌装置（马达及减速箱）；2—回流孔；
3—净水出口管；4—搅拌器；5—空气扩散
装置；6—废水引入管；7—排泥管

回流用活性污泥可自动回流至曝气池，不需输送污泥设备，但是沉淀效果稍差，使出水中有机物含量高，影响出水质量。

延时曝气法是完全混合的另一种形式，其曝气池与沉淀池分开。此法由于剩余污泥量较少，基本上可以做到不需排放剩余污泥，出水水质较好，但需要的曝气池

容积大，占地面积很大，一般在污水量少而浓度较高的污水处理方面应用。

4. 活性污泥法运行中常见的问题及处理

（1）污泥膨胀　广义地讲，污泥膨胀是污泥的凝聚性和沉降性恶化而出现的污泥膨胀与上浮，以及处理水变浑浊的现象。膨胀了的污泥结构松散，沉降性差，造成污泥上升并随水流失，影响出水水质。

污泥膨胀后，应当针对发生膨胀的原因，采取相应的措施予以制止。当进水浓度大或出水水质差时，应加强曝气，提高供氧量；最好保持曝气池溶解氧在 2.0mg/L 以上；加大排泥量，提高进水浓度，促进微生物新陈代谢过程，以新的污泥代替老化污泥；曝气池中含碳高而使碳氮比失调时，投加含氮化合物；加氯可以起凝聚和杀菌双重作用，在回流污泥中投加的氯量（加漂白粉或液氯）可按干污泥的 0.3%～0.4% 计，并调整 pH 值。

（2）污泥上浮　主要形式有污泥脱氮上浮与污泥腐化上浮。

① 污泥脱氮上浮　在曝气池负荷小而供气量过大时，出水中的溶解氧有可能很高，使污水中氨氮被硝化细菌转化（即硝化）为硝酸盐。这种混合液若在二次沉淀池中经历较长时间的缺氧状态（0.5mg/L 以下），则反硝化细菌会使硝酸盐转化（即反硝化）为氨和氮气，氨重新溶于水，氮则以气态存在于水中，当污泥吸附氮气过多时，由于相对密度下降，污泥就随气体浮上水面。对此，防止的方法有减少曝气，防止硝化的出现；及时排泥，增加回流量，减少污泥在沉淀池中的停留时间；减少沉淀池进水量，以减少沉淀池中污泥量。

② 污泥腐化上浮　在沉淀池内污泥由于缺氧产生厌气分解而腐化，生成大量甲烷及二氧化碳气体，同样附着在污泥上使污

泥上浮。上浮污泥又臭又黑。造成污泥腐化原因是二次沉淀池中污泥停留时间过长或局部区域污泥堵塞。对此，可加大曝气量，以提高出水溶解氧量。疏通堵塞，及时排泥。

此外，结构上的不合理也能引起污泥上浮，如污泥回流缝太大，大量微气泡从缝隙中窜出，携带污泥上升；导流区断面太小，气水分离较差，影响污泥沉淀。

（3）污泥的致密和减少　进水中无机悬浮物突然增多、环境条件突然恶化，有机物转化率降低和有机物浓度减少均可引起污泥致密，活性降低；有机物营养减小、曝气时间过长、回流比小而剩余污泥排放量大和污泥上浮造成的流失等均会造成污泥的减少。解决污泥的致密和减少的方法有：投加营养料；缩短曝气时间或减少曝气量；调整回流比和污泥排放量；防止污泥上浮；提高沉淀效果。

（4）泡沫问题　当污水中含有合成洗涤剂及其他起泡物质时，就会在曝气池表面形成大量泡沫，问题严重时，泡沫层可高达 1m 多。

泡沫的危害性表现为：表面机械曝气时，隔绝污水与大气接触，减少甚至破坏叶轮的曝气能力；在泡沫表面吸附大量活性污泥固体，影响二次沉淀池沉淀效率，恶化出水水质；有风时，泡沫随风飘扬，影响环境卫生。

可通过一些措施抑制泡沫产生。在曝气池上安装喷洒管网，用压力水（处理后的废水或自来水）喷洒，打破泡沫。定时投加除沫剂（如机油、煤油等）以破除泡沫。油类物质的投加量控制在 0.5～1.5mg/L 范围内，油类也是一种污染物质，投加量过多会引起二次污染，且对微生物的活性也有影响。提高曝气池中活性污泥的浓度，是一种比较有效的控制泡沫的方法。

三、氧化沟活性污泥法

氧化沟活性污泥法又称循环混合式活性污泥法。是延时曝气法的一种特殊形式，传统氧化沟如图 6-23 所示，曝气池呈封闭的椭圆形跑道沟渠，在沟槽中设有表面曝气装置（曝气装置通常为转刷曝气机、曝气转盘、表面曝气机、射流曝气器或提升管式曝气装置等）。污水净化、泥水分离、污泥稳定等过程集于一体，采用梯形（或矩形）断面，建造十分粗放，按时间顺序间歇运行，处理效果稳定可靠。氧化沟利用循环式反应池，污水和活性污泥的混合液通过曝气装置特定的定位布置而产生的曝气和推动，在氧化沟闭合渠道内循环流动。氧化沟集合完全混合和推流特征，有利于克服短流现象和提高缓冲能力；氧化沟具有明显的溶解氧梯度，特别适合硝化-反硝化工艺；氧化沟功率不均匀配制，有利于氧的传递、液体混合和污泥絮凝；氧化沟整体推流功率低，可节省能量。当沟深加大时，可加设水下推动器，虽然增加了设备和能量的投入，但提高了氧化沟运行的灵活性，必要时可以使水下推动器单独运行以利于同步硝化-反硝化和脱氮除磷。

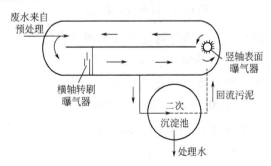

图 6-23　氧化沟系统

传统氧化沟是所有氧化沟技术发展的基础，各种类型的氧化沟都具备传统氧化沟的基本特征。特别是其基本共同点——都是循环流动反应器。

奥贝尔氧化沟一般采用转碟曝气器，其为多环反应器系统，通常由三个同心的沟渠串联组成，沟渠呈圆形或椭圆形，污水从外沟道进入，然后流入中沟道，再经内沟道中心岛流出。见图6-24，奥贝尔氧化沟具有推流式和完全混合式两种流态的优点，具有较强的抗冲击负荷的能力，能有效去除难降解有机物，减少污泥膨胀现象的发生；具有较好的脱氮功能；可以以较为节能的方式获得稳定的处理效果。三个沟道内均设转碟曝气器，满足各沟道的供氧需要，还可根据需要调节转速与浸没深度，使其具有较高的充氧能力和动力效率。

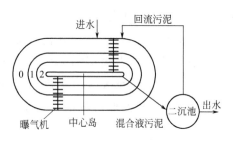

图 6-24　奥贝尔氧化沟工艺

三槽（沟）式氧化沟是与电脑技术相结合的产物，是一种连续运行的大型氧化沟系统。它分三条沟，每条沟间设一过水孔，中沟是曝气区，两条侧沟根据运行方式作曝气、沉淀交替使用。图6-25为三沟式氧化沟示意图。三条沟都配制一定数量的曝气转刷，中沟转刷少于两条侧沟。两条侧沟末端配置多个出水堰门。氧化沟前设有一座配水井，三根进水管分别接通三条沟，剩余污泥以混合液的形式由泵排出。根据运行模式，两条侧沟轮流作曝气沟和沉淀沟，每条沟内设有一个溶解氧探头，可根据溶解氧的设定范围，通过转刷的运行状况自动控制。各堰的开与闭和沟内的鼓风实现自动控制，使各沟内能实现专门的处理目的。这样就融合了氧化沟工艺、间歇式及多级串联活性污泥法工艺的特点。三槽（沟）式氧化沟按好氧、缺氧、沉淀三种不同的工艺条件运行。所以。除了一般的氧化沟的抗冲击负荷，不易发生短流等优点外，又不需另建沉淀池，污泥也不用回

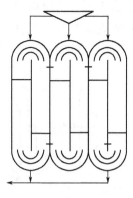

图 6-25 三沟式氧化沟示意图

流，管理更方便。整个工艺根据输入的运行模式，由 PLC 系统自动控制和切换。

五槽（沟）式氧化沟是针对三槽（沟）式氧化沟容积利用率低，设备利用率也较低，处理高浓度废水很不经济的缺点是开发出来的新型氧化沟系统。依据三槽式氧化沟工作原理，通过增加两条中间沟来增大生化反应池的容积，提高容积利用率和设备利用率，降低了工程造价。五槽（沟）式氧化沟是以等体积的五条环形沟并联组成的氧化沟系统，各沟之间以孔洞相连通，两边沟交替作为沉淀池、生化池，中间三条池作为生化池。配水井可交替向五条沟中的任一条沟配水，并通过控制转刷的开、停及高低速运行来达到各沟中好氧、缺（厌）氧、沉淀等不同的运行状态。

五槽（沟）式氧化沟的运行模式类似于三槽（沟）式氧化沟，其两条边沟交替作为沉淀池和曝气池，中间三条沟（交替进水）作为缺氧池、好氧池。沟内配备带双速电机的曝气转刷，其在高速运行时曝气充氧，在低速运行时维持沟内混合液流动，为

反硝化创造一个缺氧环境。江苏某污水处理厂采用的五槽（沟）式氧化沟工艺，该工程采用的工作周期为 8h，运行方式分为 6 个阶段，见图 6-26。

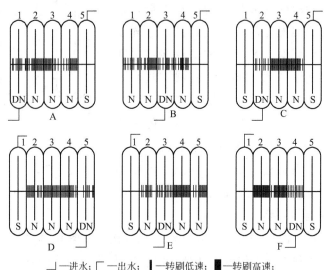

⊐—进水；Γ—出水；▮—转刷低速；▰—转刷高速；
N—硝化；DN—反硝化；S—沉淀。

图 6-26　五沟式氧化沟的运行操作程序

阶段 A(1.5h)：污水进入 1 号沟，由 5 号沟出水，1 号沟曝气转刷低速运行，因处于缺氧状态而进行反硝化；2 号、3 号、4 号沟曝气转刷高速运行，进行有机物的降解和硝化。

阶段 B(1.5h)：污水进入 3 号沟，仍由 5 号沟出水。3 号沟曝气转速低速运行，因处于缺氧状态而进行反硝化。1 号、2 号和 4 号沟转刷高速运行。

阶段 C(1h)：污水进入 2 号沟，由 5 号沟出水，2 号沟转刷低速运行，3 号、4 号沟转刷高速运行，1 号沟转刷停开，处于出水过渡状态。

阶段 D(1.5h)：污水进入 5 号沟，由 1 号沟出水，5 号沟转刷低速运行，处于缺氧状态；2 号、3 号和 4 号沟转刷高速运行。

阶段 E(1.5h)：污水进入 3 号沟，仍由 1 号沟出水，3 号沟转刷低速运行，2 号、4 号和 5 号沟转刷高速运行。

阶段 F(1h)：污水进入 4 号沟，由 1 号沟出水，4 号沟低速运行，2 号和 3 号沟转刷高速运行；5 号沟转刷停止运行，处于出水过渡状态。

上述各阶段的时间设定及运行周期可根据运行实际情况进行适当调整。

由运行的方式可知，五槽（沟）式氧化沟的容积利率为 0.75，比三槽（沟）式氧化沟的容积利用率 0.55 提高了 20%，设备利用率也提高了 20%。另外，采用五槽（沟）式氧化沟与三槽（沟）式氧化沟相比，其池体体积、转刷数可减少 27%，工程投资可减少 20%～30%，经济效益显著。此外，五槽（沟）式氧化沟能够实现全时反硝化，即五沟中总有一沟处于缺氧反硝化运行状态，可达到更高的脱氮效率，减少耗氧量，并节省能耗。

生物膜氧化沟正是通过在普通氧化沟内放置合适填料而发展起来的一种新型的将活性污泥法与生物膜法相结合的混合污水处理工艺，如图 6-27 所示。

通过试验发现：生物膜氧化沟内填料与水流方向平行安装时效果最佳；对氮的去除效果明显优于普通氧化沟，对 COD、SS 的去除效果相当接近；其悬浮固体的沉降性能优于普通氧化沟，易于管理；沉淀池和污水回流系统方面的建设投资低于普通氧化沟水处理厂。

氧化沟活性污法问世以来，其技术经历了从简单到复杂再

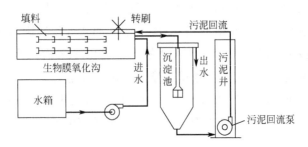

图 6-27　生物膜氧化沟

到简单的螺旋式发展过程，从最初的传统氧化沟，发展到卡鲁塞尔式氧化沟（图 6-28）；多种形式的奥贝尔氧化沟；成功地开发出充分利用氧化沟较大的容积和水面，在不影响氧化沟正常运行的情况下，通过改进氧化沟部分区域的结构或在沟内设置一定装置，使曝气净化与污泥的沉淀分离一体化氧化沟。依其沉淀区结构形式及运行方式的不同，有多种形式的一体化氧化沟。如带沟内分离器的 BMTS 式一体化氧化沟（见图 6-29）、船式一体化氧化沟、侧沟或中心岛式一体化氧化沟、交替曝气式一体化氧化沟。

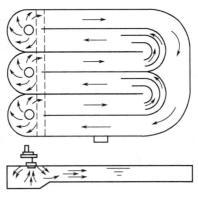

图 6-28　卡鲁塞尔式氧化沟

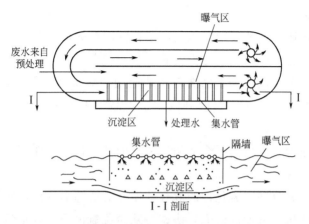

图 6-29　BMTS 型合建式氧化沟

氧化沟活性污泥法的发展和演变多种多样，但其循环流动的基本特征却保持不变，其在技术上、经济上的优点可以概括如下。

（1）氧化沟工艺相对于其他的活性污泥法提高了混合液污泥浓度，降低了污泥负荷率，水力停留时间和污泥龄都较长，悬浮状态的有机物在沟内可获得较彻底的降解。

（2）氧化沟容积较大，循环流量亦大，能够适应进水水质和水量的变化，具有较强的承受冲击负荷的能力。

（3）一般不设初次沉淀池和污泥消化池，新型氧化沟还取消二次沉淀池和污泥回流系统，简化了水处理流程，也减少了水处理构筑物，在一定的水处理规模内，其基建投资和运行费用低于一般的活性污泥法。

（4）氧化沟内设置了相对独立的缺氧区与好氧区，保证了混合液进行消化和脱氮反应时间，可以达到脱氮、除磷效果。

（5）污泥产量小，臭味小，脱水性能好，可直接浓缩脱水，不必消化。

长年运行实践表明，氧化沟活性污泥法的水处理技术是出水水质好，运行可靠，基建投资和日常运行费用低的污水生物处理方法。目前，此项技术已被广泛地应用于城市污水及石油废水、化工废水、造纸废水、印染废水、食品加工废水等工业废水处理中。

氧化沟在保持其混合液循环流动的基本特征条件下，还会不断发展。其发展方向如下。

（1）充分利用氧化沟的混合液循环流动基本特征，加强对污染物去除机理方面的研究，协调好除磷脱氮过程中对碳源的争夺问题，开发新沟型、新设备；尽量减少占地，节约基建投资和日常运行费用，方便运行管理。

（2）深入研究实践，着重解决氧化沟水力设计方面的问题，获得优秀的管理软件，以期进一步优化池型及能量配制，减少水力损失，节约能耗。

（3）提高氧化沟设备的成套性，改进设备质量，逐步标准化、系列化。创建节约型设计建造和运行管理模式。

在我国目前的技术、经济条件下，氧化沟技术具有的建设快、投资省、运行管理方面突出优越性，特别适合我国国情，在我国具有强劲的发展优势。

四、生物膜法

生物膜法和活性污泥法一样，同属于好氧生物处理方法。生物膜法利用固着生长的微生物——生物膜的代谢作用去除有机物，主要适于处理溶解性有机物。污水同生物膜接触后，溶解性有机物和少量悬浮物被生物膜吸附降解为稳定的无机物（CO_2、

H_2O 等）。

生物膜由无生命的固体杂质和有生命的微生物构成。当含有营养物的污水与载体（固体惰性物质）接触时，在氧化（空气）供应充足条件下，污水中微生物和悬浮物吸附在载体表面，微生物利用营养物生长繁殖，在载体表面形成黏液状微生物群落，这层微生物群落进一步吸附分解污水中的悬浮物、胶体和溶解态营养物，不断增殖而形成一定厚度的生物膜。状态良好的生物膜是细菌、真菌、藻类、原生动物和后生动物及固体杂质构成的生态系统。生态系统中的微生物和细菌的代谢作用使水质得以净化。

生物膜达到一定厚度，在膜深处供氧不足，出现厌氧层，故生物膜一般情况下由厌氧层和好氧层组成。在好氧层表面是很薄的附着水层，污水流过生物膜时有机物经附着水层向膜内扩散，膜内微生物将有机物转化为细胞物质和代谢产物。代谢产物（CO_2、H_2O、NO_3^-、SO_4^{2-}、有机酸等）从膜内向外扩散进入水相和大气。

随着有机物的降解、细胞不断合成，生物膜不断增厚。达到一定厚度。营养物和氧气向深处扩散受阻，在深处的好氧微生物死亡，生物膜出现厌氧层而老化，老化的生物膜附着力减小，在水力冲刷下脱落，完成一个生长周期。"吸附—生长—脱落"的生长周期不断交替循环，系统内活性生物膜量保持稳定。

生物膜厚一般为 $2\sim3mm$，其中好氧层 $0.5\sim2.0mm$，去除有机物主要靠好氧层的作用。污水浓度升高，好氧层厚度减小，生物膜厚度增大；污水流量增大，好氧层厚度和生物总厚度皆增大；改善供氧条件，好氧层厚度和生物膜总厚度皆增大。过厚的生物膜会堵塞载体的空隙，造成短流，影响正常通风，处理效率下降。所以要控制进水浓度和流量，防止载体堵塞。污水浓度较高时可采用回流加大水力负荷和冲刷作用，防止滤料堵塞。

按生物膜与污水接触方式的不同，生物膜法可分为充填式和浸没式两类。充填式生物膜法的填料（载体）不被污水淹没，自然通风或强制供氧，污水流经填料表面或盘片旋转浸过污水，如生物滤池和生物转盘等。浸没式生物膜法的填料完全浸没于水中，一般采用鼓风供氧，如接触氧化和流化床等。

与活性污泥法相比，生物膜法的特点如下。

① 固着生长的生物膜受水力的冲刷影响小，生物膜中存在各种微生物，包括细菌、原生动物等，形成的微生物相复杂，能去除各种污染物，尤其是难降解的有机物。世代时间长的硝化细菌在生物膜上生长良好，其硝化效果也较好。

② 生物膜含水率低，微生物浓度是活性污泥的 $5 \sim 20$ 倍，所以生物膜反应器微生物量大，净化效果好，有机负荷高，容积小。无需污泥回流，有的为自然通风，故运行费用低，操作简便。

③ 生物膜上微生物的营养极高，食物链长，有机物氧化率高，剩余污泥少。载体表面脱落的污泥比较密实，沉降性能好，容易分离。微生物固着生长时，即使丝状菌占优势也不易脱落流失而引起污泥膨胀。

④ 固着生长的微生物耐冲击负荷，适应性强。当受到冲击负荷时，恢复得快。有机物浓度低时活性污泥生长受影响而对低浓度污水处理效果差，而生物膜法对低浓度污水处理效果很好。

⑤ 生物膜法需要填料（载体）和支撑结构，投资费用较大。

1. 生物滤池

生物滤池是最早的生物膜法反应池。生物滤池的填料一般不被污水浸没，属于充填式生物膜法。生物滤池的池平面多呈圆形、正方形或多边形，在构造上主要由滤料、池壁、排水和通风系统及布水系统等部分组成。

滤料的作用是作为生物膜的载体，它对生物滤池的净化功能影响很大。理想的滤料应是单位体积具有较大的表面积和空隙率。一般说来，滤料表面积越大，微生物就繁殖得越多。滤料空隙率大，有利于通风。因此，选择滤料时需综合考虑有机负荷和水力负荷等因素，如当有机物浓度高时，应选择较大粒径的滤料。保留一定的空气流通的空间。

布水装置用以向滤料表面均匀喷洒废水。早期使用的布水装置是间歇喷淋式的，在布水间歇期间让滤池中的空气得到补充，同时使生物膜上的有机物充分氧化分解，以恢复生物膜的吸附能力。后来发展为连续喷淋，使生物膜表面形成一层流动的水膜。这种方式布水均匀，能保证生物膜得到连续冲刷，提高处理效率。目前广泛采用的连续式布水装置是旋转布水器，它适用于圆形或多边形生物滤池，主要由进水竖管和可转动的布水管组成，竖管固定在中心并通过轴承与配水短管联系，配水短管连接布水横管，并一起旋转。布水横管一般为 2～4 根。高出滤层表面0.15～0.25m，横管沿一侧的水平方向开设直径 10～15mm 的布水孔。为使每孔洒水面积相等，洒水孔间距应以池中心最大向池边逐渐减小。为了使废水能均匀地喷洒在滤料上，相邻横管上的小孔位置应错开。当布水孔向外喷水时，在反作用力的推动下，使水横管旋转。旋转布水装置所需水头一般为 0.25～1.0m，旋转速率为 0.5～9r/min。

根据设备形式不同分为普通生物滤池和塔式生物滤池，也可根据承受废水负荷大小分为低负荷生物滤池（普通生物滤池）和高负荷生物滤池。

(1) 普通生物滤池 一般为长方形或圆形池子，滤料厚度约2m。含有机物的废水由布水装置均匀地分布在滤料表面上，并沿着滤料空隙自上而下通过滤料层，进入池体集水沟，然后排出池外，滤料截留了悬浮物。此外，滤料还应质轻且具有足够的机械强度，能承受一定压力并能抵抗废水、空气，微生物的侵蚀作用，不含影响微生物生命活动的杂质；能就地取材，价格低廉、加工方便等。过去的生物滤池以碎石、炉渣、焦炭等为滤料，经过仔细筛分、洗净，取颗粒比较均匀，粒径为 25～100mm 者。滤层厚度为 0.5～2.5m。近年来，开始使用聚氯乙烯、聚苯乙烯和聚酰胺等制造的波纹板式、列管式和蜂窝式等人工滤料。这些滤料的特点是比表面积大（达 $100～340m^2/m^3$），孔隙率高达 $80\%～95\%$，且质轻耐腐蚀，处理能力大大提高，但其成本也较高。

池壁只起围挡滤料的作用，一些滤池的池壁上带有许多孔洞，以利于填料内部的通风，通风孔的总面积不应少于滤池表面积 1%。池壁高度以池壁顶高出滤层表面 0.4～0.5m 为宜，这样可避免因风吹而影响废水在池表面的均匀分布。

排水和通风系统用以排除处理水、支撑滤料和保证通风。排水系统包括渗水装置、集水沟及排水渠。渗水装置常见的有架设在混凝土梁或砖基上的穿孔混凝土板，也有砖砌的，以及滤砖、半圆形开有孔槽的陶土管等。渗水装置的排水面积应不小于滤池表面积的 20%，它同池底间距应不小于 0.3m。滤池底部以 0.02 的坡度向池体集水沟倾斜，处理水经集水沟汇入排水总渠。排水总渠的坡度应不小于 0.005。排水渠和集水沟的过水断面应不大于其断面面积的 50%，以及微生物，并在其表面逐渐形成一层生物膜。生物膜中微生物吸附滤料表面上的有机物作为营养，很快繁殖，并进一步吸附污水中的有机物，使生物膜厚度增加。增厚到一定程度后，氧气不能进入到生物膜深处而使膜层供氧不足，会造成厌气微生物繁殖，从而产生厌气分解，生成氨、硫化氢和有机酸，有恶臭气味，影响出水水质。普通生物滤池水力停留时间长，处理效率高，净化效果好，出水稳定，污泥沉淀性能好，剩余污泥少。但其有机物负荷和水力负荷都较低，占地面积大，水力冲刷作用小，容易引起滤层堵塞和短流，生长灰蝇，散发臭气，卫生条件差，目前处于淘汰，多采用高负荷生物滤池。

　　高负荷生物滤池的构造与普通生物滤池相同，但采用的滤料粒径和厚度都较大，在高负荷率下运行。在高负荷生物滤池中，微生物营养充足，生物膜增长快，为防止滤料堵塞，需进行出水回流，又叫回流式生物滤池。回流使滤速提高，冲刷作用增强，能防止滤料堵塞。高负荷生物滤池的去除率较低，与普通生物滤池相比，高负荷生物滤池剩余量多，稳定度小。其占地面积小，投资费用低，卫生条件好，适于处理浓度较高，水质水量波动较大的污水。

　　（2）塔式生物滤池　　是在普通生物滤池的基础上发展起来的高负荷生物滤池法，其构造与普通高负荷生物滤池相似，外形像塔，主要不同在于采用高孔隙率的轻质塑料滤料和塔体结构，由于塔身的抽风作用，克服了滤料空隙小所造成的通风不良的困难。轻质塑料滤料的问世，使塔身的高度和平面尺寸的扩大成为可能。塔直径一般为 $1 \sim 3.5 m$，塔高为塔身直径的 $6 \sim 8$ 倍。塔身一般为钢板式钢筋混凝土及砖石筑成。塔身分若干层，每层设有支撑座支撑滤料和生物膜的重量。塔身上还开设有观察窗，供观察生物膜生长、采样、填装滤料等。塔底部开设通风口，通风口面积应不少于滤池面积的 $7.5\% \sim 10\%$，通风口高度 $0.4 \sim$

0.6m。为了保证废水处理效率，往往加设通风机，必要时进行机械通风。塔顶部是敞开的或封闭的。

塔式生物滤池多采用塑料蜂窝、隔膜塑料管等轻质高孔隙率的塑料滤料，其比表面积可达 $85 \sim 220m^2/m^3$，孔隙率可达 $94\% \sim 98\%$。塑料滤料通常制成一定形状的单元体，在滤池内进行组装。

布水方式多采用旋转布水器或固定式穿孔管。滤池顶应高出滤层 0.4~0.5m，以免风吹影响废水的均匀分布。滤池的出水汇集于塔底的集水槽，然后通过渠道送往沉淀池进行生物膜与水分离。

塔式生物滤池不同高度处的有机营养物与微生物数量的比值不同，生物相具有明显的分层，上层比值大，生物膜生长快，厚度大，营养水平低，下部生物膜生长慢，营养水平较高。为了充分利用滤料的有效面积，提高滤池承受负荷的能力，可采用多段进水，均匀全塔的负荷。

塔式生物滤池是近 30 年来发展起来的一种高效能的生物处理设备，与活性污泥法具有同等的有机物去除能力，其水力负荷和有机物负荷是高负荷生物滤池的 2~3 倍，水力负荷可达 $80 \sim 200m^3/(m^2 \cdot d)$，有机物负荷可达 $2 \sim 3kg\ BOD/(m^2 \cdot d)$。主要特点是滤料厚度大，废水与生物膜接触时间长；水流速大，紊流强烈，能促进气—液—固相间物质传递；滤料孔隙大，通风良好；水力冲刷力强，使生物膜不断脱落，更新，能保持生物膜的活性；微生物在滤池的不同高度处有明显的分层现象，对有机物氧化起着不同的作用，能适应废水的水质变化和负荷冲击。

塔式生物滤池占地小，适合于企业内使用，操作卫生条件好，无二次污染。不足之处在于水力负荷大，废水处理效率较低。

图 6-30 为生物滤池法流程。

图 6-30　生物滤池法流程

2. 生物转盘

生物转盘是一种新颖的污水处理装置，又称为浸没式生物滤池，其工作原理与生物滤池基本相同，但是结构形式却完全不同，生物转盘的结构如图 6-31 所示。

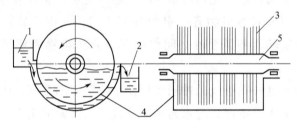

图 6-31　生物转盘

1—进水沟；2—出水沟；3—废水处理槽；4—转盘；5—转动轴

生物转盘反应器由垂直固定在水平轴上的一组盘片（圆形或多边形）及与之配套的氧化水槽组成，氧化水槽的断面为半圆形、矩形或梯形。盘片一般用塑料、玻璃钢等材料制成，要求轻质、耐腐蚀和不变形。盘片为平板、点波纹板等，或是平板和波纹板的复合。盘片直径一般为 2～3m，片间净距离 10～35mm，片厚 1～15mm。固定盘片的轴长一般不超过 7m。许多盘片固定在一根轴长，形成一个大的生物转盘。转盘的轴与分级氧化水槽平行，轴的两端固定在轴承上，靠机械传动。转盘转速 0.8～3.0r/min，边缘线速度 10～20m/min 为宜。

污水流动方向与轴垂直，与盘面平行，氧化槽内保持一定的液位，盘片一半浸没在水中，另一半暴露在空气中。生物转盘在装有污水的氧化槽内缓慢转动时，污水中的微生物吸附在转盘上逐渐生长繁殖，即形成了一层生物膜附着在每个转盘上。污水不断地流入氧化槽内与转盘上的生物膜接触，水中的有机物就被吸附在生物膜上，当转盘转动离开污水时，吸附在转盘上的有机物又与空气接触而被氧化分解，生物膜得到再生，又恢复了吸附有机物的能力，转盘每转一周，生物膜完成一次吸附、氧化分解、再生过程。同时，转盘转动时给氧化槽带入空气，并引起液滴飞溅和液面波动，使氧化槽内悬浮溶液曝气充氧，含有溶解氧和有机物的悬浮液对有机物有一定的分解作用，并向生物膜提供氧源。在生物转盘和悬浮液共同作用下去除污染物而使污水得以净化。

生物转盘转动形成的冲刷作用使生物膜不断更新。脱落的生物膜随水流入二沉池，将水与污泥分开，二沉池的出水即为净化水。生物膜的脱落程度可通过调节转盘的转速加以控制，其中无需污泥回流。

生物转盘常多级串联，以提高处理效率。级数一般不超过四级，多级转盘的布置方式有单轴多级和多轴多级两种，氧化槽底部设有排泥管和放空管，以控制槽内悬浮物浓度。处理高浓度污水时也可采用如下处理流程，即初次沉淀池、一阶转盘池、中间沉淀池、二阶转盘池、二次沉淀池，其处理结果可使 BOD_5 由 $3000\sim4000mg/L$ 降至 $10mg/L$。

在国内生物转盘主要用于处理工业废水，从运行实践资料可以证明，生物转盘法与活性污泥法相比有以下特点。

① 不需污泥回流，不发生污泥膨胀，操作简单，易于控制；

② 剩余污泥量小，密实而稳定，易于分离和脱水；

③ 构造简单，无需曝气和回流设备，动力消耗少；运行费用低；

④ 采用多层布置时，可节省用地，采用单层布置时占地面积大；

⑤ 耐冲击负荷，处理效率高，BOD_5 去除率 90％ 以上，对难溶解有机物的净化效果好；

⑥ 散发臭气和其他挥发性物质；

⑦ 处理效果受气温影响大，寒冷地区需保温。

生物转盘法与生物滤池相比具有以下特点。

① 自然通风效果好，充氧能力强；

② 能处理高浓度污水，进水 BOD_5 可达 100mg/L；

③ 无堵塞现象；

④ 生物膜与污水接触均匀，无死角；

⑤ 污水与生物膜接触时间长，处理效率高，可通过调节转速来控制传质条件，充氧量和生物膜更新程度；

⑥ 单层布置的占地面积比普通生物滤池小，比高负荷生物滤池大；多层布置的占地面积与塔式生物滤池相当；

⑦ 水头损失小，能耗低；

⑧ 盘片材料贵，投资大；

⑨ 需设雨棚，防止雨水淋掉生物膜。

近年来，生物转盘有了新的发展。

① 空气驱动式生物转盘　如图 6-32 所示，该转盘是在转盘外

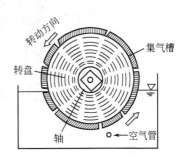

图 6-32　空气驱动式生物转盘

缘设集气槽，转盘下面偏离中心位置设曝气器。空气离开曝气器后，在上升过程中被集气槽捕集，在转盘一侧产生浮力使之旋转。该工艺主要用于城市污水二级处理和消化。

② 合建式生物转盘。图 6-33 所示为合建式生物转盘。合建式生物转盘将生物转盘与二次沉淀池合建为一体。它将二沉池分为两层，中间用底板隔开，转盘在上层，沉降区在下层。

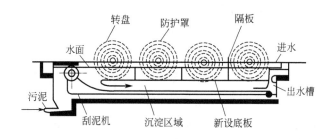

图 6-33 合建式生物转盘

③ 活性污泥-生物转盘复合工艺，如图 6-34 所示，在活性污泥曝气池上设生物转盘，以提高原有设备的处理效率。

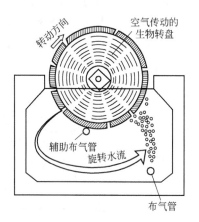

图 6-34 活性污泥-生物转盘复合工艺

3. 生物接触氧化

生物接触氧化法简称接触氧化，又名浸没式生物滤池，属于浸没式生物膜法。生物接触氧化池内设置填料，填料上长满生物膜，废水与生物膜接触的过程中，水中的有机物被微生物吸附、氧化分解和转化为新的生物。从填料上脱落的生物膜随水流到二次沉淀池后被除去，二次沉淀池出水即为净化水。接触氧化法基本流程如图 6-35 所示。

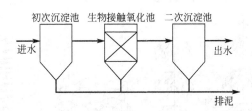

图 6-35　生物接触氧化法基本流程

接触氧化池虽然已经运用于生产，但是，还没有形成比较定型的结构形式，图 6-36 为直流式接触氧化池的基本结构图。主要由填料、填料支架和曝气装置组成。空气直接从填料底部进入，充氧和生物接触氧化在填料层内同时进行，气泡在填料层内上升，引起较强的紊流和水力冲刷作用。所以充氧效率高，生物膜更新快，动力消耗低，填料不易堵塞。国内生物接触氧化池大都采用直流式。

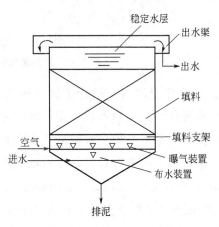

图 6-36　直流式接触氧化池基本构造示意

（1）填料　接触氧化池填料层的作用与滤床和生物转盘相同，填料作为生物膜的载体应具有较大的表面积、强度和孔隙率，以及较强的生物稳定性。接触氧化池中的填料受到的水力冲刷作用较强，应具有一定的粗糙度，才能牢固附着微生物。

目前，国内运用较多的接触氧化池填料为组合填料、软性填料、蜂窝填料和弹性填料等，如图6-37所示。

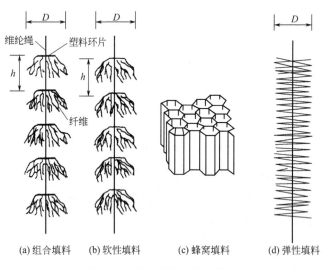

(a) 组合填料　　(b) 软性填料　　(c) 蜂窝填料　　(d) 弹性填料

图 6-37　接触氧化池常用填料

① 组合填料　组合填料使用最多，由直径80mm的塑料环片和维纶纤维组合而成。塑料环片中心有一小孔，用醛化维纶绳穿过此孔形成长串。片间绳上套一塑料短管，使片与片之间保持一定距离。串有效长度与填料层高度相等，一般为2~5m。片间距 h 为10mm、80mm、100mm、120mm和150mm五种。片径（维纶纤维水平伸直后的最大直径）为120mm和150mm。每片纤维丝质量约为1.0~1.5g，视所需挂膜面积而定。组合填料的

纤维丝（固定在环片四周）在塑料环片的支撑下不结团，比表面积大，挂膜快，不堵塞，价格便宜，净化效果好。但纤维丝易脱落，使用寿命短，后期处理效果下降。

② 软性填料　软性填料由中心绳和维纶纤维束构成，没有塑料环片。软性填料价格便宜，比表面积和净化效果与组合填料相仿，但纤维丝易结团和脱落，使用寿命最短，目前使用较少。

③ 蜂窝填料　蜂窝填料由聚丙烯或聚氯乙烯波纹片黏结而成，截面为正六边形孔洞。波纹片的尺寸一般为 1000mm×(1000~1200)mm，厚度一般在 1.0mm 以下。六边形孔直径为32~50mm。蜂窝填料使用寿命长，价格高，比表面积小，气泡易短流，充氧不均匀，处理效果较差，孔径小时易发生堵塞，目前使用最少。

④ 弹性填料　弹性填料形如试管刷，由中心绳和与之垂直交错的弹性塑料丝组成。丝的直径较粗，为 0.4mm 左右。弹性填料的直径一般为 150mm，比表面积比组合填料和软性填料小，比蜂窝填料大很多。弹性填料的价格最便宜，净化效果也较好，使用寿命长。但由于弹性丝对水流的阻挡作用，造成水流对生物膜的冲刷作用减弱，当污水浓度高时易发生堵塞。

⑤ 填料安装

a. 串状填料的安装　组合填料、软性填料和弹性填料等串状填料安装时都是将填料串的两头拴在上下层栅条支架上，填料串呈井字形（多数）或梅花形与栅架平面垂直排列，均匀分布，形成填料层。串心间水平距离为 120mm 或 150mm。为安装检修方便，填料常以料框组装，带框放入池中。当需要检修时，可逐框轮替取出，无需停止池子工作。

b. 蜂窝填料的安装　安装蜂窝填料时将折纹塑料片黏合成

1000mm×1000mm×1000mm 的蜂窝单元，六边形口朝上，平放在填料支架上，再用塑料绳将各单元栓扣在支架栅条上，以防止填料层上浮。蜂窝填料单层高度为 1.0m，而其总高度一般为2～5m，故需多层安装。安装时层与层之间不能重叠，避免上下层间挤压变形和堵塞。每一层都有相应的承托支架，层与层之间留有 200～300mm 的间隙，以便气液混合物再分配。

（2）填料支架　填料悬挂或承托在支架上才能发挥作用。支架应具有足够的强度，才能承受承托或支撑填料的重量。串状填料支架由上下两层栅条构成，栅条材料为直径 10～14mm 的圈钢。上层栅条与下层栅条垂直对应，同一层栅条间的轴线距离等于填料串中心之间轴线的距离，上下层间的距离等于填料层有效高度即填料串的有效长度。填料串的两端分别拴在上下层的栅条上，并保持垂直。蜂窝填料支架是固定式填料支架。每一层蜂窝填料都是承托承重支架，支架上的栅条一般用直径14mm 以上的圈钢制作，间距约 300mm。

（3）曝气装置　接触氧化的曝气装置同活性污泥法。目前应用最多的是隔膜曝气头。目前国内多采用直流式接触氧化池，其从填料底部鼓风充氧，生物膜直接受到气流的搅动，加速生物膜的更新，使其经常保持较高的活性，而且能克服堵塞现象。

生物接触氧化法既有生物膜工作稳定、耐冲击负荷和操作简单的特点，又有活性污泥法混合接触效果好的特点。

（1）填料比表面积大，充氧效果好，氧利用率高。所以单位容积的微生物量比活性污泥池和生物滤池大，容积负荷高，耐冲击负荷，净化效果好。

（2）污泥产量因单位体积微生物量大、污泥负荷在容积负荷大时仍较小，所以产量低。

（3）动力消耗比自然通风生物膜法大。因其强制通风供氧，故动力消耗比一般生物膜法大。

（4）接触氧化出水中的生物膜老化程度比活性污泥法和生物滤池法高，且受水力冲击变得很碎，故污泥沉降性能差。二沉池设计时要采用较小的上升流速，取 1.0m/h 比较适宜。

（5）接触氧化法一般不发生污泥膨胀，但当污水的供氧、营养、水质（毒物、pH 值）和温度等条件不利时，生物膜的性能（生物相、附着能力、沉淀性能等）变差，在剧烈的水力冲刷作用下脱落，随水流失，发生污泥膨胀的可能性比生物滤池法大。

（6）接触氧化法容积负荷高，氧化池容积小，又可以取较大水深，所以占地面积比活性污泥法、生物滤池法和生物转盘都小。又没有污泥回流、出水回流、污泥膨胀、防雨保温和机械故障等问题，运行管理方便。

4. 生物流化床

生物流化床处理技术是借助流体（液体、气体）使表面生长着微生物的固体颗粒（生物微粒）呈流态化，同时去除和降解有机污染物的生物膜法处理技术。生物流化床的微生物量大，传质效果好，是一种新型高效的生物膜法污水处理技术。

生物流化床是在圆柱形流化床底部，装置一块多孔液体分布板，在分布板上堆放颗粒载体（如砂、活性炭），液体从床底进口进入，经过分布板均匀地向上流动，并通过固体床层由顶部流出。流化床上装有压差计，用以测量液体流经床层的压力降。当液体流过床层时，随着流体流速的不同，床层状态也不同。当液体流速低时，颗粒载体呈静止状态，床层高度不变，这时的床层称固定床。固定床中载体呈静止状态，堆积密实，可利用的表面积和孔隙率很小，极易堵塞。当流速增大到一定程度，载体颗粒被液体托起而呈悬浮状态，且在床层内各个方向流动，呈流态化状态，但不随水流失，这类床层称为流化床。流化床上部有明显的界面，床层高度随流速的增大而增大。当液体流速超过一定值时，床层不再保持流态化状态，上部的界面消失，载体和生物膜随出水流失，此阶段称为液体输送阶段，或称流动床。流化床的正常操作的流速不能太高或太低，其适宜流速受载体和污水的性质（颗粒形状、大小、污水的黏度、颗粒和污水密度及水温等）的制约，可由实验优选后定出。

依据供氧、脱膜和床体结构等方面的不同，好氧生物流化床有两相生物流化床和三相生物流化床两种。

两相生物流化床靠上升水流使载体流态化，床层只存在固液两相，其工艺流程如图 6-38 所示。

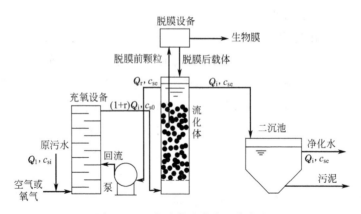

图 6-38　两相生物流化床工艺流程

两相生物流化床设有专门的充氧设备和脱膜装置。污水经充氧设备后从底部进入流化床。载体上的生物膜吸收降解污水中的污染物，使水质得到净化。净化水从流化床上部流出。经二次沉淀后排放。

流化床的生物量大，需氧量也大；原污水流量一般较小，不能使载体流态化。故应采用回流的办法加大污水的充氧水量和流化床进水流量。

纯氧或压缩空气的饱和溶解氧浓度较高，以纯氧为氧源时，充氧设备出水溶解氧浓度可达 $30\sim40\mathrm{mg/L}$；以压缩空气为氧源时，充氧设备出水溶解氧浓度约 $9\mathrm{mg/L}$。

有机物的降解使生物膜增厚，悬浮颗粒（附着生物膜载体）密度变小，随水流失，需用脱膜装置脱掉生物膜，使载体恢复原有特性，重新附着生物膜。常用的脱膜装置有叶轮式、转刷式和振动筛式等。

三相生物流化床靠上升气泡的提升力使载体流态化，床层内存在的气、固、液三相直接在流化床体内进行生化反应。内循环式三相生物流化床工艺流程如图 6-39 所示。

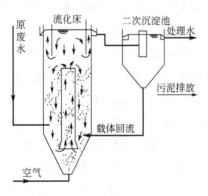

图 6-39　三相生物流化床工艺流程

三相生物流化床不设置专门的充氧和脱膜设备。空气通过射流曝气器或扩散装置直接进入流化床充氧。载体表面的生物膜依靠气体和液体的搅动、冲刷和相互摩擦而脱落。随出水流出的少量载体进入二沉池沉淀后再回到流化床。待处理污水小负荷进入生物膜反应器，进行闭路循环。1～2d更换一次循环液，直到载体表面出现一层黏性生物膜后，改为小负荷连续进水（如果进水浓度高，应回流），这一过程一般需3～7d。

连续进水后，若生物膜逐渐增厚，则加大进水有机负荷率（减少回流比，加大原污水流量），当进出水指标达到设计要求时，即完成生物膜的培养，进入正常运行。

对于可生化性较差的污水含微生物少，则应采用接种挂膜法培养生物膜。接种挂膜法必须在生物膜培养过程中引入污泥作菌种，让污泥中的微生物附着生长到载体上形成稳定的生物膜。该法将待处理污水与菌种污泥混合，进入生物膜反应器，闭路循环3～7d，待载体上长出一层黏性生物膜，再改为小负荷连续进水。直到各项指标达到设计要求，即完成挂膜。

如果菌种污泥来自水质与待处理污水相同或相似的处理系统，则可直接挂膜培养；如果菌种污泥的水质与待处理污水相差甚远，应先进行菌种污泥的驯化，再挂膜培养。

对于难降解有机工业废水，可接种优势菌种培养生物膜，这样可缩短挂膜时间，提高净化效率。

挂膜后应对生物膜进行驯化，使之适应所处理废水环境。驯化后系统进入试运转，优选出生物膜反应设备的最佳运行工作条件，并在优选出的最佳条件下投入正常运行。

三相流化床操作简单、能耗、投资和运行费用比两相流化床低，但充氧能力比两相流化床差。

生物流化床除用于好氧生物处理外，尚可用于生物脱氧和厌氧生物处理。

生物流化床的优点是容积负荷高，抗冲击负荷能力强；微生物膜厚度较薄，其呼吸率为活性污泥的两倍，微生物的活性强；载体颗粒在流动床体内处于剧烈运动状态，气—液—固界面不断更新，传质效果好。其缺点是设备磨损较固定床严重，载体颗粒在湍动过程中会因磨损变小。防堵塞、曝气方法和进水配水系统的选用及微生物颗粒等问题困扰生产放大的设计。因此，目前我国的废水处理中还少有工业性应用。如果解决了上述问题，就有可能使生物流化床获得广泛的工业性应用。研究表明，生物流化床性能的提高依赖于载体的开发和应用。

5. 生物膜法的运行管理

（1）生物膜的培养与驯化　　生物膜法在投入运行前必须进行生物膜的培养与驯化。生物膜的培养常称为挂膜。挂膜实际上就是接种，即让微生物吸附在固体支撑物（滤料、盘片等）上，接着还应不断供给营养物，使附着的微生物能在载体上繁殖，直至形成生物膜牢固地附着在固体支撑物上。

挂膜菌种大多数采用生活粪便污水或生活粪便水和活性污泥的混合液。由于生物膜中微生物固着生长，适宜于特殊菌种的生存，所以，挂膜有时也可采用纯培养的特异菌种菌液。特异菌种可单独使用，也可以同活性污泥混合使用，由于所用的特异菌种比一般自然筛选的微生物更适宜于污水环境，因此，在与活性污泥混合使用时，仍可保持特异菌种在生物相中的优势。

挂膜过程必须使微生物吸附在滤料上，同时，还应不断供给营养物，使附着的微生物能在滤料上繁殖，不被水流冲走。单纯的菌液或活性污泥混合液接种，即使滤料上吸附有微生物，但还是不牢固，因此，在挂膜时应将菌液和营养液同时投加。

挂膜方法一般有两种，一种是闭路循环法，即将菌液和营养液从滤池的一端流入（或从顶部喷淋下来），从另一端流出，将流出液收集在一水槽内，槽内不断曝气，使菌与污泥处于悬浮状态，曝气一段时间后，进入分离池进行沉淀（0.5～1h），去掉上清液，适当添加营养物或菌液，再回流入生物滤池，如此形成一个闭路系统。直到发现滤料上长有黏状污泥，即开始连续进入污水。这种挂膜方法需要菌种及污泥数量大，而且由于营养物缺乏，代谢产物积累，因而成膜时间较长，一般需要 10d。另一种挂膜法是连续法，即在菌液和污泥循环 1～2 次后即连续进水，并使进水量逐步增大。这种挂膜法由于营养物供应良好，只要控制挂膜液的流速，保证微生物的吸附。在塔式滤池中挂膜时的水力负荷可采用 $4～7m^3/(m^2 \cdot d)$，约为正常运行的 $50\%～70\%$。待挂膜后再逐步提高水力负荷至满负荷。

为了能尽量缩短挂膜时间，应保证挂膜营养液及污泥量具有适宜细菌生长的 pH 值、温度、营养比等。

挂膜后应对生物膜进行驯化，使之适应所处理工业废水的环境。在挂膜过程中，应经常采样进行显微镜检验，观察生物相的变化。挂膜驯化后，系统即可进入试运转，测定生物膜反应设备的最佳工作运行条件，并在最佳条件转入正常运行。

（2）生物膜法的日常管理　生物膜法处理系统运行过程中也需要加强日常管理，认真做好运行过程中各项管理工作，确保系统安全、稳妥、高效率地正常运行。

生物膜法的操作简单，一般只要控制好进水时间、浓度、温度及所需投加的营养（N、P）等，处理效果一般比较稳定，微生物生长情况良好。在废水水质变化形成冲击负荷时，虽有短暂出水水质恶化，但很快就能恢复。这是生物膜法的优点。

在生物膜法的日常管理中应巡回检查设备的运行状况，注意检查布水装置和滤料是否有堵塞。有针对性地排除布水装置堵塞；严格控制滤料的有机负荷率，防止生物膜的增长大于排出量而形成滤料堵塞。发现滤料有堵塞现象应及时采取措施，调节水力负荷、有机负荷和通风量等，使滤层及时恢复正常。

在正常运行过程中，应按规范进行全方位的检测。观察生物膜性状，观察时通过经常的生物相镜检了解微生物性状的变化，及时发现问题，查明原因，采取措施调节；注意观察生物膜的沉淀性能。性能良好的生物膜处于好氧状态，呈灰色或棕黄色，脱落的菌体密实，沉淀性能好。若生物膜呈黑色，有异臭，脱落菌体沉淀性能差，上清液浑浊，说明反应器状态不佳，应及时采取措施调节操作加以控制。

生物膜反应器运行过程中，应按设计规范规定的检测频率和控制指标，定时检测营养状况和运行条件，如进出水 BOD、COD、pH 值、总磷、总氮、DO 和水温等，评价反应器运行状态。

生物膜设备检修或停产时，应保持膜的活性。对生物滤池，只需保持通风，或打开各层观察孔，让池内空气流通；对生物转盘，可以将氧化槽放空，或用人工营养液循环。停产后，生物膜的水分会大量蒸发，一旦重新开车，可能有大量膜质脱落，因此，在开始投入工作时，反应量应逐步增加，防止干化，生物膜脱落过多。当微生物适应后，即可得到恢复。

五、污水的自然生物处理

利用环境的自净作用去除污染物的过程叫做污水的自然生物处理。利用水体的自净作用去除污染物的自然生物处理系统叫做稳定塘，利用土壤的自净作用去除污染物的自然生物处理系统叫做土地处理系统。

1. 稳定塘

稳定塘又名氧化塘或生物塘。是利用自然形成或稍加人工整修的池塘中的微生物处理有机污水的设施。按照塘内微生物活动特征、溶解氧水平、供氧方式和功能的不同，可将稳定塘分为好氧塘、兼性塘、厌氧塘和曝气塘。

（1）好氧塘 全部塘水都处于好氧状态，溶解氧浓度较高的稳定塘叫好氧塘。好氧塘中的溶解氧主要来自藻类光合作用，空气的复氧作用很小。为使全部塘水保持好氧状态，必须满足两个条件：①水深较浅（一般为 0.3～1.5m），以获得充足的光照；②进水有机负荷低，以降低好氧速度。

好氧塘有高负荷好氧塘、普通好氧塘和深度处理好氧塘三种。高负荷好氧塘有机负荷高，水力停留时间短，水深较浅，一般设在稳定塘系统前部；普通好氧塘有机负荷一般，水深较高负荷好氧塘大，水力停留时间较长，起二级处理作用；深度好氧塘有机负荷较低，水深较高负荷好氧塘大，一般设在二级处理设施之后或稳定塘系统后部，对污水进行深度处理。

好氧塘内存在着细菌、藻类、原生动物和后生动物等。好氧菌和藻类主要生活在水深 0.5m 以内的上层。

白天，藻内吸收水中的 CO_2、NH_3、PO_4^{3-} 等进行光合作用合成细胞物质，释放出氧气。与此同时，空气中的氧气溶于水中（水面复氧）。塘水呈好氧状态。好氧微生物（主要是细菌）利用水中的溶解氧分解有机物，合成自身细胞，释放出 CO_2、H_2O、NH_3、NO_3^- 和 PO_4^{3-} 等，供藻类利用。有机物浓度高时，异氧型藻类大量生成，能直接摄取小分子有机物。细菌和藻类的共同作用使水质得到净化。

夜间，藻类进行内源代谢、消耗 O_2 释放 CO_2。与此同时，好氧微生物进行好氧代谢，去除污染物。

好氧塘对有机物的去除率高，有时高达 95%。好氧塘出水含有大量藻类，BOD_5 浓度有时高于进水，需经二次沉淀池分离藻类等微生物。

白天，藻类光合作用释放出的氧量超过细菌消耗的氧量，溶解氧可达过饱和状态。夜间藻类和好氧微生物消耗氧气使溶解氧浓度下降，凌晨达最低值。天亮后，溶解氧浓度逐渐上升。如此往复，溶解氧浓度呈周期性变化。

白天，好氧微生物释放的 CO_2 使 CO_2 浓度升高，藻类的光合作用消耗 CO_2 使 CO_2 浓度下降，但总体效应是 CO_2 浓度下降，pH 值升高。夜间，藻类和好氧微生物都释放出 CO_2，使 pH 值下降。如此往复，pH 值也呈周期性变化。

pH 值升高使重金属离子发生沉淀，所以好氧塘对重金属有显著的去除效果。

（2）兼性塘　当进水有机物负荷高、塘水较深时，藻类光合供氧和大气复氧能力不能使全部塘水处于好氧状态，而在较深处出现兼性（缺氧）水层，这样的稳定塘叫兼性塘。兼性塘有效水深为 1.0~2.0m，由好氧层、兼性层和厌氧层组成。

好氧层光照充足，藻类供氧能力强，溶解氧浓度高，该层净化机理与氧化塘相同。

兼性层阳光不能透入，溶解氧浓度低，有时为零。兼性层的微生物是兼性菌，它既能利用溶解氧作电子受体进行好氧代谢，又能在无氧条件下利用 NO_3^-、CO_3^{2-} 和 SO_4^{2-} 等作为电子受体进行无氧代谢，使有机物分解转化为菌体细胞和无机物（CO_2、H_2O、NH_3、PO_4^{3-}、SO_4^{2-}、H_2S、NO_3^- 等）。

厌氧层是水中悬浮物（固体有机物、藻类及菌类死细胞）沉积形成的底泥层。氧气不能抵达该层，溶解氧为零。厌氧层的微生物为厌氧菌类，有机物被厌氧菌分解转化为细胞物质、中间产物、CH_4 和 CO_2 等。中间产物（有机酸、醇等）进入兼性层和好氧层继续降解。

兼性塘的净化机理比较复杂，其去除污染物的范围比好氧处理系统广泛，它不仅可去除一般的有机物，还可以有效地去除磷、氮等营养物质和某些难降解的有机物，如木质素、有机氯农药、合成洗涤剂、硝基芳烃等；因此，它不仅用于处理城市污水，还被用于处理石油化工、有机化工、印染、造纸等工业废水。兼性塘在好氧层、兼性层和厌氧层的协同作用下使水质得到净化。

（3）厌氧塘 进水有机负荷很高，水深较大时，藻类不能繁殖，微生物的耗氧速度远大于供氧速度，整个塘水都处于厌氧状态，这种稳定塘叫做厌氧塘。厌氧塘有效水深为 $2.0\sim4.5m$，有时可达 $9m$。

厌氧塘与所有厌氧生物处理设备一样，其对有机物的降解只有厌氧细菌来进行。先由兼性厌氧酸菌将复杂的有机物进行水解，转化为简单的、溶解性的中间产物有机酸、醛、酮和醇，再由绝对厌氧菌（甲烷菌）将中间产物转变成最终产物二氧化碳、甲烷和水，同时生成的少量的硫化氢给沼气的利用带来一些问题。产甲烷菌的增殖速度慢，繁殖世代周期长，甚至达到 $4\sim6d$，且对溶解氧和 pH 值敏感，因此厌氧塘的设计和运行中必须以甲烷发酵阶段的要求作为控制条件，控制有机污染物的投配率，以保持产酸菌与甲烷菌之间的动态平衡。

厌氧塘主要用于处理悬浮含量大的高浓度有机污水。厌氧塘表面的浮渣有保温和阻隔 O_2 的作用，不应清除。

由于厌氧塘的处理效果不高，出水 BOD_5 仍然较高不能达到二级处理水平，因此，很少单独用于污水处理，而是作为其他设备的前处理单元。厌氧塘前应设置格栅、沉砂池或初次沉淀池。厌氧塘的主要问题是产生臭气，目前是利用厌氧塘表面的浮渣层或采取覆盖措施（如聚苯乙烯泡沫塑料板）防止臭气逸出。也有用回流好气塘出水使其布满厌氧塘表层来减少臭气逸出。

（4）曝气塘　用曝气设备给塘水充氧的稳定塘叫曝气塘。曝气塘靠活性污泥的代谢作用去除污染物，有完全悬浮曝气塘和部分悬浮曝气塘两种类型。有污泥回流的曝气塘实质上就是活性污泥反应池。微生物的氧源来自人工曝气和表面复氧，以人工曝气为主。曝气设备一般采用表面曝气机，也可用鼓风曝气。

完全悬浮曝气塘中曝气装置的强度应能使塘内全部固体呈悬浮状态，并使塘水有足够的溶解氧供微生物分解有机污染物。部分悬浮曝气塘不要求保持全部固体呈悬浮状态，部分固体沉淀并进行厌氧消化。其塘内曝气装置的布置较完全悬浮曝气塘稀疏。

曝气塘出水悬浮固体浓度较高，排放前需进行沉淀。沉淀的方法可以用沉淀池，或在塘中分割静水区用于沉淀。若曝气塘后设置兼性塘，则兼性塘要在进一步处理其出水的同时起沉淀作用。

曝气塘的水力停留时间 $3 \sim 10d$，有效水深 $2 \sim 6m$。曝气塘一般不少于 3 座，通常以串联方式运行。完全悬浮曝气池每立方米塘容积所需功率较小（$0.015 \sim 0.5kW/m^3$），但由于其水力停留时间长，塘的容积大，所以每处理 $1m^3$ 污水所需功率大于常规的活性污泥法曝气池。所以曝气塘很少采用。

稳定塘可以利用旧河道和废洼地改建成稳定塘，工程量小，投资费用低；其管理简单，不消耗动力（曝气塘除外）和药剂，无设备维修，运行费用低；作用机理复杂，停留时间长，能去除各种污染物，对有机毒物和重金属净化效果好，功能全；稳定塘出水含丰富的氮、磷元素，可以用于农田灌溉和放养水生植物，出水中含有大量藻类、菌类和原生动物，可养殖水产、放养鹅、鸭，实现污水资源化。但是稳定塘占地面积大，若没有废洼地、荒谷地，则不宜采用；其散发臭气，滋生蚊蝇，影响环境卫生；若未作防渗处理会渗透污染地下水；处理效果受环境影响大，不同季节、光照和天气的变化都影响处理效果，在气候寒冷季节，处理效果明显下降。

综合稳定塘的优缺点进行合理设计和科学管理，利用稳定塘处理污水，会有明显的环境效益、社会效益和经济效益。

稳定塘一般需要根据水质和自然条件，将各种类型的稳定塘单元优化组合成不同的运行方式以取得最佳运行效果。几种典型的运行方式如下：

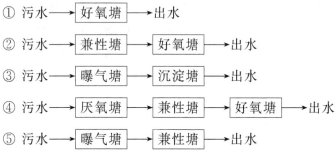

稳定塘应设在城镇下风向较远的地方，以防止臭气和蚊蝇影响居民生活。稳定塘应设在离机场 2km 以外，以防止鸟类飞行危及飞行安全。此外，还应防止塘体损害；采取防渗措施，防止地下水污染或回用水水资源的流失；设计时应注意配水、集水均匀，避免短流、沟流及混合死区，塘的进出口之间的直线距离应

尽可能大，方向应避开当地主导风向。

为防止塘内污泥淤积，污水进入稳定塘前应先除去污水中的悬浮物质。常用设备为格栅、普通沉砂池和沉淀池。若塘前有提升泵站，而泵站格栅间隙小于 20mm 时，塘前可不另设格栅。原污水中的悬浮固体浓度小于 100mg/L 时，可只设沉砂池以去除砂质颗粒；若悬浮固体浓度大于 100mg/L 时既要设沉砂池，也要设沉淀池。

利用稳定塘进行污水深度处理过程中，不断开发和研究，出现了几种新型稳定塘。

（1）水生植物塘　在水面放养水生植物的稳定塘叫水生植物塘。凤眼莲、水浮莲、水花生、水葫芦、浮萍、香蒲、芦苇和茭白等水生植物对水中污染物有显著的去除效果，其中凤眼莲、水浮莲和水花生效果最佳。在水面放养的水生植物将显著改善稳定塘的净化效果。试验表明，若水生植物塘进水 COD 为 700mg/L，水力停留时间 7d，则 COD 去除率达 95%。

水生植物塘的进水一般为兼性塘或原污水，有机物浓度较高。水生植物塘中的水生植物吸收污水中的氮、磷元素，有些水生植物（如某些种类浮萍）还能直接吸收利用小分子有机物；水生植物根系发达，有很大的传质面积，光合作用产生的 O_2 和空气中的 O_2 通过茎叶传输到根系，再扩散到周围的水域或土壤中去，形成好氧环境，为好氧微生物的生长创造条件；水生植物根系（凤眼莲、水浮莲等）表面积巨大，附着生长微生物，形成巨大的生物膜，生物膜的代谢作用不断吸收转化污染物；水生植物根系及其对污水中的悬浮物和有毒物质具有很强的吸附过滤作用。由于水生植物对阳光的遮挡，藻类较少，故水生植物塘的微生物类似兼性或好氧塘，塘中藻类和细菌等微生物的代谢作用使污染物得到去除。综上所述，水生植物塘中的水生植物和微生物的共同作用而使水质得到净化。

水生植物塘的水生植物一般生长在水面，对污染物的净化作用主要发生在表层水域，所以水生植物塘不宜太深，一般水深应为 1.0～2.0m。水生植物品种应适应当地气候、生长速度快、传氧和去污能力强，耐污染、抗病虫害和易于管理。凤眼莲、水浮莲、水葫芦和浮萍是可选择的水生植物品种，进行混合放养效果更佳。

水生植物塘具有稳定塘的共性之外，还具有以下特点：

a. 水生植物塘使稳定塘的功能得到强化，去污染物能力增强，尤其对病菌、病毒和有毒有机物的净化效果显著，净化效率高。

b. 污水资源化，水生植物可作饲料、喂养生猪和养鱼等，创造经济效益。

c. 管理工作量增大，水生植物易发生二次污染，应及时采收，将其生长量控制在一定的水平。过多的水生植物并不显著提高处理效率，相反会死亡腐烂，造成二次污染。冬季塘内水生植物也会死亡，同样会造成二次污染，故可用温室让水生植物安全过冬，或在冬季来临前采收水生植物。

d. 冬季处理效果下降。

（2）生态系统塘 生态系统塘是利用低洼地和沼泽地经人工修整建立起来的稳定塘。塘底凹凸不平，各处深浅不一，许多地方露出水面，塘水最深处不超过 1.0m，故又名人工湿地。塘中种植芦苇、凤眼莲、水浮萍、水花生等水生植物，放养鱼、蚌、螺丝等水生动物，与前来栖息的野生动物形成复杂的生态系统。

生态系统塘中的微生物及水生植物将有机物和氮磷等污染物转化为自身细胞和无机物。水生动物（鱼、蚌等）以及悬浮微生物、固体有机物和水生植物等为食生长繁殖。野生或放养的大型动物以水生动物和植物为食。动植物排泄物及尸体被微生物分解转化。如此形的生态系统自我调节达到平衡，污染物得到净化。与此同时，实现了污水资源化，获得显著的经济效益。

生态系统塘投资运行费用低，出水中有机物，藻类和无机盐的含量比一般的稳定塘大大降低，净化效果明显改善。因此，生态系统塘值得推广，并可作为二级处理和深度处理（生态修复）设施。

（3）复合塘系统　将生态学特征各异的稳定塘组合而成的稳定塘系统叫复合塘系统。三种复合塘系统的工艺流程分述如下：

a. 污水 $\longrightarrow$ 沉砂池 $\longrightarrow$ 厌氧塘 $\longrightarrow$ 水生植物塘 $\longrightarrow$ 好氧塘 $\longrightarrow$ 养殖塘 $\longrightarrow$ 出水。此工艺流程主要用于处理有机物浓度较高（$BOD_5 \geqslant 150 \sim 200 mg/L$）的污水；也可用于有机物浓度低（$BOD_5$ $50 \sim 100 mg/L$）的污水。

b. 污水 $\longrightarrow$ 沉砂池 $\longrightarrow$ 水生植物塘 $\longrightarrow$ 好氧塘 $\longrightarrow$ 生态系统塘 $\longrightarrow$ 养殖塘 $\longrightarrow$ 出水。此工艺流程用于处理有机物浓度较低（BOD_5 $100 \sim 150 mg/L$）的污水。

c. 污水 $\longrightarrow$ 沉砂池 $\longrightarrow$ 好氧塘 $\longrightarrow$ 水生植物塘 $\longrightarrow$ 养殖塘 $\longrightarrow$ 出水。此工艺流程用于处理有机物浓度低（BOD_5 $50 \sim 100 mg/L$）的污水。

复合塘系统冬季出水中 $BOD_5 \leqslant 10 mg/L$，$COD \leqslant 40 mg/L$。

在复合塘系统中，各具生态学特点的稳定塘协同作用，完成水质净化。各稳定塘单元有机结合形成复杂的生态系统，构成由低级到高级的食物链，靠人为调控达到生态平衡，使污水得到净化，并实现污水的资源化。

2. 污水土地处理系统

污水土地处理系统是在人工控制条件下，将污水投配到土地上，利用土壤、微生物、植物组成的生态系统的自我调控机制和对污染物的综合净化功能使污水净化的自然生物处理技术。

土地处理系统对污水的净化是一个综合净化过程。污水中的悬浮物和胶态物质流入土地处理系统后被过滤、截留和吸附在土壤颗粒空隙中，土壤中存在的大量的、种类繁多的异养微生物对被过滤、截留和吸附在土壤中的悬浮物和溶解有机物进行生物降解，并合成新细胞，微生物的代谢作用去除有机污染物；氮主要通过植物吸收，微生物脱氮和 NH_3 逸出（碱性条件下铵盐生成 NH_3 逸出）等方式去除；磷主要通过植物吸收、化学沉淀（与 Ca^{2+}、Al^{3+}、Fe^{3+} 等形成难溶物）、吸附等方式去除；重金属主要通过化学沉淀、吸附和植物吸收等方式去除；通过吸附杀死病原体，去除率达 95％以上。土地处理系统的进水负荷不宜过高，否则会引起土壤堵塞或污染物渗透污染地下水。

土地处理系统以净化污水为目的，兼顾水肥资源的综合利用。用土地处理系统进行三级处理去除氮、磷元素的投资运行费用低，净化效果好。污水进入土地处理系统前应进行预处理，并对整个系统采取防渗措施，以避免地下水和植物体内有毒物质的积累。土地处理系统能有效地利用水肥资源，具有明显的经济效益，是使污水无害化、资源化的新型生物处理技术。

土地处理系统由污水输送、预处理（稳定塘）、贮存（水库）、灌溉和排水等部分组成，土地处理技术有慢速渗滤、快速渗滤、地表漫流、地下渗滤和湿地处理等五种类型。

（1）慢速渗滤　慢速渗滤的操作过程与农田灌溉相同，污水经喷、漫或沟灌流经种有作物的渗透性好的土地表面，污水缓慢地在土地表面上流动并向土壤中渗滤。微生物分解转化有机物，植物吸收水分、营养物质。通过土壤、微生物和植物的综合作用使污水得到净化。

慢速渗滤处理系统适用于渗水性能良好的土壤，渗滤速度慢，处理水量小，部分废水被植物吸收和蒸发，污染物去除率高，对 BOD_5 的去除率一般可达 95％以上，对 COD 的去除率可达 85％～95％，氮的去除率可达 80％～90％，出水水质好。但此系统有机负荷很低。

（2）快速渗滤　快速渗滤适用于透水性能非常好的土壤，如砂土砾石等。污水周期性地流经快速滤田表面后，很快渗入地下，其中一部分蒸发，大部分进入地下，并最终进入地下水层。表层土壤处于淹没与干燥（晒田）循环状态，即厌氧与好氧交替运行，依靠微生物的分解转化和土壤的过滤吸附作用去除污染物。其对 BOD_5 的去除率可达 95％，对 COD 的去除率可达 95％，对氮的去除率可达 80％～95％，除磷率可达 65％。快速渗滤的出水可通过地下集水管或井群收集利用。其负荷率相对较高，是一种高效、低耗、经济的污水处理与再生方法。

（3）地表漫流　地表漫流处理系统是将污水投配到多年生牧草、坡度和缓（地面最佳坡度为 2％～8％）、土壤渗透性能差（黏土和亚黏土）的地面高处，顺坡流下，形成很薄的水层。少量的污水蒸发或渗入地下，净化出水以地表径流方式汇集排放。漫流田种植牧草等植物供微生物栖息并防止土壤冲蚀。地表漫流系统对 BOD_5 的去除率可达 90％左右，总氮的去除率可达

70%～80%，悬浮物的去除率高达 90%～95%，尾水收集后可回用或排入水体。

（4）地下渗滤 地下渗滤处理系统是将污水投放到距地面约0.5m 深、有良好渗透性能的地层中，借毛细润浸和土壤渗透作用，使污水向四周扩散，通过过滤、沉淀、吸附和生物降解作用等过程使污水得到净化。见图6-40。

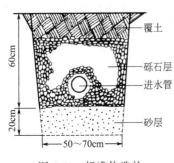

图 6-40 标准构造的
地下土壤渗滤沟

地下渗滤系统适用于无法排入城市排水管网的小水量污水处理，如分散的居民住宅区、度假村、疗养院等，污水进入地下渗滤系统前需经化粪池或酸化（水解）池预处理。

（5）湿地处理 湿地处理系统是一种利用低洼湿地和沼泽地处理污水的方法，是使污水沿经常处于水饱和状态而且生长有芦苇、香蒲等耐水性、沼泽性湿地上流动，在水生植物、土壤和微生物的共同作用下使污水得到净化的污水处理系统。

湿地处理系统一般可分为自然湿地处理系统、自由表面流人工湿地处理系统和潜流人工湿地处理系统。自由表面流人工湿地处理系统虽与自然湿地处理系统最为接近，但由于其是人工设计、监管的湿地系统，去污效果要优于自然湿地处理系统，但是，湿地中填料和植物的作用未能充分发挥，占地面积相对较大。与自由表面流人工湿地相比，潜流人工湿地处理系统能充分利用整个系统的协同作用，占地面积小，对污染物的去除效果好。

　　人工湿地处理系统是人工优化模拟自然湿地处理系统而建造的，具有自然生态系统综合降解净化的功能，而且可人为监督控制的废水处理系统，是一种集物理、化学、生化反应为一体的废水处理技术。一般由人工基质和生长在基质上的水生植物组成，是一个独特的土壤、植物、微生物综合生态系统。人工湿地具有缓冲容量大、处理效果好、工艺简单、投资省、耗电低、运行费用低等特点，它利用生态系统中物种共生、物质循环再生原理，结构与功能协调原则，在促进废水中污染物质良性循环的前提下，充分发挥资源的生产潜力，防止环境的再污染，获得污水处理与资源化的最佳效益，是一种同时具有环境效益、经济效益及社会效益的污（废）水处理技术。适合于污水量不大、水质变化不很大，管理水平不要求很高的城镇污水处理。

　　人工湿地系统最大特点是基本不耗能，而且投资远远低于常规二级水处理设施，其运行费用仅为生化二级水处理厂的1/10，基本上不需要机电设备，故在维护上只是清理渠道及管理作物。人工湿地处理系统由预处理单元和人工湿地单元组成。为确保人工湿地生态系统的稳定性，增加湿地处理寿命及处理能力，一般都要增加预处理单元，防止污水在贮存、输送过程中产生臭气，防止未经处理的污水污染土壤、地下水及植物。预处理主要去除粗颗粒和降低有机负荷。预处理单一般包括格栅、化粪池、沉砂池、沉淀池、酸化（分解）池和稳定塘等，其与人工湿地以不同组合达到不同的去除目的。根据处理规模的大小，对人工湿地进行多种方式的组合，选择恰当的进水方式，提高处理效果和能力。

　　组成人工湿地单元有以下几个部分：一是具有透水性基质；二是适于在饱和水和厌氧基质中生长的植物；三是在基质表面下

或上流动的水体；四是微生物种群和微型动物。

人工湿地中的基质又称填料、滤料，一般由土壤、细砂、粗砂、砾石、碎石、碎瓦片或灰渣等构成。土壤、砂、砾石等基质具有为植物提供物理支持、为各种复杂离子、化合物提供反应界面、为微生物提供附着的作用。

水生植物在人工湿地系统中主要起固定床地表面、提供良好的过滤条件，防止湿地被淤塞、为微生物提供良好的根区环境以及冬季运行支撑冰面的作用。另外，水生植物还可具有显著增加微生物的附着（植物的根茎叶）、将大气中氧传输至根部，增加或稳定土壤的透水性的作用，主要水生植物有芦苇、灯心草、香蒲等。湿地中生长的植物有挺水植物、沉水植物和浮水植物，一般多采用挺水植物。

水体可为湿地中的动植物、微生物提供营养物质。

微生物是人工湿地中净化废水的主要"执行者"。微生物能将废水中的有机污染物作为丰富能源，将其转化为营养物质和能量。人工湿地在处理污水之前，各类微生物的数量与自然湿地基本相同。但随着污水不断进入人工湿地系统，某些微生物的数量将逐渐增加，并在一定时间内达到最大值而趋于稳定。人工芦苇湿地床内存在较明显的好氧区、兼氧区和厌氧区。在芦苇的根茎上，好氧微生物占绝对优势，而在芦苇根系区则既存在好氧微生物的活动也存在兼性微生物的活动，远离根系的区域厌氧微生物比较活跃。

人工湿地在基质、水生植物和微生物的共同作用使污水净化，去除污染物的范围广泛，包括氮、磷、悬浮物、有机物、微量元素、病原体等。人工湿地系统无论是在污水深度处理或者在减免下游接纳水体富营养化方面，均能发挥其独特的作用。特别是在中国多数水体富营养化和自来水厂水源受到藻类疯长危害的情况下，人工湿地除藻具有广泛的应用前景。人工湿地不仅可以用于城市和各种工业废水的二级处理，还可用于高级处理中的精处理和对农田径流的处理，在有些情况下，人工湿地可能是唯一适用的技术。人工湿地污水处理技术的应用越来越广，必然在应用、研究、开发中日趋完善，充分发挥环境效益，经济效益和社会效益。

六、生化处理法的技术进展

随着生化法在处理各种工业废水的广泛应用，对生化处理技术改进方面的研究特别活跃，尤其是活性污泥法的改进。

1. 活性污泥法的新进展

（1）纯氧曝气法　最早是在 1968 年由美国建成第一个纯氧曝气的污水处理厂。近来，由于制造氧气的成本不断下降，纯氧曝气法得到广泛应用。

纯氧曝气法的优点是水中溶解氧增加，可达 $6\sim8mg/L$，氧的利用率可提高到 $90\%\sim95\%$，而空气曝气法仅为 $4\%\sim10\%$；由于可以提供更多的氧气，故为增加活性污泥的浓度创造了条件。活性污泥浓度提高，污水处理效率也得以提高。曝气时间相同的情况下，一般纯氧曝气法比空气曝气法的 BOD 及 COD 的去除率可分别提高 3% 和 5%，而且成本降低，耗电量也比空气曝气法节省 $30\%\sim40\%$。

（2）深水曝气法　增加曝气池的深度，可以增加池水的压力，从而使水中氧的溶解度提高，氧的溶解速度也相应增快，因此，深水曝气池水中的溶解氧要比普通曝气池的高，一般是将池的深度由原来的 4m 左右增加到 10m 左右。

（3）射流曝气法　污水和污泥组成的混合液通过射流器，由于高速射流而产生负压，从而有大量的空气吸入，空气与混合液进行充分接触，提高了污水的吸氧率，从而使处理的污水效率得到提高。采用射流曝气法可省去供气用鼓风机，但需装有混合液水泵，以保证混合液通过射流器时有必需的流速。

（4）投加化学混凝剂及活性炭法　在活性污泥法的曝气池中，投加化学混凝剂及活性炭，这样相当于在进行生化处理的同时进行物化处理。活性炭又可作为微生物的载体并有协助固体沉降的作用，使 BOD 及 COD 的去除率提高，使水质净化。

（5）管道化曝气　此法是使污水在压力管道内进行活性污泥曝气，同时进行较长距离的输送。由于设备少，投资费用和操作费用均可降低。目前试用较多的是将氧气喷射装置安装在污水管道上，污水在流动过程中也得到处理。此法成功的关键是要控制合适的水温，以及保证污水在管道中停留足够的时间，使之来得及进行生化处理。

2. 生物过滤法方面的新进展

（1）生物转盘的改进　改进转盘材料的性能和增加转盘的直径，这可使转盘的表面积增加，有利于微生物的生化过程。

根据转盘的工作原理，新近又制成生物转筒，即将转盘改成转筒，筒内可以增加各种滤料从而使生物膜的表面积增大。

（2）活性生物滤池　此法是兼有生物过滤池及活性污泥法两者优点，运行管理方便，而且效率高，适应负荷变化的能力强，操作稳定。

其构造与生物滤池基本相同，运行方式也相同，只是在污水中混有一定数量的活性污泥。而且也有回流的活性污泥再与污水混合，并一同流入生物滤池。

由于滤料上的生物膜和混合液本身含有的活性污泥都有氧化作用，故处理效率比较高，出水质量较好，BOD 的去除率可达 90%以上。

3. 酶制剂处理污水

酶制剂处理污水虽然较早便被人们使用，但是酶一般容易溶解于水中，使用后无法回收，因而影响了推广。近年来，由于固相酶制剂（通过把酶固定在聚合物和载体上）的出现，防止了酶的流失问题。又因为酶与载体共价结合，载体多为稀土元素或玻璃纤维，使酶制剂的一端为无机键，另一端为有机键，从而有可能使酶从溶液中加以回收，这为使用酶制剂处理污水创造了有利条件。

在使用酶制剂处理污水方面，我国尚处在探索性试验研究阶段。

4. 生物处理法其他方面的新技术

（1）膜生物反应器污水处理技术　膜生物反应器是废水生物处理技术和膜分离技术有机结合的生物化学反应系统，主要由膜组件和膜生物反应器两部分构成。大量的微生物（活性污泥）在生物反应器内与基质（废水中可降解有机物等）充分接触，通过氧化分解作用进行新陈代谢以维持自身生长、繁殖，同时使有机污染物降解。膜组件通过机械筛分、截留等作用对废水和污泥混合液进行固液分离。大分子物质等被浓缩后返回生物反应器，从而避免了微生物的流失。生物处理系统和膜分离组件的有机结合，不仅提高了系统的出水水质和运行的稳定程度，还延长了难降解大分子物质在生物反应器中的水力停留时间，加强了系统对难降解物质的去除效果。

膜生物反应器污水处理技术是一种新型高效的污水处理与回用工艺，突出的优点是：固液分离高；系统设备简单、占地空间小；系统微生物质量浓度高、容积负荷高；污泥停留时间长；污泥发生量少；耐冲击负荷；系统结构简单，容易操作管理和实现自动化；出水水质好。在污水处理与回用事业中的作用越来越大，并具有非常广阔的前景。

（2）污水回用技术　污水回用技术就是将城镇居民生活及生产使用过的废水经过处理后回用的水处理技术。而回用又有将被污染废水处理到饮用水程度和非饮用水程度两种。对于前一种，因其投资较高，工艺复杂，不是特别缺水地区一般不常采用。多数是将污、废水处理到非饮用水程度——中水。中水主要是指污水经过处理后达到一定的水质标准，在一定范围内重复使用的非饮用杂用水，其水质介于清洁水（上水）与污水（下水）之间。中水虽不能饮用，但它可以用于一些对水质要求不高的场合。中水回用技术就是利用人们在生产和生活中应用过的优质杂排水经过再生后回用的再生水处理技术。目前采用的新工艺有：地下渗滤中水回用技术、新型膜法 SBR 系列间歇充氧式生活污水净化装置、曝气过滤法应用于中水回用、连续微滤-反渗透技术，WJZ-H 型生活污水处理及中水回用技术、CASS 工艺处理小区污水及中水回用、高效纤维过滤技术应用于污水回用、DGB 地下回灌工艺及 SDR 污水处理与回用工艺。污水回用首选是用于农业灌溉，因为农业灌溉需要的水量很大，污水回用于农业有广阔天地。同时污水灌溉对农业和污水处理都有好处。其次污水回用于工业，一些城市的污水二级处理厂的出水，经适当深度净化处理后送至工厂用做冷却水、水力输送炉灰渣、生产工艺用水和油田注水等。三是回用于城市生活中非饮用水，如城市道路喷洒、园林绿地灌溉等对于水质要求不高、又不与人体直接接触的杂用水，可用中水来代替。四是回用于地下水回灌。因为许多城市因水资源紧缺而对地下水过度开采而使地下水水位急剧下降。通过污水处理厂出水慢速渗滤进入地下水，既能保证水质，也补充了地下水量，是一种最适宜的地下水补充方式。利用再生水回灌地下水可控制海水入浸，恢复被海水污染的地下水蓄水层，增加地下水蓄水量，改善地下水水质，也不必远距离引来补充地下水。

我国淡水资源贫乏，人均占有量只有世界平均值的四分之一。而且这些水资源时空、地域分布不均匀，开发利用难度大。除此之外，原本已经极有限的水源还时时面临着水质恶化及水生态系统被破坏的威胁，使得水资源供需矛盾日益加剧。迫使人类不得不去开发第二水资源。污水经处理再生后回用作为可利用的第二水资源在未来的社会发展及人们的日常生活中会发挥巨大作用，对保护环境、发展经济无疑会产生极其重大影响。

应该说，我国目前污水回用技术正处于起步阶段，随着社会和经济的迅猛发展，水资源紧缺状况必然是日趋严重，将会成为制约我国可持续发展的制约因素，因此，迫切需要在经典污水污染控制处理技术的基础上，研究、引进、开发出投资成本低、运行管理比较方便，见效快的污水再生回用的新工艺、新设备。污水回用技术的发展将具有强劲势头和广阔前景。

习　　题

1. 工业废水的处理一般包括哪几类方法？各类方法又包括哪几种方法？

2. 简要说明微滤机的工作原理及其优缺点。

3. 试说明吸附法处理工业废水的工作原理及影响吸附过程的因素。

4. 简要说明浮选法的工作原理和操作条件对吸附过程的影响。

5. 简述石灰干投法及湿投法处理酸性污水的流程。

6. 应用中和法处理酸（或碱）性污水可采用哪些方法？其中应用得最多的是什么方法？

7. 简述臭氧的性质及其在工业废水处理中的应用。

8. 简述电解净化法的作用原理并简要介绍常用电解净化方法。

9. 生物化学处理法可分为哪几类？各类方法的作用原理是什么？

10. 简要说明有机物的好气分解过程。

11. 简要说明有机物的厌气分解过程。

12. 简述活性污泥法处理工业废水的流程。

13. 目前生物化学法的处理技术有哪些新进展？

14. 简要叙述五槽（沟）氧化沟周期工作过程。

15. 氧化沟活性污泥法的优点有哪些？其发展方向是什么？

16. 简述生物膜法的净化过程及与活性污泥法相比所具有的特点。

17. 与活性污泥法、生物滤池法比较，生物转盘法具有哪些特点？

18. 简述生物接触氧化的工作原理和基本构造。

19. 接触氧化法常用的填料有哪些？

20. 生物接触氧化法有哪些特点？

21. 简述生物流化床的分类和工作原理。

22. 简述污水自然生物处理系统的分类及好氧稳定塘的工作原理。

23. 经开发研究，目前出现了哪几种新型稳定塘？各具哪些特点？

24. 简述土地处理法去除污染物的基本原理。

25. 组成人工湿地单元有哪些？各起什么作用？

26. 为什么说污水回用技术具有强劲的发展势头？

27. 为什么说膜生物反应器污水处理技术具有广阔的发展前景？

附　　录

附录一　地面水环境质量标准（GB 3838—2002）

附表 1-1　地表水环境质量标准基本项目标准限值

序号	项目　　　　分类	Ⅰ类	Ⅱ类	Ⅲ类	Ⅳ类	Ⅴ类
1	水温/℃	人为造成的环境水温变化应限制在:周平均最大温升≤1,周平均最大温降≤2				
2	pH	6～9				
3	溶解氧/(mg/L) ≥	饱和率90%（或7.5）	6	5	3	2
4	高锰酸盐指数/(mg/L) ≤	2	4	6	10	15
5	化学需氧量（COD）/(mg/L) ≤	15	15	20	30	40
6	五日生化需氧量（BOD_5)/(mg/L) ≤	3	3	4	6	10
7	氨氮(NH_3-N)/(mg/L) ≤	0.15	0.5	1.0	1.5	2.0
8	总磷（以P计)/(mg/L) ≤	0.02(湖、库 0.01)	0.1(湖、库 0.025)	0.2(湖、库 0.050)	0.3(湖、库 0.1)	0.4(湖、库 0.2)
9	总氮（湖、库,以N计)/(mg/L) ≤	0.2	0.5	1.0	1.5	2.0

续表

序号	项目 分类		I 类	II 类	III 类	IV 类	V 类
10	铜/(mg/L)	≤	0.01	1.0	1.0	1.0	1.0
11	锌/(mg/L)	≤	0.05	1.0	1.0	2.0	2.0
12	氟化物（以 F⁻ 计）/(mg/L)	≤	1.0	1.0	1.0	1.5	1.5
13	硒/(mg/L)	≤	0.01	0.01	0.01	0.02	0.02
14	砷/(mg/L)	≤	0.05	0.05	0.05	0.1	0.1
15	汞/(mg/L)	≤	0.00005	0.00005	0.0001	0.001	0.001
16	镉/(mg/L)	≤	0.001	0.005	0.005	0.005	0.01
17	铬(六价)/(mg/L)	≤	0.01	0.05	0.05	0.05	0.1
18	铅/(mg/L)	≤	0.01	0.01	0.05	0.05	0.1
19	氰化物/(mg/L)	≤	0.005	0.05	0.05	0.2	0.2
20	挥发酚/(mg/L)	≤	0.002	0.002	0.005	0.01	0.1
21	石油类/(mg/L)	≤	0.05	0.05	0.05	0.5	1.0
22	阴离子表面活性剂/(mg/L)	≤	0.2	0.2	0.2	0.3	0.3
23	硫化物/(mg/L)	≤	0.05	0.1	0.2	0.5	1.0
24	粪大肠菌群/(个/L)	≤	200	2000	10000	20000	40000

附表 1-2　集中式生活饮用水地表水源地补充项目标准限值

序　　　号	项　　目	标准值/(mg/L)
1	硫酸盐(以 SO_4^{2-} 计)	250
2	氯化物(以 Cl^- 计)	250
3	硝酸盐(以 N 计)	10
4	铁	0.3
5	锰	0.1

附表 1-3 集中式生活饮用水地表水源地特定项目标准限值

序号	项 目	标准值/(mg/L)	序号	项 目	标准值/(mg/L)
1	三氯甲烷	0.06	41	丙烯酰胺	0.0005
2	四氯化碳	0.002	42	丙烯腈	0.1
3	三溴甲烷	0.1	43	邻苯二甲酸二丁酯	0.003
4	二氯甲烷	0.02	44	邻苯二甲酸二(2-乙基己基)酯	0.008
5	1,2-二氯甲烷	0.03	45	水合肼	0.01
6	环氧氯丙烷	0.02	46	四乙基铅	0.0001
7	氯乙烯	0.005	47	吡啶	0.2
8	1,1-二氯乙烯	0.03	48	松节油	0.2
9	1,2-二氯乙烯	0.05	49	苦味酸	0.5
10	三氯乙烯	0.07	50	丁基黄原酸	0.005
11	四氯乙烯	0.04	51	活性氯	0.01
12	氯丁二烯	0.002	52	滴滴涕	0.001
13	六氯丁二烯	0.0006	53	林丹	0.002
14	苯乙烯	0.02	54	环氧七氯	0.0002
15	甲醛	0.9	55	对硫磷	0.003
16	乙醛	0.05	56	甲基对硫磷	0.002
17	丙烯醛	0.1	57	马拉硫磷	0.05
18	三氯乙醛	0.01	58	乐果	0.08
19	苯	0.01	59	敌敌畏	0.05
20	甲苯	0.7	60	敌百虫	0.05
21	乙苯	0.3	61	内吸磷	0.03
22	二甲苯①	0.5	62	百菌清	0.01
23	异丙苯	0.25	63	甲萘威	0.05
24	氯苯	0.3	64	溴氰菊酯	0.02
25	1,2-二氯苯	1.0	65	阿特拉津	0.003
26	1,4-二氯苯	0.3	66	苯并[a]芘	$2.8×10^{-6}$
27	三氯苯②	0.02	67	甲基汞	$1.0×10^{-6}$
28	四氯苯③	0.02	68	多氯联苯⑥	$2.0×10^{-6}$
29	六氯苯	0.05	69	微囊藻毒素-LR	0.001
30	硝基苯	0.017	70	黄磷	0.003
31	二硝基苯④	0.5	71	钼	0.07
32	2,4-二硝基甲苯	0.0003	72	钴	1.0
33	2,4,6-三硝基甲苯	0.5	73	铍	0.002
34	硝基氯苯⑤	0.05	74	硼	0.5
35	2,4-二硝基氯苯	0.05	75	锑	0.005
36	2,4-二氯苯酚	0.003	76	镍	0.02
37	2,4,6-三氯苯酚	0.2	77	钡	0.7
38	五氯酚	0.009	78	钒	0.05
39	苯胺	0.1	79	钛	0.1
40	联苯胺	0.0002	80	铊	0.0001

① 二氯苯指对二氯苯、间二氯苯、邻二氯苯。

② 三氯苯指 1,2,3-三氯苯、1,2,4-三氯苯、1,3,5-三氯苯。

③ 四氯苯指 1,2,3,4-四氯苯、1,2,3,5-四氯苯、1,2,4,5-四氯苯。

④ 二硝基苯指对二硝基苯、间二硝基苯、邻二硝基苯。

⑤ 硝基氯苯指对硝基氯苯、间硝基氯苯、邻硝基氯苯。

⑥ 多氯联苯指 PCB-1016、PCB-1221、PCB-1232、PCB-1242、PCB-1248、PCB-1254、PCB-1260。

附录二 污水综合排放标准（GB 8978—1996）

附表 2-1 第一类污染物最高允许排放浓度（单位：mg/L 特别注明除外）

污染物	最高允许排放浓度	污染物	最高允许排放浓度	污染物	最高允许排放浓度
1. 总汞	0.05①	6. 总砷	0.5	11. 总银	0.5
2. 烷基汞	不得检出	7. 总铅	1.0	12. 总 α 放射性	1Bq/L
3. 总镉	0.1	8. 总镍	1.0	13. 总 β 放射性	10Bq/L
4. 总铬	1.5	9. 苯并[a]芘②	0.000 03		
5. 六价铬	0.5	10. 总铍	0.005		

① 烧碱行业（新建、扩建、改建企业）采用 0.005mg/L。
② 为试行标准，二级、三级标准区暂不考核。

附表 2-2 第二类污染物最高允许排放浓度（单位：mg/L，特别注明和 pH 除外）

（1997 年 12 月 31 日之前建设的单位）

序号	污染物	适用范围	一级标准	二级标准	三级标准
1	pH	一切排污单位	6～9	6～9	6～9
2	色度（稀释倍数）	染料工业	50	180	—
		其他排污单位	50	80	—
3	悬浮物(SS)	采矿、选矿、选煤工业	100	300	—
		脉金选矿	100	500	—
		边远地区砂金选矿	100	800	—
		城镇二级污水处理厂	20	30	—
		其他排污单位	70	200	400
4	五日生化需氧量(BOD₅)	甘蔗制糖、苎麻脱胶、湿法纤维板工业	30	100	600
		甜菜制糖、乙醇、味精、皮革、化纤浆粕工业	30	150	600
		城镇二级污水处理厂	20	30	—
		其他排污单位	30	60	300

续表

序号	污染物	适用范围	一级标准	二级标准	三级标准
5	化学需氧量（COD$_{Cr}$）	甜菜制糖、焦化、合成脂肪酸、湿法纤维板、染料、洗毛、有机磷农药工业	100	200	1000
		味精、乙醇、医药原料药、生物制药、苎麻脱胶、皮革、化纤浆粕工业	100	300	1000
		石油化工工业（包括石油炼制）	100	150	500
		城镇二级污水处理厂	60	120	—
		其他排污单位	100	150	500
6	石油类	一切排污单位	10	10	30
7	动植物油	一切排污单位	20	20	100
8	挥发酚	一切排污单位	0.5	0.5	2.0
9	总氰化合物	电影洗片（铁氰化合物）	0.5	5.0	5.0
		其他排污单位	0.5	0.5	1.0
10	硫化物	一切排污单位	1.0	1.0	2.0
11	氨氮	医药原料药、染料、石油化工工业	15	50	—
		其他排污单位	15	25	—
12	氟化物	黄磷工业	10	20	20
		低氟地区（水体含氟量<0.5mg/L）	10	20	20
		其他排污单位	10	10	20
13	磷酸盐（以P计）	一切排污单位	0.5	10	—
14	甲醛	一切排污单位	—	—	—
15	苯胺类	一切排污单位	1.0	2.0	5.0
16	硝基苯类	一切排污单位	2.0	3.0	5.0
17	阴离子合成洗涤剂（LAS）	合成洗涤工业	5.0	15	20
		其他排污单位	5.0	10	20

续表

序号	污染物	适用范围	一级标准	二级标准	三级标准
18	总铜	一切排污单位	0.5	1.0	2.0
19	总锌	一切排污单位	2.0	5.0	5.0
20	总锰	合成脂肪酸工业	2.0	5.0	5.0
		其他排污单位	2.0	2.0	5.0
21	彩色显影剂	电影洗片	1.0	3.0	5.0
22	显影剂及氧化物总量	电影洗片	3.0	6.0	6.0
23	元素磷	一切排污单位	0.1	0.3	0.3
24	有机磷农药（以 P 计）	一切排污单位	不得检出	0.5	0.5
25	粪大肠菌群数	医院[①]、兽医院及医疗机构含病原体污水	500 个/L	1000 个/L	5000 个/L
		传染病、结核病医院污水	100 个/L	500 个/L	1000 个/L
26	总余氯（采用氯化消毒的医院污水）	医院[①]、兽医院及医疗机构含病原体污水	<0.5[②]	≥3(接触时间≥1h)	≥2(接触时间≥1h)
		传染病、结核病医院污水	<0.5[②]	≥6.5(接触时间≥1.5h)	≥5(接触时间≥1.5h)

① 指 50 个床位以上的医院。

② 加氯消毒后需进行脱氯处理，达到本标准。

注：其他排污单位指除在该控制项目中所列行业以外的一切排污单位。

附表 2-3　第三类污染物最高允许排放浓度（单位：mg/L）

（1998 年 1 月 1 日之后建设的单位）

序号	污染物	适用范围	一级标准	二级标准	三级标准
1	pH	一切排污单位	6~9	6~9	6~9
2	色度（稀释倍数）	一切排污单位	50	80	—
3	悬浮物（SS）	采矿、选矿、选煤工业	70	300	
		脉金选矿	70	400	
		边远地区砂金选矿	70	800	
		城镇二级污水处理厂	20	30	
		其他排污单位	70	150	400

续表

序号	污染物	适 用 范 围	一级标准	二级标准	三级标准
4	五日生化需氧量（BOD$_5$）	甘蔗制糖、苎麻脱胶、湿法纤维板工业	20	60	600
		甜菜制糖、乙醇、味精、皮革、化纤浆粕工业	20	100	600
		城镇二级污水处理厂	20	30	—
		其他排污单位	20	30	300
5	化学需氧量（COD$_{Cr}$）	甜菜制糖、焦化、合成脂肪酸、湿法纤维板、染料、染毛、有机磷农药工业	100	200	1000
		味精、乙醇、医药原料药、生物制药、苎麻脱胶、皮革、化纤浆粕工业	100	300	1000
		石油化工工业（包括石油炼制）	60	120	500
		城镇二级污水处理厂	60	120	—
		其他排污单位	100	150	500
6	石油类	一切排污单位	5	10	20
7	动植物油	一切排污单位	10	15	100
8	挥发酚	一切排污单位	0.5	0.5	2.0
9	总氰化合物	一切排污单位	0.5	0.5	1.0
10	硫化物	一切排污单位	1.0	1.0	1.0
11	氨氮	医药原料药、染料、石油化工工业	15	50	—
		其他排污单位	15	25	—
12	氟化物	黄磷工业	10	15	20
		低氟地区（水体含氟量＜0.5mg/L）	10	20	30
		其他排污单位	10	10	20
13	磷酸盐（以 P 计）	一切排污单位	0.5	1.0	—
14	甲醛	一切排污单位	1.0	2.0	5.0

续表

序号	污染物	适 用 范 围	一级标准	二级标准	三级标准
15	苯胺类	一切排污单位	1.0	2.0	5.0
16	硝基苯类	一切排污单位	2.0	3.0	5.0
17	阴离子合成洗涤剂(LAS)	其他排污单位	5.0	10	20
18	总铜	一切排污单位	0.5	1.0	2.0
19	总锌	一切排污单位	2.0	5.0	5.0
20	总锰	合成脂肪酸工业	2.0	5.0	5.0
		其他排污单位	2.0	2.0	5.0
21	彩色显影剂	电影洗片	1.0	2.0	3.0
22	显影剂及氧化物总量	电影洗片	3.0	3.0	6.0
23	元素磷	一切排污单位	0.1	0.3	0.3
24	有机磷农药(以 P 计)	一切排污单位	不得检出	0.5	0.5
25	乐果	一切排污单位	不得检出	1.0	2.0
26	对硫磷	一切排污单位	不得检出	1.0	2.0
27	甲基对硫磷	一切排污单位	不得检出	1.0	2.0
28	马拉硫磷	一切排污单位	不得检出	5.0	10
29	五氯酚及五氯酚钠(以五氯酚计)	一切排污单位	5.0	8.0	10
30	可吸附有机卤化物(AOX)(以 Cl 计)	一切排污单位	1.0	5.0	8.0
31	三氯甲烷	一切排污单位	0.3	0.6	1.0
32	四氯化碳	一切排污单位	0.03	0.06	0.5
33	三氯乙烯	一切排污单位	0.3	0.6	1.0
34	四氯乙烯	一切排污单位	0.1	0.2	0.5
35	苯	一切排污单位	0.1	0.2	0.5
36	甲苯	一切排污单位	0.1	0.2	0.5
37	乙苯	一切排污单位	0.4	0.6	1.0
38	邻二甲苯	一切排污单位	0.4	0.6	1.0
39	对二甲苯	一切排污单位	0.4	0.6	1.0

续表

序号	污染物	适用范围	一级标准	二级标准	三级标准
40	间二甲苯	一切排污单位	0.4	0.6	1.0
41	氯苯	一切排污单位	0.2	0.4	1.0
42	邻二氯苯	一切排污单位	0.4	0.6	1.0
43	对二氯苯	一切排污单位	0.4	0.6	1.0
44	对硝基氯苯	一切排污单位	0.5	1.0	5.0
45	2,4-二硝基氯苯	一切排污单位	0.5	1.0	5.0
46	苯酚	一切排污单位	0.3	0.4	1.0
47	间甲酚	一切排污单位	0.1	0.2	0.5
48	2,4-二氯酚	一切排污单位	0.6	0.8	1.0
49	2,4,6-三氯酚	一切排污单位	0.6	0.8	1.0
50	邻苯二甲酸二丁酯	一切排污单位	0.2	0.4	2.0
51	邻苯二甲酸二辛酯	一切排污单位	0.3	0.6	2.0
52	丙烯腈	一切排污单位	2.0	5.0	5.0
53	总硒	一切排污单位	0.1	0.2	0.5
54	粪大肠菌群数	医院[1]、兽医院及医疗机构含病原体污水	500 个/L	1000 个/L	5000 个/L
		传染病、结核病医院污水	100 个/L	500 个/L	1000 个/L
55	总余氯(采用氯化消毒的医院污水)	医院[1]兽医院及医疗机构含病原体污水	<0.5[2]	>3(接触时间≥1h)	>2(接触时间≥1h)
		传染病、结核病医院污水	<0.5[2]	>6.5(接触时间≥1.5h)	>5(接触时间≥1.5h)
56	总有机碳(TOC)	合成脂肪酸工业	20	40	—
		苎麻脱胶工业	20	60	—
		其他排污单位	20	30	—

① 指 50 个床位以上的医院。
② 加氯消毒后需进行脱氧处理,达到本标准。
注:其他排污单位指除在该控制项目中所列行业以外的一切排污单位。
编者注:本标准中有关"部分行业最高允许排水量"的内容省略。

附录三　地面水环境质量标准基本项目分析方法

（摘自 GB 3838—2002）

序号	基本项目	分析方法	测定下限/(mg/L)	方法来源
1	水温	温度计法	0.2	GB 13195—91
2	pH	玻璃电极法		GB 6920—86
3	溶解氧	碘量法	0.2	GB 7489—87
		电化学探头法		GB 11913—89
4	高锰酸盐指数		0.5	GB 11892—89
5	化学需氧量	重铬酸盐法	0.005	GB 11914—89
6	五日生化需氧量(BOD₅)	稀释与接种法	2	GB 7488—87
7	氨氮	纳氏试剂比色法	0.05	GB 7479—87
		水杨酸分光光度法	0.01	GB 7481—87
8	总磷	钼酸铵分光光度法	0.05	GB 11893—89
9	总氮	碱性过硫酸钾消解紫外分光光度法	0.05	GB 11894—89
10	总铜	原子吸收分光光度法(螯合萃取法)	0.001	GB 7475—87
		二乙基二硫代氨基甲酸钠分光光度法	0.010	GB 7474—87
		2,9-二甲基-1,10-二氮杂菲分光光度法	0.006	GB 7473—87
11	锌	原子吸收分光光度法	0.05	GB 7475—87
12	氟化物	氟试剂分光光度法	0.05	GB 7483—87
		离子选择电极法	0.05	GB 7484—87
		离子色谱法	0.02	HJ/T 84—2001
13	硒(四价)	2,3-二氨基萘荧光法	0.00025	GB 11902—89
		石墨炉原子吸收光度法	0.003	GB/T 15505—1995
14	砷	二乙基二硫代氨基甲酸银分光光度法	0.007	GB 7485—87
		冷原子荧光法	0.00006	①
15	汞	冷原子吸收分光光度法	0.00005	GB 7468—87
		冷原子荧光法	0.00005	①
16	镉	原子吸收分光光度法(螯合萃取法)	0.001	GB 7475—87

续表

序号	基本项目	分析方法	测定下限/(mg/L)	方法来源
17	铬(六价)	二苯碳酰二肼分光光度法	0.004	GB 7467—87
18	铅	原子吸收分光光度法(螯合萃取法)	0.01	GB 7475—87
19	氰化物	异烟酸-吡唑啉酮比色法	0.004	GB 7487—87
		吡啶-巴比妥酸比色法	0.002	
20	挥发酚	蒸馏后 4-氨基安替比林分光光度法	0.002	GB 7490—87
21	石油类	红外分光光度法	0.01	GB/T 16488—1996
22	阴离子表面活性	亚甲蓝分光光度法	0.05	GB 7494—87
23	硫化物	亚甲基蓝分光光度法	0.005	GB/T 16489—1996
		直接显色分光光度法	0.004	GB/T 17133—197
24	粪大肠菌群	多管发酵法、滤膜法		①

① 《水和废水监测分析方法（第三版）》，中国环境科学出版社，1989 年。
注：暂采用以上方法，待国家方法标准发布后，执行国家标准。

集中式生活饮用水地表水源地补充项目分析方法

序号	项目	分析方法	测定下限/(mg/L)	方法来源
1	硫酸盐	重量法	10	GB 11899—89
		火焰原子吸收分光光度法	0.4	GB 13196—91
		铬酸钡光度法	8	①
		离子色谱法	0.09	HJ/T 84—2001
2	氯化物	硝酸银滴定法	1.0	GB 11896—89
		硝酸汞滴定法	2.5	①
		离子色谱法	0.02	HJ/T 84—2001
3	硝酸盐	酚二磺酸分光光度法	0.02	GB 7480—87
		紫外分光光度法	0.08	①
		离子色谱法	0.008	HJ/T 84—2001
4	铁	火焰原子吸收分光光度法	0.03	GB 11911—89
		邻菲啰啉分光光度法	0.03	①
5	锰	高碘酸钾分光光度法	0.02	GB 11906—89
		火焰原子吸收分光光度法	0.01	GB 11911—89
		甲醛肟光度法	0.01	①

① 《水和废水监测分析方法（第三版）》，中国环境科学出版社，1989 年。
注：1. 暂采用以上方法，待国家方法标准发布后，执行国家标准。
2. 集中式生活饮用水地表水源地特定项目分析方法略。

参 考 文 献

[1] 王方编著. 锅炉水处理. 北京：中国建筑工业出版社，1993.

[2] 姚继贤主编. 工业锅炉水处理及水质分析. 北京：劳动人事出版社，1987.

[3] 金熙，项成林编. 工业水处理技术问答. 北京：化学工业出版社，1989.

[4] 汤鸿霄. 用水废水化学基础. 北京：中国建筑工业出版社，1979.

[5] 周本省编著. 工业冷却水系统中金属的腐蚀与防护. 北京：化学工业出版社，1993.

[6] 张秋望，王秀芳编著. 化工环境污染及治理技术. 杭州：浙江大学出版社，1990.

[7] 徐寿昌等编. 工业冷却水处理技术. 北京：化学工业出版社，1984.

[8] 张希衡主编. 废水治理工程. 北京：冶金工业出版社，1984.

[9] 淄博市劳动局编. 锅炉水质处理及分析. 济南：山东科学技术出版社，1982.

[10] 轻工业部南京机电学校编. 环境保护概论. 北京：中国轻工业出版社，1993.

[11] 周本省主编. 工业水处理技术. 北京：化学工业出版社，1997.

[12] 龙荷云编著. 循环冷却水处理. 南京：江苏科学技术出版社，1984.

[13] 张震智等编. 小型氮肥厂水处理. 北京：化学工业出版社，1986.

[14] 王兆熊，郭崇涛，张瑛，曹履通编著. 化工环境保护和三废治理技术. 北京：化学工业出版社，1984.

[15] 吕炳南，陈志强主编. 污水生物处理新技术. 哈尔滨：哈尔滨工业大学出版社，2005.

[16] 邓荣森编著. 氧化沟污水处理理论与技术. 北京：化学工业出版社，2006.

[17] 吴国琳编著. 水污染的监测与控制. 北京：科学出版社，2004.

[18] 高庭耀，顾国维主编. 水污染控制工程. 第2版. 北京：高等教育出版社，1999.

[19] 丁恒如，吴春华，龚云峰，闻人勤编著. 工业用水处理工程. 北京：清华大学出版社，2005.

[20] 王金梅，薛叙明主编. 水污染控制技术. 北京：化学工业出版社，2004.